U0186240

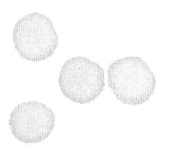

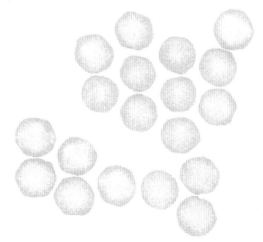

《病毒博物馆》打开了一个丰富多彩的窗口，不仅让我们一窥病毒神奇的形态特征、壮丽的内部结构、恐怖的传播故事，而且还始终提醒我们，微观世界远比看起来更加有趣。

——邓恩（Rob Dunn），美国北卡罗来纳州立大学教授

书中引人入胜的文字和插图，不仅对病毒学家们大有裨益，而且也吸引着许许多多对病毒充满好奇的普通读者。

——《图书馆杂志》（*Library*）

病毒是地球上每个生态系统微观而重要的基本组成部分。这本"指南"以大量精美的插图和101种病毒的属性列表，将这些迷人的微生物隐秘世界一一展现在人们面前。

——艾森（Jonathan Eisen），美国戴维斯加州大学教授

本书非常精美，是"奥杜邦式"的经典病毒图文书，毫无疑问可以成为书房的绝佳装饰，但它绝没有华而不实……如果你曾经对肉眼看不见的世界如何深刻地影响我们的生活充满好奇，那么就打开这本书尽情享受吧！

——普尤（Evan Pugh），美国宾夕法尼亚传染病动力学研究中心教授

这本精心配图的"指南"，介绍了病毒生活史和病毒学极简史，并精选出101种致病原进行更深入的个案分析。读者一定收获满满！

——《科学新闻》（*Science News*）

本书既简洁明了，又图文并茂，丰富多彩，特别适合大众阅读。

——《文萃》（*Choice*）

本书指出一个惊人事实：所列101种病毒，感染了从人类到古细菌的一切生物。除了有关病毒的地理分布、生活周期、传播规律、基因结构以及免疫治疗等方面的基础知识外，作者还提供了精美的电镜图像、简洁的文字说明和明晰的结构示意图。

——《自然》（*Nature*）

本书令人大开眼界，绝对精彩！

——古普塔（Sunetra Gupta），英国牛津大学动物学系流行病学教授、小说家

正如彼得森（Roger Tory Peterson）为鸟类所做的工作，鲁辛克教授对病毒也做了同样的工作……提供了精美的病毒形态和病毒结构图。

——《博物》（*Natural History*）

这是一部对病毒科研人员卓越工作的颂歌……精美的插图，使本书平易可读，适合各个层次的生物学爱好者；广泛的知识涵盖面，让病毒学家也能愉快地阅读和分享。

——《生物学新书报道》（*New Biological Books*），

这是一本很棒的书！令人耳目一新的是，作者并不认为所有病毒都是有害的，书中还揭示了它们惊人的复杂性和多样性。

——萨费尔（Erica O. Saphire），美国斯克利普斯研究所(TSRI)病毒学家

内容简介

　　病毒无处不在，而且数量惊人——每毫升海水中就有1000万个病毒。

　　有些病毒是病原体，不仅感染人类，还感染植物、动物、昆虫、原生生物、细菌和古菌。但是，有些病毒对宿主是有益的。在地球生命进化中，病毒究竟起到了什么作用，现在还是一个谜。不过这个谜团正在被慢慢解开。

　　《病毒博物馆》通过340余幅高清电镜彩图和示意图，详细介绍了全球101种与人类生产和生活密切相关的典型病毒及其变异种，展现了病毒神奇的外部形态和内部结构，揭示了病毒惊人的多样性和复杂性，以及它们对地球生命、人类生产和生活的巨大影响。

　　本书内容丰富，案例生动，插图精美，语言通俗易懂，既可作为普通读者的病毒知识读本，又可作为科研人员和教师的参考用书。是一部融科学性与艺术性、学术性与普及性、工具性与收藏性完美结合的高级科普读物。

美国著名病毒学家、科普作家 鲁辛克教授 全新力作

《纽约时报》顶级专栏作家、美国科学院科学传播奖得主 卡尔·齐默 作序推荐

101幅地图，全景再现101种典型病毒及其变异种的地理分布

详解它们的形态、分类、特性、宿主、复制、包装、传播、引起的疾病，

以及基因组破译、疫苗研制、公众对病毒的种种误解……

340余幅高清电镜彩图和示意图，真实再现101种病毒的神奇结构

科学性与艺术性、学术性与普及性、工具性与收藏性完美结合

⤙⟡ 本书作者 ⟡⤚

玛丽莲·鲁辛克（Marilyn J. Roossinck），国际著名病毒学家、科普作家，美国宾夕法尼亚州立大学植物病理学、环境微生物学教授，美国病毒学会理事。其研究成果受到学术界广泛关注，曾获得过高达1000万美元的单项科研资助，以及一系列的奖励和荣誉。长期为《自然》（*Nature*）、《今日微生物学》(*Microbiology Today*) 等国际顶尖热门科学期刊撰稿。

⤙⟡ 序言作者 ⟡⤚

卡尔·齐默（Carl Zimmer），《纽约时报》专栏作家、美国科学院科学传播奖得主。

⤙⟡ 本书译者 ⟡⤚

胡志红，中国科学院武汉病毒研究所研究员，国际无脊椎病理学学会主席，曾任中国科学院武汉病毒研究所所长。

周荷葤，加拿大女王大学生命科学专业在读生。

⤙⟡ 本书审校者 ⟡⤚

李毅，北京大学生命科学院教授，中国植物病理学会病毒专业委员会主任，《中国植物病理学报》副主编。

VIRUS

An Illustrated Guide to 101 Incredible Microbes

病毒博物馆

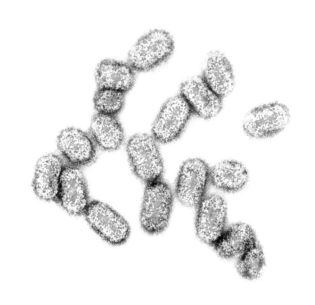

博物文库

总策划： 周雁翎

博物学经典丛书	策划：陈　静
博物人生丛书	策划：郭　莉
博物之旅丛书	策划：郭　莉
自然博物馆丛书	策划：唐知涵
生态与文明丛书	策划：周志刚
自然教育丛书	策划：周志刚
博物画临摹与创作丛书	策划：焦　育

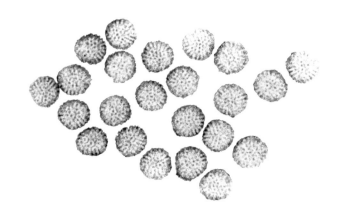

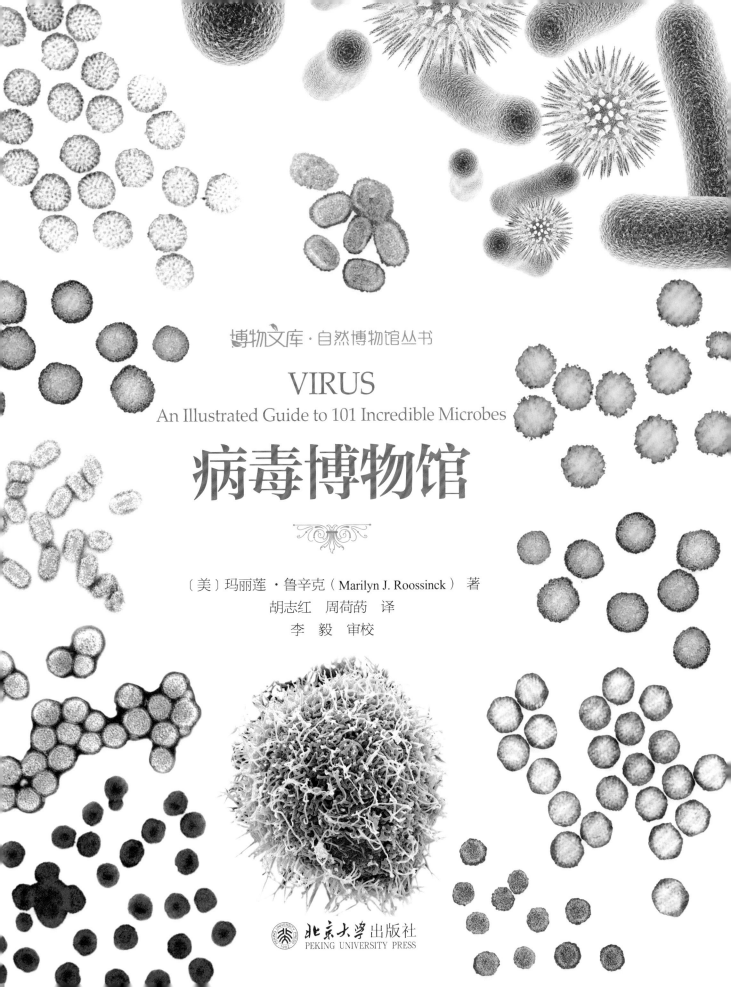

博物文库·自然博物馆丛书

VIRUS
An Illustrated Guide to 101 Incredible Microbes

病毒博物馆

〔美〕玛丽莲·鲁辛克（Marilyn J. Roossinck） 著

胡志红　周荷药　译

李　毅　审校

北京大学出版社
PEKING UNIVERSITY PRESS

著作权合同登记号 图字：01-2016-9799

图书在版编目（CIP）数据

病毒博物馆 / (美) 玛丽莲·鲁辛克 (Marilyn J. Roossinck) 著；胡志红，周荷药译. — 北京：北京大学出版社，2020.5

（博物文库·自然博物馆丛书）

ISBN 978-7-301-31290-2

Ⅰ. ①病… Ⅱ. ①玛… ②胡… ③周… Ⅲ. ①病毒—普及读物 Ⅳ. ①Q939.4-49

中国版本图书馆CIP数据核字（2020）第039089号

书　　　名	病毒博物馆
	BINGDU BOWUGUAN
著作责任者	〔美〕玛丽莲·鲁辛克 (Marilyn J. Roossinck) 著
	胡志红　周荷药 译　李　毅 审校
丛 书 主 持	唐知涵
责 任 编 辑	李淑方　于　娜　刘清愔
标 准 书 号	ISBN 978-7-301-31290-2
出 版 发 行	北京大学出版社
地　　　址	北京市海淀区成府路 205 号　100871
网　　　址	http://www.pup.cn　新浪微博：@北京大学出版社
微信公众号	科学与艺术之声（微信号：sartspku）
电 子 信 箱	zyl@pup.pku.edu.cn
电　　　话	邮购部 010-62752015　发行部 010-62750672　编辑部 010-62767857
印 刷 者	北京华联印刷有限公司
经 销 者	新华书店
	889 毫米 × 1092 毫米　16 开本　16.25 印张　350 千字
	2020 年 5 月第 1 版　2020 年 12 月第 3 次印刷
定　　　价	168.00 元

目　录

Contents

4

5

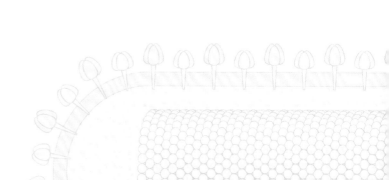

序言：
领略大自然的创造之美

　　鸟类爱好者，会在他们的咖啡桌上自豪地展示奥杜邦和彼得森的鸟类图谱；渔夫们最高兴的，莫过于找到一本好的鱼类鉴赏图谱，这样，他们就能够区分邦纳维尔割喉鳟鱼（Bonneville cutthroat trout）与洪堡割喉鳟鱼（Humboldt cutthroat trout）的异同；病毒，也需要一本引人入胜的指导手册，展现在你眼前的就是这样一本书。

　　当然，病毒在其宿主中引起的症状，不会像雪松太平鸟（Cedar waxwing）或者大西洋鲈鱼（Atlantic sea bass）那么美观，没有人愿意长时间仔细欣赏埃博拉病毒（Ebola virus）引起的出血，或者天花（Small pox）引起的溃疡。

　　然而，在病毒的生活周期中却有一种无可争辩的美——它以极少的基因和蛋白质，抵御了宿主复杂的防御系统，实现了自身的繁殖。病毒生命周期的多样性，则更为迷人：有感染鲜花的病毒，也有将其基因组整合到宿主基因组中的病毒，这种整合，让人难以区分一种生命是从哪里开始，另一种生命又是在哪里结束。

　　了解病毒的多样性，不仅是一种奇妙的体验，也是极其重要的。我们需要知道，下一个致命的流行病将从哪里产生，以及它的弱点是什么。科学家们在发现新病毒的同时，也将病毒改造成可利用的工具，用来控制细菌、传输基因，以及构建纳米材料等。通过欣赏病毒的美，甚至在汲取教训以避免成为病毒牺牲品的过程中，我们将能更好地领略大自然的神奇创造性。

卡尔·齐默
《纽约时报》专栏作家、《病毒星球》作者

你必须知道的
病毒基本知识

提到"病毒"一词，总让人联想到无形阴影带来的死亡恐怖。人们脑海中会浮现出下面的画面：在医院病房中，住满了因西班牙大流感（Spanish flu）而濒临死亡的病人；戴着"铁肺"（一种人工呼吸机）的脊髓灰质炎（Poliomyelitis）患者；穿戴全身防护服的医护人员，正在抗击致命的埃博拉病毒；以及因感染寨卡病毒（Zika virus）而患小头症的婴儿等。上述人类疾病都是由病毒导致的，但是，这在病毒的故事中只占很小的一部分。实际上病毒会感染所有的生物——不仅仅是人类，而且，很多病毒根本就不致病。病毒，是地球上生命历程的一部分，至于它们在地球生命进化中究竟起到了什么作用，现在还是一个谜，不过这个谜团正在被慢慢解开。

在这本书里，你会看到病毒更完整的一面。当然，你会看到致病性病毒，但你也会发现，一些病毒实际上对它们的宿主是有益的。有时，宿主离开了这类有益病毒，甚至无法生存。这本书所选择的病毒，都是为了反映病毒那让人难以置信的多样性。有些病毒你可能听说过，有些对你来说可能是新的、陌生的。有些病毒，在科学发展的关键环节曾经发挥了重要作用，例如遗传物质 DNA 的发现。另外一些病毒，为其宿主的生物学研究带来了不可思议的影响。病毒的生存离不开它们的宿主，因此，本

左下图 在 20 世纪，当脊髓灰质炎流行时，"铁肺"帮助瘫痪的病人进行呼吸，挽救了众多生命。

下图 穿戴防护服的公共卫生人员，正准备对付埃博拉之类的致死性病毒。

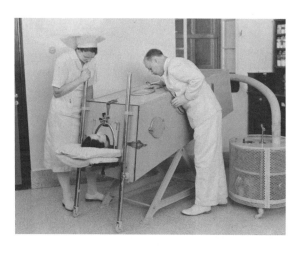

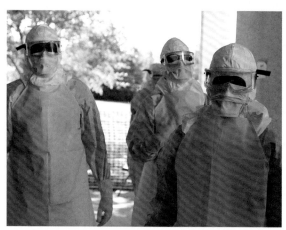

上图 一朵山茶花因感染病毒呈现出美丽的红白色变异。能使花变色的病毒叫碎色病毒。

书按照病毒所感染的宿主，对它们进行编排。首先介绍人类病毒；然后是脊椎动物病毒和植物病毒；昆虫和甲壳类动物（无脊椎动物）具有它们自身的病毒；真菌也一样；甚至细菌——有些细菌本身就是病原菌——也能被病毒所感染，现代生物学，就是从研究病毒是如何感染普通细菌开始的。

本书配有插图，以展现病毒独特的精美。许多病毒具有精确的几何结构，它们的衣壳，由具有重复单元的蛋白质所形成。细菌和古菌的病毒，具有能在宿主表面吸附和钻孔的起落装置。这种装置类似可以在另一个星球着陆的太空器的吸盘。有些病毒，在微观的尺度下看上去像一朵花；一些病毒，能在它们的宿主上引起神秘的美丽效果。

概述部分，介绍了一些重要信息，让你了解什么是病毒，并知道它们是如何被研究的；病毒学（病毒研究）的历史；一些目前的争议；病毒的分类；病毒是如何复制的；以及举例说明一些病毒的生活史。你会了解到，病毒如何与宿主相互作用，病毒如何影响它们的宿主与其环境之间的关系，以及宿主如何对病毒进行防御。你会明白，为什么疫苗接种是我们保护自己免受新的传染性病毒威胁的最好方法。在本书的最后，是一些常用的专业术语，以及一些进一步阅读的文献。

肠杆菌噬菌体 λ
（ Enterobacteria phage lambda ）

天花病毒（ Variola virus ）

什么是病毒

10

病毒学家，可以定义为研究病毒的科学家，但是病毒本身，就不那么好定义了。在过去 100 多年里，病毒学家一直在思考，如何给病毒下一个滴水不漏的定义。但是，每次当他们觉得可能找到了适合的定义的时候，总有新发现的病毒不符合这个定义。因此，病毒的定义一直在变。

在牛津词典里，病毒的定义是"一个通常由蛋白质和包裹在其中的核酸组成的病原体，非常小，以至于在光学显微镜下看不到，只有在活的宿主细胞中才能繁殖"。

上述描述，作为病毒的定义来讲，算是一个好的开始，但是，有些病毒没有蛋白质外壳；有些病毒大到在普通的光学显微镜下就能看到；而有些细菌，也只能在活的宿主细胞中才能繁殖。

我们通常所说的能使人致病的病原微生物，既包括病毒，也包括细菌，那么病毒和细菌的区别是什么？细菌，与其他的活细胞一样，能自身产生能量，并将基因的核酸序列翻译成蛋白质，但病毒不行。

有些最近才发现的巨大病毒，也编码一些参与蛋白质翻译的部件，所以，上述定义也不完美。病毒，就像一个狡猾的对象，每当我们

对病毒的了解更深一步时，病毒的定义就得发生变化。

就本书而言，病毒可以这样定义：一个非细胞形式的感染源，其遗传物质为核酸（DNA 或者它的孪生兄弟 RNA），一般具有蛋白质外壳，在入侵宿主细胞后，能借助宿主细胞机器进行自身的复制与传播。

上图及下图 病毒的形态各式各样，从规则的几何结构到模糊的形态。大小也差别很大，可相差 100 倍以上。在这两页的插图中，病毒是按大小比例显示的。

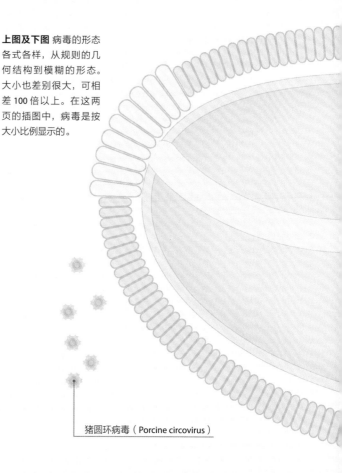

猪圆环病毒（ Porcine circovirus ）

埃博拉病毒

狂犬病毒（Rabies virus）

黄瓜花叶病毒（Cucumber mosaic virus）

病毒的形态和大小差异很大。最小的病毒只有 17 nm（纳米）长，1 nm 是 1 mm（毫米）的百万分之一。目前发现的最大的病毒，有 1500 nm（或者 1.5 μm）长，与最小的细菌相当，比最小的病毒约大 100 倍。相比而言，人的头发丝的直径是 20 μm（微米）。除了最大的病毒外，绝大多数病毒在光学显微镜下是看不见的，需要借助电子显微镜才能看到。

最初，关于病毒的定义总是与疾病相关。曾经有段时间，人们以为所有的病毒都致病，但现在已经知道，很多病毒是不致病的。实际上，有些病毒对其宿主的生活是必需的和重要的。就像我们知道的，细菌是人类自身生态体系的重要组成部分，病毒也同样发挥着重要作用。

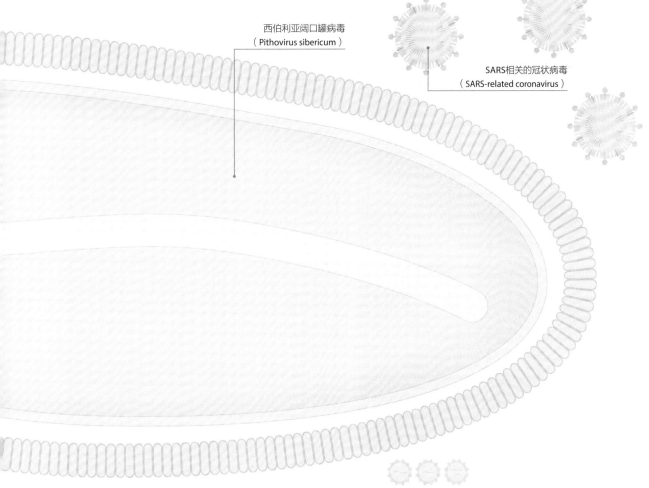

西伯利亚阔口罐病毒
（Pithovirus sibericum）

SARS相关的冠状病毒
（SARS-related coronavirus）

病毒学极简史

18世纪末期发明的疫苗接种，为人类对付感染性疾病带来了重大变革。天花，是当时流行的众多致死性疾病之一，它不仅造成了成千上万人的死亡，而且给幸存者带来了可怕的形态改变。英国乡村医生爱德华·琴纳（Edward Jenner），发现有些人对天花有抵抗力——特别是那些得过牛痘（一种奶牛传染的温和疾病）的挤奶工。琴纳认为，牛痘可以保护人类免受天花的威胁，如果将牛痘脓疱中的提取物注射到人身上，也许人们就可以像挤奶工一样，获得对天花的免疫力。疫苗（vaccine）一词来源于牛痘（vaccinia），后者来源于拉丁语中"牛"这个词，被人们用来命名导致牛痘的病原。琴纳于1798发表了他的研究成果，但是，当时他根本就不知道天花或牛痘是由病毒所引起的。

在人们还不知道病毒存在的时候，疫苗接种已经流行起来了，后来，又研制了不少其他疫苗。比如说，当时的法国科学家先驱路易·巴斯德（Louis Pasteur），就发明了狂犬疫苗。他用加热的方法"杀死"狂犬病原，这是第一次用死的病原做疫苗，来抵御后续活病原的感染。与琴纳不同，巴斯德是知道细菌的，他意识到狂犬病的病原比细菌还要小，但他还是不知道病毒到底是什么。

人类，并不是这一类神秘病原的唯一受害者。19世纪末期，在烟草上发现了一种传染病，它在植物叶片上形成深浅不一的花斑。1898年，荷兰科学家马亭乌斯·贝杰林克（Martinus Beijerinck）发现，该病可以通过植物的叶汁，从一株植物传染给另一株植物，而且叶汁经可去除细菌的陶瓷滤器过滤后，仍具有感染性。贝杰林克认为，这是由一种比细菌还小的新的感染原所引起的，他把它称为"活的传染性的液体"，后来，他开始用"病毒"一词，在拉丁语中，该词意味着"毒物"。

后来知道贝杰林克发现的是烟草花叶病毒，这就仿佛打开了一扇泄洪大门。同一年，

左图 被烟草花叶病毒所感染的烟草叶片，上面有深浅不一的绿色花斑。

右图 马亭乌斯·贝杰林克博士，在代尔夫特综合理工学院（现今的代尔夫特理工大学）他自己的实验室中。

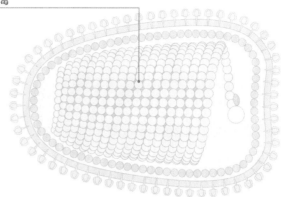

狂犬病毒

弗利德里希·莱夫勒（Friedrich Loeffler）和保罗·弗罗施（Paul Frosch）发现，动物中流行的口蹄疫，是由可滤过性的病毒所引起的。仅3年之后的1901年，瓦尔特·里德（Walter Reed）证明，一种严重的人类疾病——黄热病，也是由病毒所引起的。1908年，威廉·埃勒曼（Vilhelm Ellerman）和奥拉夫·班（Oluf Bang）发现，一种可通过过滤器不含细胞的感染原，能使鸡感染白血病。1911年，佩顿·劳斯（Peyton Rous）揭示，一种类似的病原可以在鸡中引起实体瘤，由此发现病毒可导致肿瘤。

1915年，弗雷德里克·图尔特（Frederick Twort）发现细菌中也存在病毒，此后，病毒的研究得以快速发展。与许多伟大的发现一样，这个发现也属偶然。图尔特想找到一种培养牛痘病毒的方法，他认为细菌也许可以提供病毒赖以生长的必需物质。他用培养皿培养细菌，结果发现，培养皿中有些地方变得清亮，细菌在这些地方长不起来，有什么东西将它们都杀死了。与之前的病毒学家一样，图尔特揭示，这种病原即使经过最细的陶瓷滤器过滤后，仍然能感染细菌。几乎与此同时，法裔加拿大科学家费利克斯·德赫雷尔（Félix d'Herelle）发现了一种"微生物"可以杀死引起痢疾的细菌，他把这种病原微生物称为"噬

菌体", 意思是"吃细菌的"。他还发现了其他的一些"吃细菌的", 这些发现, 为当时带来了一种希望, 也许可以发明一种对付细菌感染的治疗方法。噬菌体和病毒一样, 都可以通过最细的滤器, 到今天, 细菌病毒仍可以被称为噬菌体。用噬菌体治疗细菌感染的想法, 后来因为抗生素的出现而黯然失色, 然而直到今天, 人们仍在讨论这种方法。实际上, 在农业上这种方法已经得到运用, 有时候, 在人类皮肤病治疗中也在试验这种方法。随着一些严重的病原性细菌出现抗生素耐药性, 噬菌体治疗也许在抗击细菌中仍会提供一些好的策略。

噬菌体和其他病毒的自然本质, 直到 20 世纪 30 年代电子显微镜发明之前, 还不清楚。烟草花叶病毒的第一张电镜照片于 1939 年发表。1940 年"噬菌体研究组"成立了, 这是一个由研究噬菌体的美国科学家组成的非正式临时学术圈, 也是分子生物学的开创者。

1935 年, 美国科学家温德尔·斯坦利 (Wendell Stanley) 成功地获得了高纯度的烟草花叶病毒的结晶。在这之前, 病毒一直被认为是一种更小的活的生命体, 而能够结晶, 提示它们与盐和其他无机物类似, 具有一种惰性的、化学的本质。这引发了一个持续到今天的争论: 病毒到底有没有生命? 斯坦利还揭示, 病毒由蛋白质和核酸 (RNA) 组成。当时, 还没有人知道基本的遗传物质是由 DNA 分子所构成的, 多数科学家还认为遗传物质是蛋白质。20 世纪 50 年代, 罗莎琳德·富兰克林 (Rosalind Franklin) 用 X- 光衍射技术研究烟草花叶病毒晶体的精细结构, 她也用同样的技

术研究了 DNA 的结构, 而她的研究, 被詹姆斯·沃森 (James Watson) 和弗朗西斯·克里克 (Francis Crick) 用于发现 DNA 双螺旋结构。

20 世纪中叶, 发现 DNA 是编码基因的遗传物质, 这导致弗朗西斯·克里克提出了"中心法则", 即 DNA 指导合成互补链的 RNA, RNA 再指导蛋白质的合成。病毒, 又一次修改了程序: 20 世纪 70 年代发现的逆转录病毒, 其基因是由 RNA 所编码的, 而且这些 RNA 会指导 DNA 的合成, 与中心法则正好相反。逆转录病毒中包括造成艾滋病的人免疫缺陷型病毒 (Human immunodeficiency virus, HIV-1), 科学家们认为, 逆转录病毒对我们人类的遗传进化曾经起到了深远的影响。

我们如何给病毒命名? 第 1 个病毒, 烟草花叶病毒, 是以其宿主及症状来命名的。许多植物病毒的命名, 也遵循了这个原则, 虽然最终病毒的命名, 还是取决于研究它们的病毒学家。为了让病毒的命名标准化, 国际病

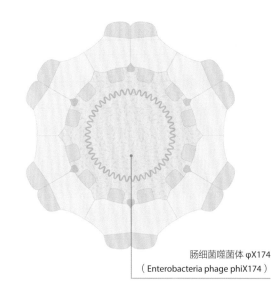

肠细菌噬菌体 φX174
(Enterobacteria phage phiX174)

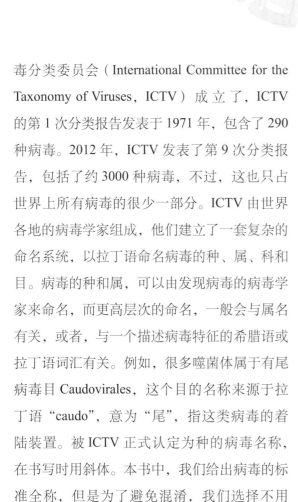

黄热病毒
（Yellow fever virus）

毒分类委员会（International Committee for the Taxonomy of Viruses，ICTV）成 立 了，ICTV 的第 1 次分类报告发表于 1971 年，包含了 290 种病毒。2012 年，ICTV 发表了第 9 次分类报告，包括了约 3000 种病毒，不过，这也只占世界上所有病毒的很少一部分。ICTV 由世界各地的病毒学家组成，他们建立了一套复杂的命名系统，以拉丁语命名病毒的种、属、科和目。病毒的种和属，可以由发现病毒的病毒学家来命名，而更高层次的命名，一般会与属名有关，或者，与一个描述病毒特征的希腊语或拉丁语词汇有关。例如，很多噬菌体属于有尾病毒目 Caudovirales，这个目的名称来源于拉丁语 "caudo"，意为 "尾"，指这类病毒的着陆装置。被 ICTV 正式认定为种的病毒名称，在书写时用斜体。本书中，我们给出病毒的标准全称，但是为了避免混淆，我们选择不用斜体。我们根据宿主划分了不同的章节，在每章节中，按病毒名称的字母顺序进行排序，有些病毒因为缺乏对应的电镜照片，而放在相应章节的最后。

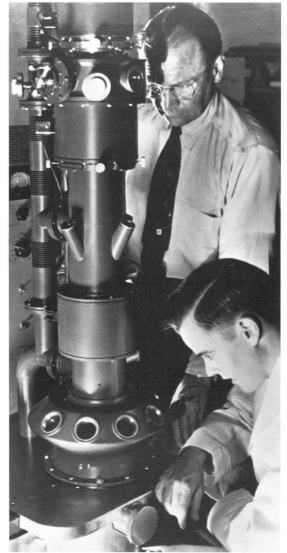

右图 科学家们在用早期的电子显微镜观察。当电子穿过非常薄的组织后，留下的电子阴影就会形成电镜照片。有时，这些照片会被人为地加上颜色，以标识某些结构，就像本书中的部分照片一样。

病毒学大事年表

1890 年代

1892 德米特里·伊万诺夫斯基（Dmitri Iwanowski）证明，一种植物病可以通过植物的汁液传播，并总结出汁液中有毒物存在

1898 马亭乌斯·贝杰林克发现了烟草花叶病毒，弗利德里希·莱夫勒和保罗·弗罗施发现了口蹄疫病毒（Foot and mouth disease virus）

1950 年代

1950 世界卫生组织 (WHO) 发起了通过疫苗接种消灭天花的运动

1952 阿弗雷德·赫希（Alfred Hershey）和玛莎·蔡斯（Martha Chase）用细菌和病毒证实 DNA 是遗传物质

1952 乔纳斯·索尔克（Jonas Salk）利用细胞培养扩增减毒病毒，研制了脊髓灰质炎疫苗

1953 人类的第一个鼻病毒被描述（鼻病毒导致普通感冒）

1955 罗莎琳德·富兰克林描绘了烟草花叶病毒的结构

1956 RNA 被第一次描述为烟草花叶病毒的遗传物质

1960 年代

1964 霍华德·特明（Howard Temin）提出逆转录病毒在复制中将 RNA 转为 DNA

1970 年代

1970 霍华德·特明和大卫·巴尔的摩（David Baltimore）发现了逆转录酶，它能将 RNA 逆转录为 DNA

1976 首次记载埃博拉在扎伊尔的爆发

1976 第一个 RNA 病毒的基因组被测序（噬菌体 MS2）

1978 获得了首个有感染性的病毒 cDNA 克隆（噬菌体 Qβ）

1979 天花被消灭

1980 年代

1980 发现了第一个人类逆转录病毒（HTLV）

1981 获得了第一个有感染性的哺乳动物病毒 cDNA 克隆（脊髓灰质炎病毒）

1983 聚合酶链反应（polymerase chain reaction，PCR）的出现使病毒的分子检测发生了革命性的变化

1983 发现了艾滋病的病原是人类免疫缺陷型病毒

1986 获得了首个能抗病毒的转基因植物（烟草，抗烟草花叶病毒）

1900 年代

1901 瓦尔特·里德发现了黄热病的病原，黄热病毒是第一个被发现的人类病毒

1903 发现狂犬病毒对人的感染

1908 威廉·埃勒曼和奥拉夫·班发现病毒可致鸡白血病

1910 年代

1911 佩顿·劳斯在鸡中发现可致肿瘤的病毒

1915 弗雷德里克·图尔特发现了细菌病毒，费利克斯·德赫雷尔将细菌病毒命名为噬菌体（吃细菌的）

1918 流感大爆发（病毒直到 1933 年才得以鉴定）

1940 年代

1945 萨尔瓦多·卢瑞亚（Salvador Luria）和阿弗雷德·赫希证明噬菌体可以发生突变

1949 约翰·恩德斯（John Enders）证明脊髓灰质炎病毒可以用细胞进行培养

1930 年代

1935 温德尔·斯坦利获得了烟草花叶病毒的结晶，并推论出病毒是由蛋白质所组成的

1939 赫尔穆特·鲁斯卡（Helmut Ruska）获得了第一张病毒（烟草花叶病毒）的电镜照片

1990 年代

1998 发现基因沉默是一种抗病毒反应

2000 年后

2001 人类基因组测序发表，其中 11% 为逆转录病毒序列

2001 首次开展病毒宏基因组学研究

2002 中国爆发严重急性呼吸综合征（SARS）疫情

2003 发现巨大病毒

2006 人乳头瘤病毒（Human papilloma virus，HPV）疫苗研制成功，这是第一个人类的抗肿瘤疫苗

2011 宣布牛瘟病毒被消灭

2014 发现从 3 万年前的永冻层中分离到的病毒，仍然能感染阿米巴原虫

2014 西非爆发有史以来最严重的埃博拉病毒疫情

2019 年末至 **2020** 年中国和世界各地爆发新型冠状病毒肺炎疫情

关于病毒的重大争论

和所有的科学一样，病毒学领域也充满了新的概念和争论。许多重要的科学问题——其中一些是非常基础的问题——至今还没有答案。

病毒是活的生命体吗？这个问题让科学哲学家备受折磨，但只有少数病毒学家研究过。有些科学家认为，病毒只有在感染细胞后才具有生命的形式，当它们作为病毒粒子存在于细胞外时，则处于休眠状态，就像细菌的孢子一样。要回答这个问题，首先需要给生命下一个定义。有些科学家认为，由于病毒不能自己产生能量，它们就不能算作生命体。不管我们认为病毒是不是生命体，谁都不能否认，病毒在生命中发挥着重要作用。

病毒会是生命中的第四域吗？达尔文最先提出用生命之树的形式来展现各类生物之间的相互关系。从 20 世纪 70 年代起，生命被划分为三域：细菌（Bacteria）、古菌（Archaea）和真核生物（Eukarya）。细菌和古菌分别为原核生物界和原生生物界，真核生物则分成多个界，包括动物、植物、真菌和藻类。细菌和古菌是无核的单细胞生物，它们可能最接近生命之树的根部。真核细胞要大一些，并且具有核，能将遗传物质隔离开来，在核中进行复制。

病毒在生命之树上位于什么位置呢？随着最近巨大病毒的发现，有人提出病毒应该成为生命的第四域。可是，病毒能感染所有的生命形式（甚至可以感染病毒），而且，当我们观察病毒及其宿主的基因时就会发现，各类宿主的基因组中都整合有病毒的基因。因此，在生命之树上，病毒并不形成单独的分支，而是散落在所有的分支上。

下图 三域生命的细胞形态，从左到右分别是：真核生物、细菌、古菌。

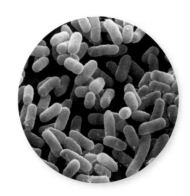
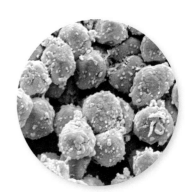

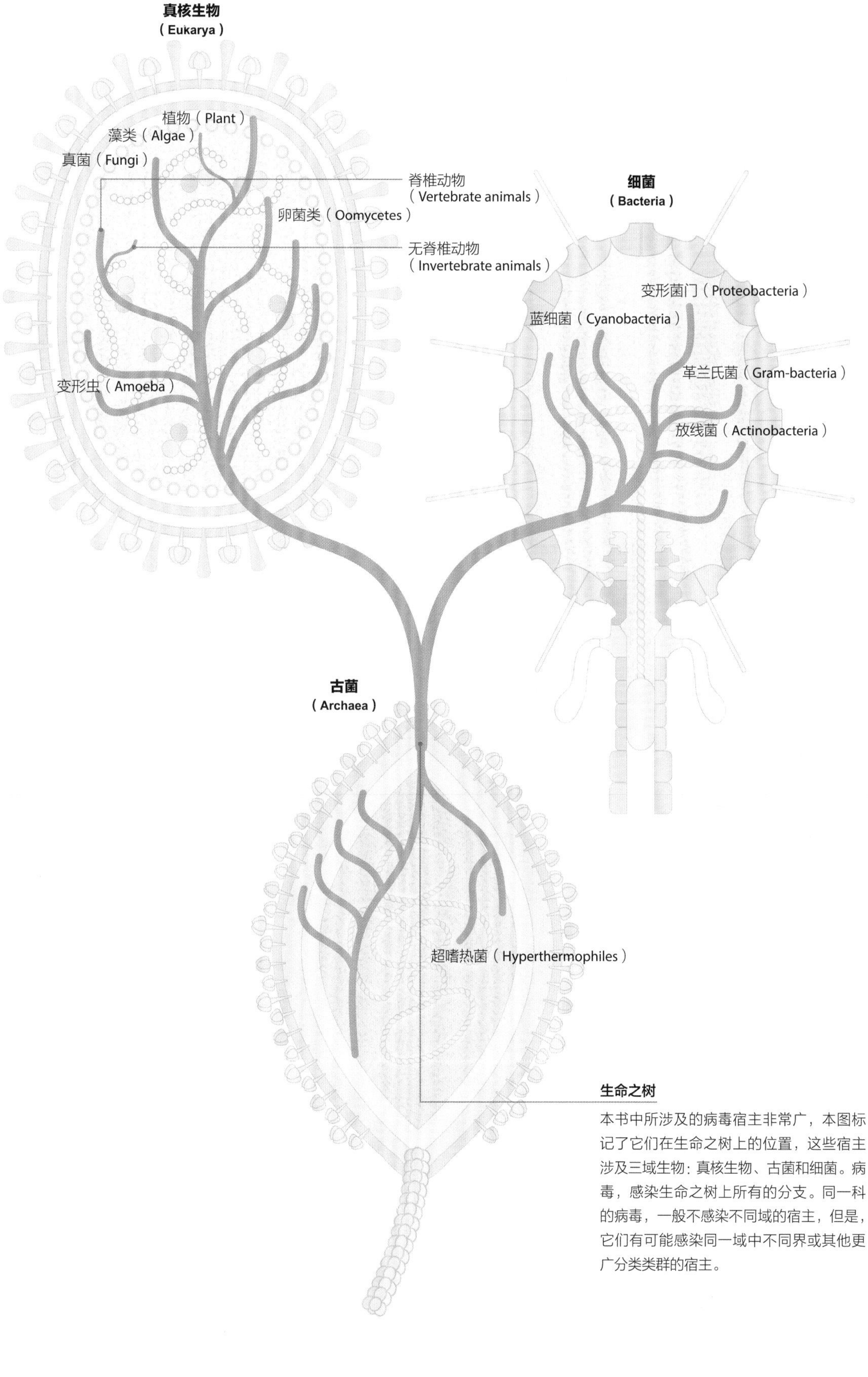

真核生物
（Eukarya）

植物（Plant）
藻类（Algae）
真菌（Fungi）

脊椎动物
（Vertebrate animals）

卵菌类（Oomycetes）

无脊椎动物
（Invertebrate animals）

变形虫（Amoeba）

细菌
（Bacteria）

变形菌门（Proteobacteria）

蓝细菌（Cyanobacteria）

革兰氏菌（Gram-bacteria）

放线菌（Actinobacteria）

古菌
（Archaea）

超嗜热菌（Hyperthermophiles）

生命之树

本书中所涉及的病毒宿主非常广，本图标
记了它们在生命之树上的位置，这些宿主
涉及三域生物：真核生物、古菌和细菌。病
毒，感染生命之树上所有的分支。同一科
的病毒，一般不感染不同域的宿主，但是，
它们有可能感染同一域中不同界或其他更
广分类类群的宿主。

病毒的分类方案

大卫·巴尔的摩与霍华德·特明以及马克斯·德尔布吕克（Max Delbruck）一起分享了1975年的诺贝尔奖，其贡献是对逆转录病毒的研究，以及发现了能将RNA逆转录为DNA的逆转录酶。巴尔的摩根据病毒产生信使RNA（mRNA）的方式，提出了一个病毒的分类方案。DNA所携带的遗传信息，首先在核内转录成mRNA，然后再转运到细胞质中，在翻译机器上被翻译为蛋白质。对于所有细胞类型的生物而言，无论是细菌、古菌还是真核生物，它们的遗传物质都是双链DNA。病毒则不然，它们的遗传物质多种多样，巴尔的摩的分类方法，试图依据遗传物质的不同对病毒进行分类。有些病毒学家认为病毒核酸形式的不同，反映了生命形成之初的情况，即病毒在细胞生物出现之前，就具有了多种核酸形式，而且一直持续到现在。

基因组，是指用于形成一种生物所需蛋白质的全部遗传信息。在所有的细胞生物中，遗传物质都由双螺旋DNA所编码。在DNA双链中，每条链都是由磷酸基团连接的糖分子所组成。在DNA中，糖分子是脱氧核糖，因此DNA的全称就是脱氧核糖核酸，而RNA则是核糖核酸。核酸的每条链，都由四种碱基组成，这些碱基与糖分子相连接，形成一定的序列，这些序列就是遗传信息。DNA中的四种碱基分别是腺嘌呤（Adenine）、胞嘧啶（Cytosine）、鸟嘌呤（Guanine）和胸腺嘧啶（Thymine），也即A、C、G、T。在RNA中，胸腺嘧啶被尿嘧啶（Uracil），也即U所替代。在DNA双链中，一条链上的A只与另一条链上的T配对，C只与G配对，正是由于具有

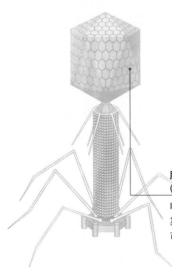

肠杆菌噬菌体 T4
(Enterobacteria phage T4)

I 类病毒，与细胞生物一样，其遗传物质为双链 DNA，可直接做 mRNA 的模板。

菜豆金色花叶病毒
(Bean golden mosaic)

II 类病毒，其遗传物质为单链 DNA，病毒感染后需要先形成双链 DNA，才可做 mRNA 的模板。

酿酒酵母 L-A 病毒
(Saccharomyces cerevisia L-A)

III 类病毒，其遗传物质为双链 RNA，可直接做 mRNA 的模板。

这种配对特性，DNA 的两条链是完全互补的，如果知道一条链的序列信息，另外一条链就可以推算出来。习惯上，核酸链的信息一般从 5′ 端的磷酸根开始书写，到 3′ 端的氢氧根结束。所以当一条链的信息是 5′ACGGATACA3′，那么另一条链的信息就是 5′TGTATCCGT3′，它们配对之后就是：

5′ACGGATACA3′

3′TGCCTATGT5′

RNA 也一样，只不过用 U 替代了 T。一段双链 RNA 就会是：

5′ACGGAUACA3′

3′UGCCUAUGU5′

DNA 不能直接翻译成蛋白质，需要信使 RNA（mRNA）作为中间体。信使 RNA 呈单链，与双链 DNA 中的一条具有相同的核酸序列（除了用 U 替代了 T），因此被称为"拷贝"。RNA 病毒的核酸，有双链的也有单链的，单链 RNA 病毒又根据其核酸序列是否与编码序列一致，而进一步分为正链 RNA 病毒和负链 RNA 病毒。当然，病毒具有各种可能的形式，事实上，有些病毒在基因组中有部分正链、部分负链同时共存的情况。

下图 在大卫·巴尔的摩的分类系统中，存在 7 种病毒类型，下图中对每种类型进行了举例说明。

脊髓灰质炎病毒
(Polio)

IV 类病毒，具有单股正链 RNA 基因组。这类病毒的基因组可以被作为 mRNA，但在复制前，需要先合成互补的负链，并以此为模板合成新的正链 RNA。

流感病毒
(Influenza)

V 类病毒，具有单股负链 RNA 基因组，它们的基因组可以作为合成 mRNA 的模板。

猫白血病病毒
(Feline leukemia)

VI 类病毒，逆转录病毒。其基因组为 RNA，但利用逆转录酶将基因组 RNA 转换成 RNA/DNA 杂合体，然后进一步变成双链 DNA，并以此为模板转录生成 mRNA。

花椰菜花叶病毒
(Cauliflower mosaic)

VII 类病毒，其基因组 DNA 可以作为模板生成 mRNA，但在其复制过程中也形成一个 RNA 的"前基因组"，然后用逆转录酶再变回 DNA。

肠杆菌噬菌体T4简化的裂解循环生活史

与许多Ⅰ类病毒一样，这是一个编码大约300种蛋白质的大病毒。出于简化的考虑，蛋白质的合成过程在此图中没有显示。另外一些Ⅰ类的细菌病毒，还可以将其基因组整合到宿主的基因组中，即所谓的"溶源性"。

病毒是如何复制的

　　除了基因组类型不一样外，病毒基因组的组成形式也不一样。有些病毒的基因组是分节段的，有些是线性的，还有些是环状的。例如，所有的双链DNA病毒都是单组分的，但其基因组可能是线性的，也可能是环状的。大多数单链DNA病毒，具有多组分的环状的基因组（2～8组分），但有些，如细小病毒，却具有线性的单组分DNA。除逆转录病毒外，许多RNA病毒都具有分段基因组。一般情况下，每个节段的RNA编码一个蛋白。有些单组分的RNA病毒，编码一个大的"多聚蛋白"，后者在形成后，会被进一步剪切为有活性的亚单位组分。有些RNA病毒还会形成亚基因组RNA，这样，它们利用同一段基因组可以表达不同的蛋白。

Ⅰ类病毒

　　在巴尔的摩的分类系统中，每类病毒都具有不同的复制方式。大多数Ⅰ类病毒，即基因组为双链DNA的病毒，利用宿主的DNA多聚酶对其基因组进行复制，虽然通常它们自身也编码一些病毒蛋白参与复制。大多数Ⅰ类DNA病毒在核内复制，这也是宿主核酸的复制和储存场所。但对宿主细胞而言，它们仅在细胞分裂的时候，才开始利用DNA多聚酶进行复制。细胞分裂是一个精密计划的过程，因为如果细胞分裂控制不好，就会导致癌症。有些Ⅰ类病毒在细胞不分裂的时候，诱导细胞进入分裂状态，以便利用宿主的DNA多聚酶，这可以导致癌症。痘病毒是个例外，它们在细胞质中复制。许多Ⅰ类病毒的宿主是细菌或古菌，这些宿主细胞没有核。目前还没有在植物中（藻类除外）发现Ⅰ类病毒。

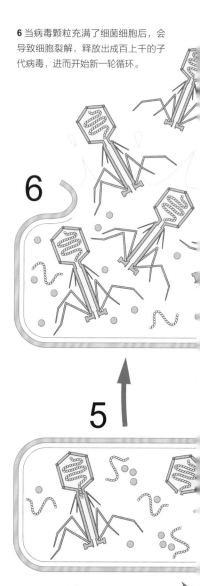

6 当病毒颗粒充满了细菌细胞后，会导致细胞裂解，释放出成百上千的子代病毒，进而开始新一轮循环。

5 正在装配尾丝和着陆装置。

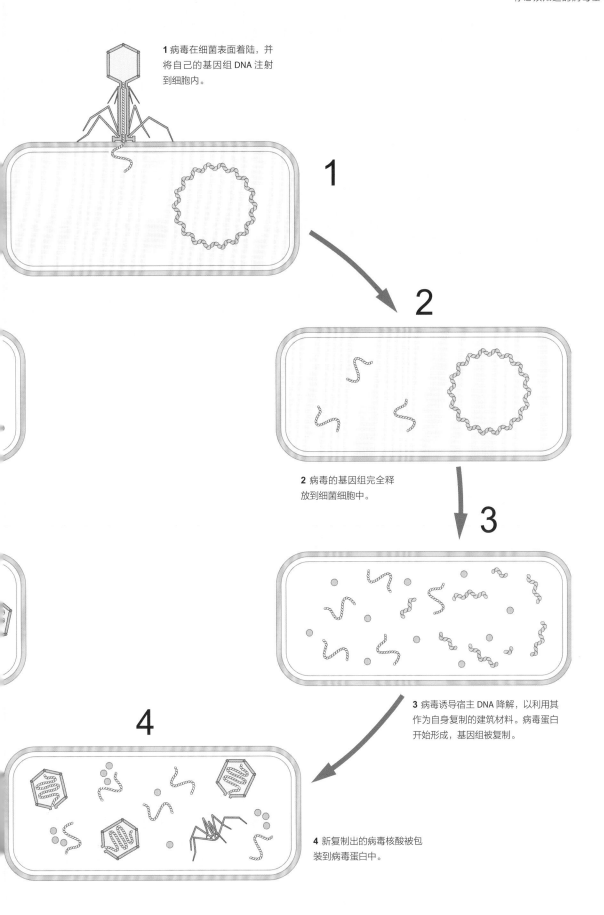

1 病毒在细菌表面着陆，并将自己的基因组 DNA 注射到细胞内。

1

2

2 病毒的基因组完全释放到细菌细胞中。

3

3 病毒诱导宿主 DNA 降解，以利用其作为自身复制的建筑材料。病毒蛋白开始形成，基因组被复制。

4

4 新复制出的病毒核酸被包装到病毒蛋白中。

菜豆金色花叶病毒在植物细胞中的生活史

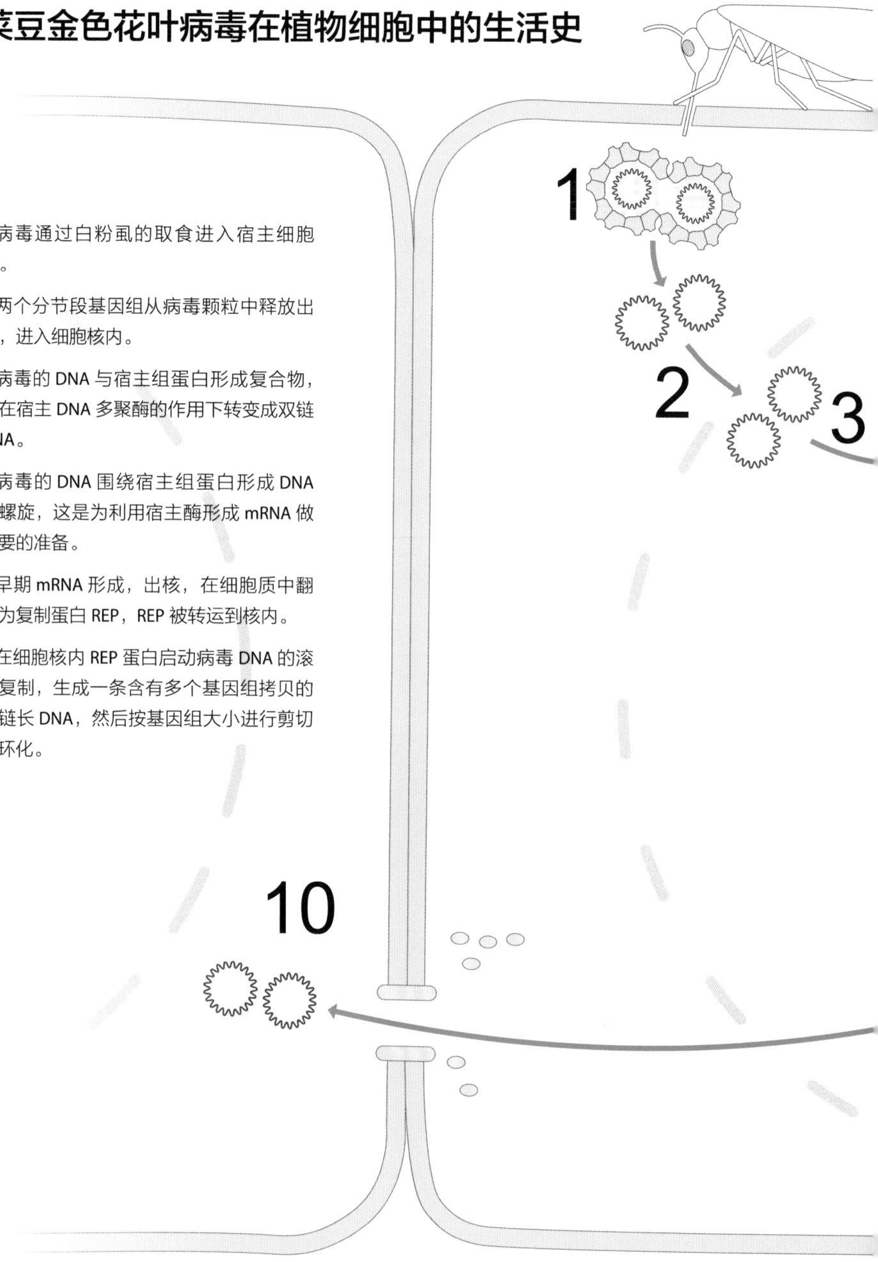

1 病毒通过白粉虱的取食进入宿主细胞内。

2 两个分节段基因组从病毒颗粒中释放出来，进入细胞核内。

3 病毒的 DNA 与宿主组蛋白形成复合物，并在宿主 DNA 多聚酶的作用下转变成双链 DNA。

4 病毒的 DNA 围绕宿主组蛋白形成 DNA 超螺旋，这是为利用宿主酶形成 mRNA 做必要的准备。

5 早期 mRNA 形成，出核，在细胞质中翻译为复制蛋白 REP，REP 被转运到核内。

6 在细胞核内 REP 蛋白启动病毒 DNA 的滚环复制，生成一条含有多个基因组拷贝的单链长 DNA，然后按基因组大小进行剪切和环化。

Ⅱ类病毒

　　Ⅱ类病毒的单链 DNA 基因组必须转化成双链 DNA 之后，才能利用宿主系统进行复制。与大多数Ⅰ类病毒一样，Ⅱ类病毒也需要在核内复制。与Ⅰ类病毒不同的是，Ⅱ类病毒中有植物病毒，如双生病毒（Geminivirus）。双生病毒需要将其单链 DNA 转换成双链环状 DNA，才能复制。双生病毒采用滚环复制机制进行复制。DNA 在一条链中的特定位点被打开，接着围绕它的另一条链一遍又一遍地复制，产生一条含有多个基因组拷贝的很长的 DNA 分子，然后再切割成单个基因组。

7 REP 蛋白反馈抑制 mRNA 进一步翻译 REP，启动 mRNA 翻译合成 TrAP 蛋白。

8 TrAP 在细胞质中形成，进而转运至细胞核内。

9 TrAP 激活 NSP，CP 和 MP 的 mRNA 转录。NSP，CP 形成后被转运到核内，MP 移动到连接植物细胞间的胞间连丝处。

10 一些新形成的环状基因组 DNA 出核，移动到胞间连丝处，在 MP 蛋白的帮助下，运输到邻近的细胞中。

11 另外一些基因组 DNA 被包装到 CP 蛋白中形成病毒粒子。它们转运出核，并被白粉虱获取，进而传播到新的植物上。

25

"宿主蛋白"

REP

TrAP

NSP

MP

CP

mRNA1（形成 REP)

mRNA2（形成 TrAP)

mRNA1（形成 NASP, MP, CP)

酿酒酵母 L-A 病毒在酵母细胞中的生活史

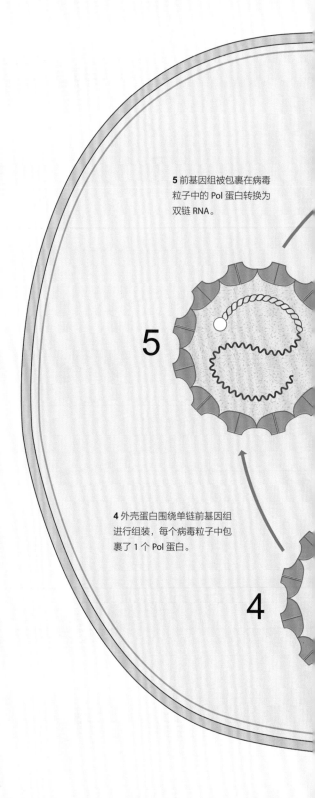

5 前基因组被包裹在病毒
粒子中的 Pol 蛋白转换为
双链 RNA。

4 外壳蛋白围绕单链前基因组
进行组装，每个病毒粒子中包
裹了 1 个 Pol 蛋白。

Ⅲ 类病毒

    Ⅲ类病毒，不用宿主的 DNA 多聚酶进行复制。
由于它们进入细胞的基因组为双链 RNA，不能被直接
利用形成 mRNA，因此它们必须携带自身的多聚酶。
这些病毒一般会留在细胞质中，并且待在自己的蛋白
衣壳和 / 或囊膜内。它们复制产生 RNA，并将其挤出
病毒粒子，释放到细胞质中。这些 RNA 除了编码病
毒蛋白的 mRNA，还有"前基因组"，即被病毒蛋白
包装的单链 RNA。在新形成的病毒粒子中，前基因组
被转变为双链 RNA，病毒的复制循环至此完成。

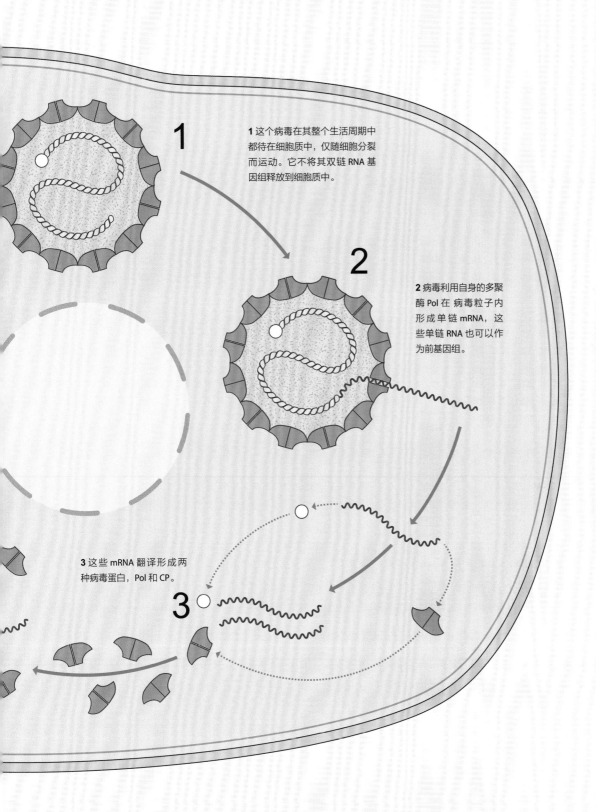

1 这个病毒在其整个生活周期中都待在细胞质中，仅随细胞分裂而运动。它不将其双链 RNA 基因组释放到细胞质中。

2 病毒利用自身的多聚酶 Pol 在 病毒粒子内形成单链 mRNA，这些单链 RNA 也可以作为前基因组。

3 这些 mRNA 翻译形成两种病毒蛋白，Pol 和 CP。

脊髓灰质炎病毒在人细胞中的生活史

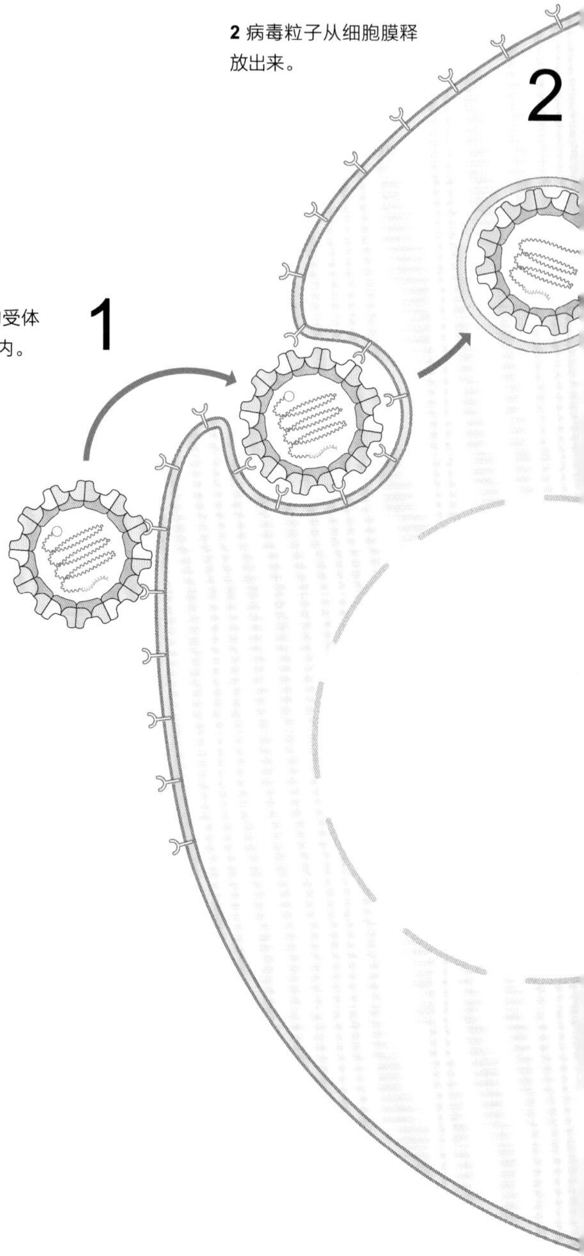

2 病毒粒子从细胞膜释
放出来。

2

1 病毒通过与细胞表面的受体
结合，被细胞膜吞入细胞内。

1

Ⅳ 类病毒

Ⅳ类病毒，含有单股正链的 RNA 基因组，也就
是说基因组 RNA 与 mRNA 是一致的。与Ⅲ类病毒一
样，Ⅳ类病毒在其生活周期中一直位于细胞质中。它
们用基因组 RNA，形成第一批复制所需要的酶（依
赖于 RNA 的 RNA 多聚酶，以及相关的酶）。然后
它们复制产生更多的基因组拷贝，用于形成更多的
mRNA，以及用于包装的基因组。

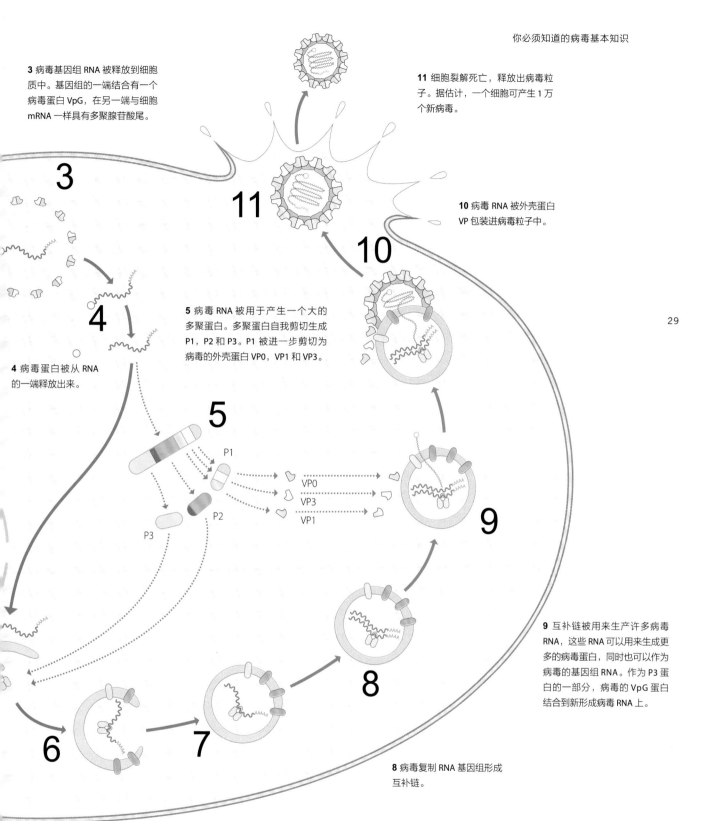

3 病毒基因组 RNA 被释放到细胞质中。基因组的一端结合有一个病毒蛋白 VpG，在另一端与细胞 mRNA 一样具有多聚腺苷酸尾。

4 病毒蛋白被从 RNA 的一端释放出来。

5 病毒 RNA 被用于产生一个大的多聚蛋白。多聚蛋白自我剪切生成 P1，P2 和 P3。P1 被进一步剪切为病毒的外壳蛋白 VP0，VP1 和 VP3。

11 细胞裂解死亡，释放出病毒粒子。据估计，一个细胞可产生 1 万个新病毒。

10 病毒 RNA 被外壳蛋白 VP 包装进病毒粒子中。

29

9 互补链被用来生产许多病毒 RNA，这些 RNA 可以用来生成更多的病毒蛋白，同时也可以作为病毒的基因组 RNA。作为 P3 蛋白的一部分，病毒的 VpG 蛋白结合到新形成病毒 RNA 上。

8 病毒复制 RNA 基因组形成互补链。

6 P2 和 P3 被进一步剪切，进而装配形成复制复合体。复制复合体是在细胞内的囊膜上形成的。

7 病毒 RNA 和复制复合体被包裹在细胞囊膜中。

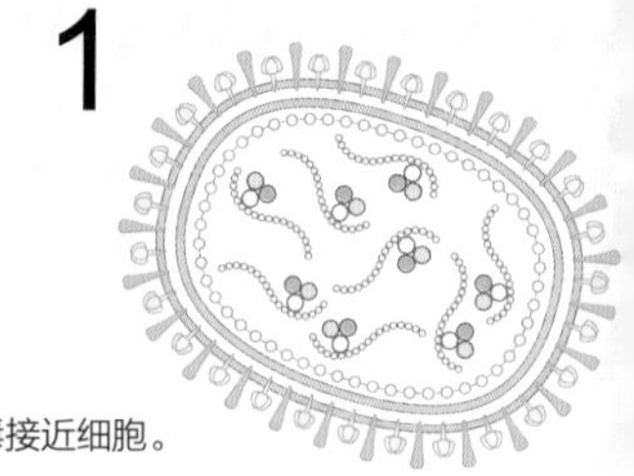

1

流感病毒在人类细胞中的生活史

1 病毒接近细胞。

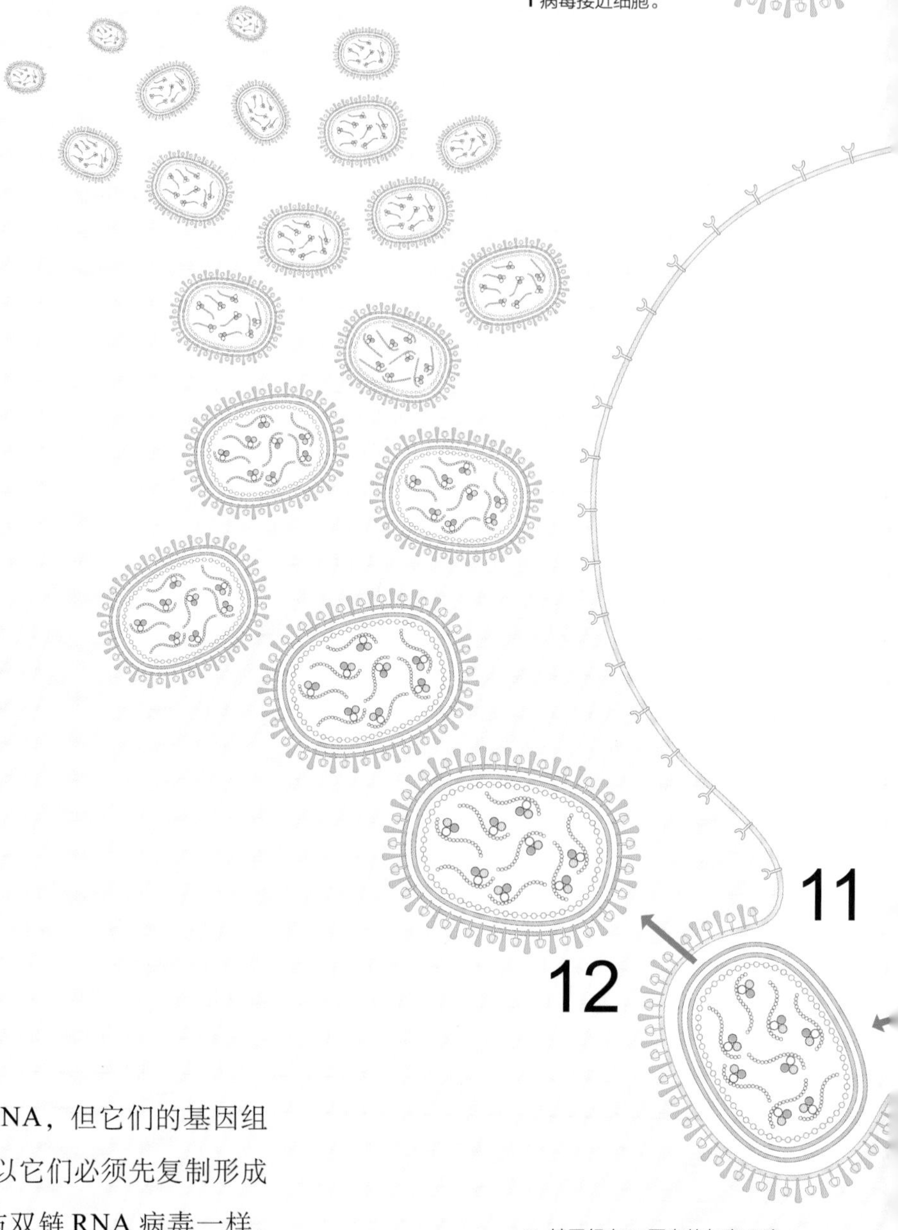

30

11

12

V类病毒

V类病毒，也具有单链RNA，但它们的基因组RNA与mRNA是反向的，所以它们必须先复制形成mRNA，才能生成蛋白质。与双链RNA病毒一样，它们也携带有自身的多聚酶。大多数V类病毒，在宿主细胞质中复制，但流感病毒和弹状病毒是例外，它们在细胞核中复制。严格来讲，这类病毒中有些是双义的，就是说基因组中有些部分是正义（＋）的，有些部分是负义（－）的。目前，还没有在细菌或古菌中发现负链RNA病毒。

11 基因组在 M 蛋白的包裹下移动到细胞膜，在细胞膜出芽，在这个过程中获得了表面带有 HA和 NA 蛋白的新膜。

12 病毒从宿主细胞中释放出来。

2 病毒的血凝素蛋白 HA 与细胞表面的唾液酸受体相结合。

3 病毒被细胞膜吞入。

4 病毒被释放到细胞内。

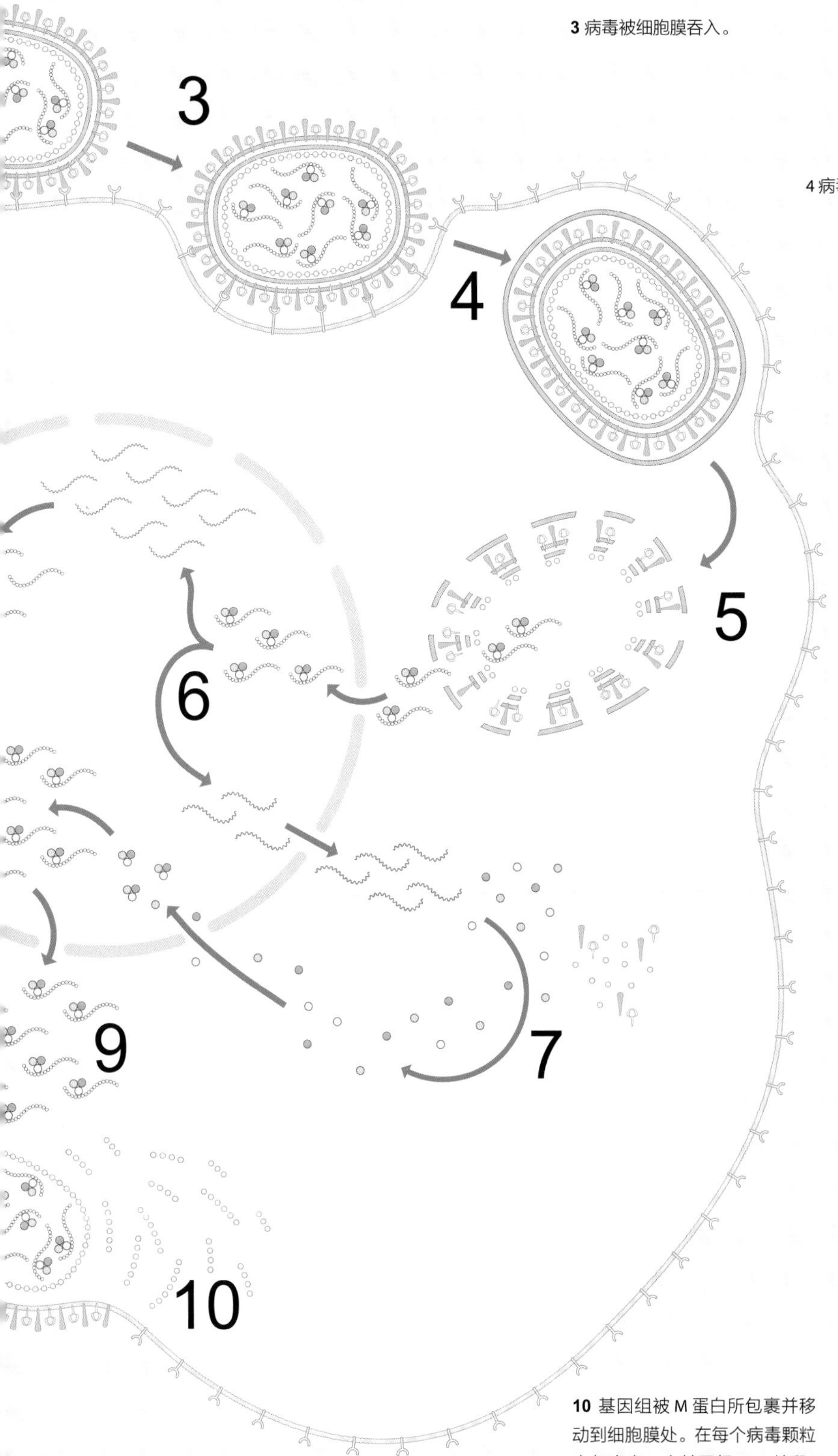

5 病毒颗粒被降解，释放出病毒 RNA，后者与复制复合体相结合，被转运到细胞核中。大多数 V 类病毒在细胞质中复制，但流感病毒在细胞核内复制。

6 病毒 RNA 被转录为 mRNA 和前基因组（蓝色）。

7 mRNA 被转运到细胞质，在那里它们被翻译为病毒蛋白。M 蛋白滞留在细胞质中，HA 和 N 蛋白运输到细胞质膜上。与复制相关的酶被运输到细胞核中。

8 前基因组复制形成病毒基因组（红色），上面结合有病毒的复制蛋白。

9 完成复制的基因组出核。

10 基因组被 M 蛋白所包裹并移动到细胞膜处。在每个病毒颗粒中包裹有 8 个基因组 RNA 片段，每个片段仅一个拷贝。

猫白血病病毒在猫细胞中的生活史

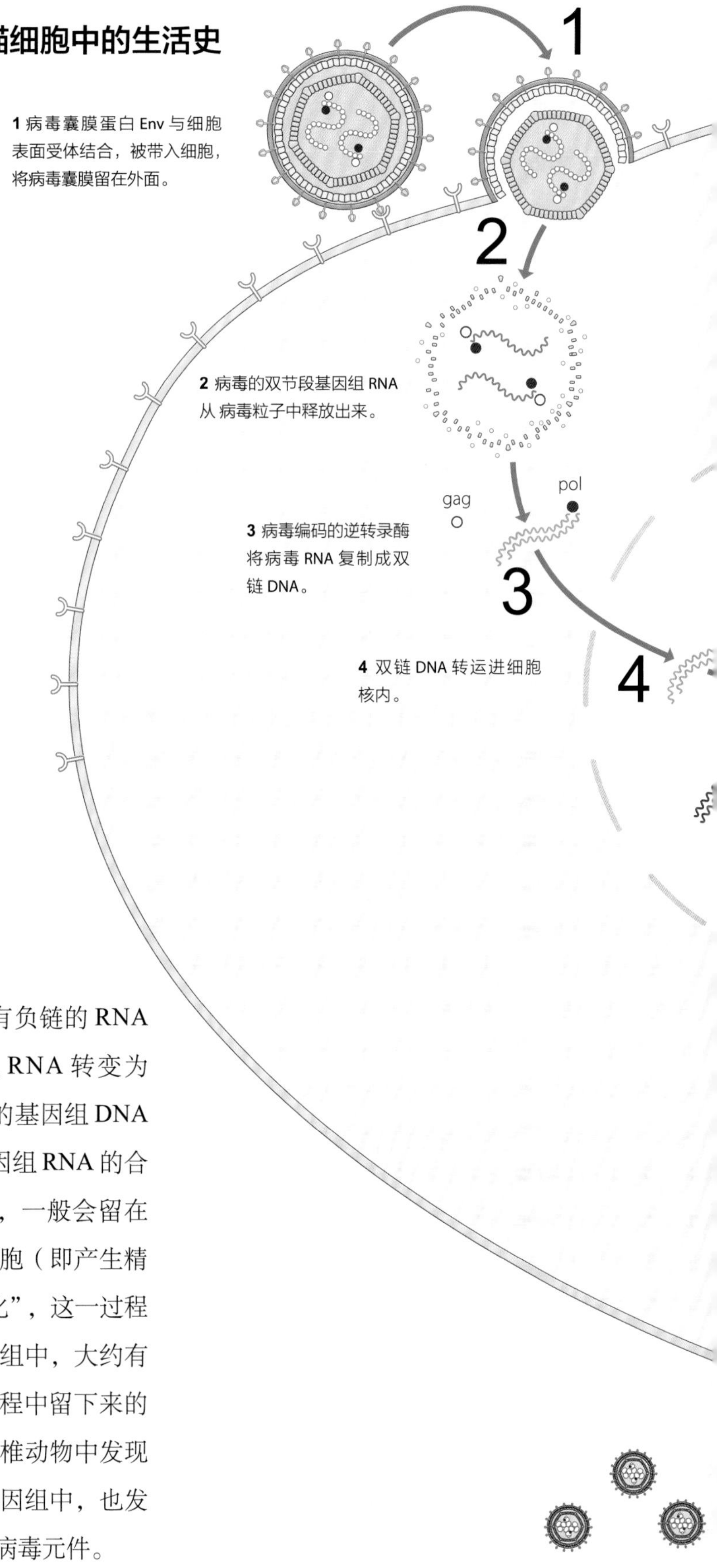

1 病毒囊膜蛋白 Env 与细胞表面受体结合，被带入细胞，将病毒囊膜留在外面。

2 病毒的双节段基因组 RNA 从 病毒粒子中释放出来。

3 病毒编码的逆转录酶将病毒 RNA 复制成双链 DNA。

4 双链 DNA 转运进细胞核内。

gag

pol

VI 类病毒

　　VI 类病毒，即逆转录病毒，也含有负链的 RNA 基因组。它们用逆转录酶，将基因组 RNA 转变为 DNA。病毒 DNA 在复制前整合到宿主的基因组 DNA 上。整合上的 DNA，启动 mRNA 和基因组 RNA 的合成。整合到宿主基因组上的病毒 DNA，一般会留在宿主细胞中，如果病毒感染的是生殖细胞（即产生精子或卵子的细胞），病毒就会被"内源化"，这一过程在进化中时常发生。在我们人类的基因组中，大约有 5%～8% 的序列，是在百万年的进化过程中留下来的内源性逆转录病毒序列。目前，只在脊椎动物中发现了活的逆转录病毒，但在其他生物的基因组中，也发现了与逆转录病毒近似的内源性逆转录病毒元件。

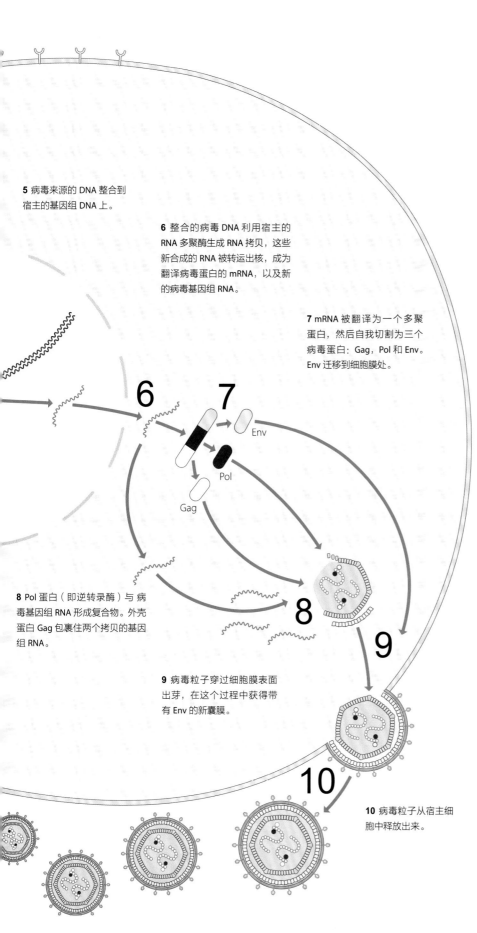

5 病毒来源的 DNA 整合到宿主的基因组 DNA 上。

6 整合的病毒 DNA 利用宿主的 RNA 多聚酶生成 RNA 拷贝，这些新合成的 RNA 被转运出核，成为翻译病毒蛋白的 mRNA，以及新的病毒基因组 RNA。

7 mRNA 被翻译为一个多聚蛋白，然后自我切割为三个病毒蛋白：Gag，Pol 和 Env。Env 迁移到细胞膜处。

Env

Pol

Gag

8 Pol 蛋白（即逆转录酶）与病毒基因组 RNA 形成复合物。外壳蛋白 Gag 包裹住两个拷贝的基因组 RNA。

9 病毒粒子穿过细胞膜表面出芽，在这个过程中获得带有 Env 的新囊膜。

10 病毒粒子从宿主细胞中释放出来。

33

花椰菜花叶病毒在植物细胞中的生活史

Ⅶ 类病毒

Ⅶ 类病毒，也叫拟逆转录病毒。与逆转录病毒一样，它们也用逆转录酶，但它们包装在病毒粒子中的基因组为 DNA。病毒的基因组 DNA，会被宿主机器转录为 mRNA，以及前基因组 RNA。这个前基因组 RNA，被逆转录酶转换成 DNA。与逆转录病毒不同，这类病毒不需要整合到宿主的基因组中，虽然有些病毒也整合。Ⅶ 类病毒大多数为植物病毒，但也包括人类的乙型肝炎病毒（Hepatitis B virus），以及一些其他哺乳动物中类似的肝炎病毒。

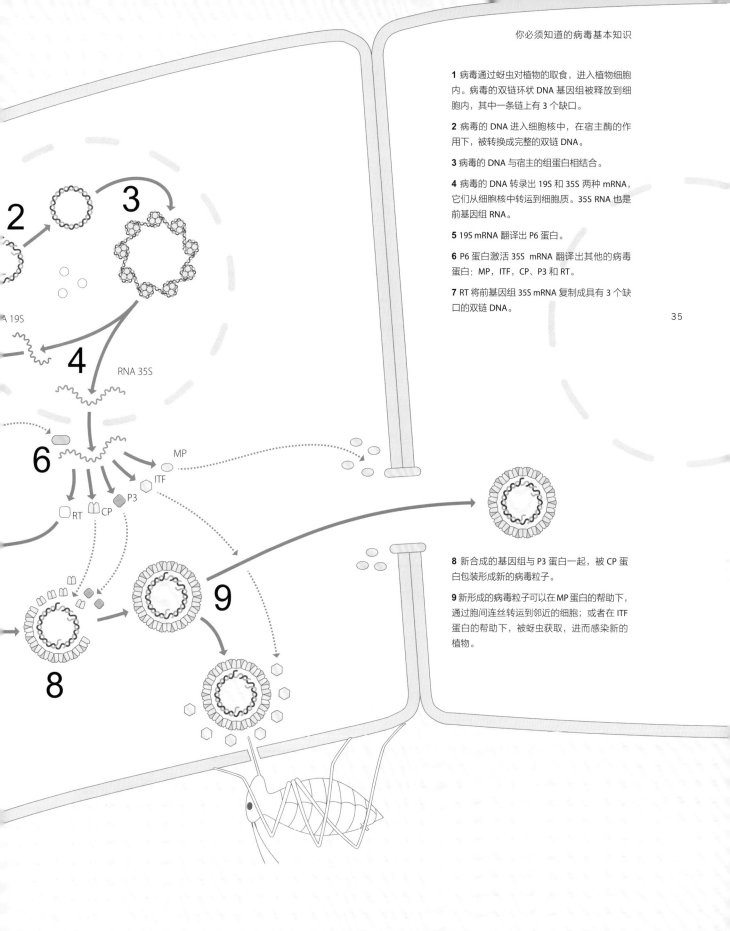

1 病毒通过蚜虫对植物的取食，进入植物细胞内。病毒的双链环状 DNA 基因组被释放到细胞内，其中一条链上有 3 个缺口。

2 病毒的 DNA 进入细胞核中，在宿主酶的作用下，被转换成完整的双链 DNA。

3 病毒的 DNA 与宿主的组蛋白相结合。

4 病毒的 DNA 转录出 19S 和 35S 两种 mRNA，它们从细胞核中转运到细胞质。35S RNA 也是前基因组 RNA。

5 19S mRNA 翻译出 P6 蛋白。

6 P6 蛋白激活 35S mRNA 翻译出其他的病毒蛋白：MP，ITF，CP、P3 和 RT。

7 RT 将前基因组 35S mRNA 复制成具有 3 个缺口的双链 DNA。

8 新合成的基因组与 P3 蛋白一起，被 CP 蛋白包装形成新的病毒粒子。

9 新形成的病毒粒子可以在 MP 蛋白的帮助下，通过胞间连丝转运到邻近的细胞；或者在 ITF 蛋白的帮助下，被蚜虫获取，进而感染新的植物。

病毒是如何"包装"自己的

细胞通过分裂增殖。通过复制其基因组，一个细胞分裂为2个，2个分裂为4个，如此继续。病毒的复制很不一样，它们一次会复制出上百个病毒基因组，有些病毒在一次感染周期中，会形成数千亿个基因组拷贝。

在基因组复制之后，病毒会将其进行包装，以便运出细胞或宿主。包装在保护基因组的同时，也为病毒感染新细胞创造了条件。病毒的包装有多种方式，而且很多细节还没有研究清楚。有些病毒先形成蛋白衣壳，然后将基因组装进去；有些病毒，则围绕着基因组核酸来装配衣壳。在离开宿主细胞的时候，有些病毒会从细胞膜上带走一部分，当作它们的囊膜。有少数病毒则完全没有蛋白质衣壳，这类病毒一般很少从一个细胞转移到另一个细胞或

宿主，或压根就不转移：它们靠宿主细胞分裂而传播，并通过种子或孢子，传给宿主的后代。目前，这类病毒仅在植物、真菌和卵菌中发现。

小的、简单病毒的包装，是由一个单一蛋白质的多拷贝所组成，它们会装配成漂亮的几何形状，如螺旋形或正二十面体。复杂的病毒，可能用多种蛋白质进行包装。在许多动物病毒的表面，装配有能帮助病毒结合和感染宿主细胞的蛋白质。植物病毒一般不会用到这类蛋白，因为植物的细胞壁很难被穿透，植物病毒需要借助一些其他手段，来打通细胞壁进入细胞内。以植物为食的昆虫具有这个能力，它们在吸食植物汁液的时候，会把大量的病毒带到植物细胞内。

真菌常被病毒感染，真菌病毒一般具有包装，但不从一个细胞转移到另一个细胞或宿主。

酿酒酵母 L-A 病毒

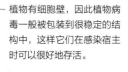

无脊椎虹彩病毒
(Invertebrate iridescent virus)

昆虫病毒可能会有不同的包装形式，因为它们除了感染昆虫外，还可能感染其他宿主，如植物或哺乳动物。

植物有细胞壁，因此植物病毒一般被包装到很稳定的结构中，这样它们在感染宿主时可以很好地存活。

37

包装过程一般都是具有特异性的。除了有些病毒整合到宿主的基因组中外，病毒一般不把宿主的遗传物质包装到病毒粒子中。如果一个病毒的基因组是多分节段的，那么病毒粒子中就会包装有全套的基因组，有时是 11 到 12 个节段的 DNA 或 RNA。

有些病毒粒子非常稳定：例如，烟草花叶病毒有时会出现在食物中，如辣椒中，这些病毒可以穿过人的肠道而完好无损。犬细小病毒（Canine parvovirus），一种家养狗的重要病原，可以在土壤中存活 1 年以上。另外一些病毒则很不稳定，需要在宿主间直接传播。一般来讲，有囊膜的病毒相对会不稳定，因为囊膜对干燥很敏感。

烟草花叶病毒

哺乳动物病毒有各种各样的包装形式，它们一般会具有一个能帮助它们入侵宿主细胞的囊膜。

流感病毒

病毒是如何传播的

病毒用各种不同的办法将感染从一个宿主传播到下一个宿主。病毒的传播方式主要有两种：水平传播和垂直传播。水平传播是指从一个宿主个体传到另一个个体；垂直传播是指从亲代到子代的传播。大多数研究得比较透的病毒，都能水平传播，或者同时具有水平传播和垂直传播的能力。人免疫缺陷型病毒（HIV-1），艾滋病的病原，就是一个具有两种传播能力的良好例子。大多数导致人类患病的病毒，都能水平传播，也就是从一个人传到另一个人。相反，大多数野生植物的病毒，则通过种子垂直传播，这与感染农作物的植物病毒不同。由于野生植物在农业上不重要，而且病毒感染导致的症状不明显，因此，这类垂直传播的病毒研究得不多。

当一个新的宿主呼吸进含有病毒颗粒的空气，或者接触到含有病毒液滴的表面时，水平传播就会发生。这是感冒病毒和流感病毒在宿主间传播的方式。病毒也可以通过机体的直接接触而感染，如有些病毒通过性接触传播。一般来讲，每种病毒的传播方式都是比较特定的。

许多病毒利用中间宿主或传播媒介进行传播。传播媒介通常是昆虫，如蚊子，或蛛形纲的动物，如螨类或蜱虫。植物病毒几乎都是靠媒介传播的，通常是昆虫，但也包括真菌，线虫（土壤中的小型弧形蠕虫，与蚯蚓不同），寄生植物，农耕器具甚至人类。植物本身，也可以作为载体，它们所携带的病毒可以被来访

下图左 一只吸血后的亚洲虎蚊。蚊子是许多病毒的传播媒介，有些病毒在蚊子体内可复制。

下图中 植物病毒通常靠昆虫传播，例如白粉虱。在有些昆虫中，病毒可以存活相当长时间，甚至可以复制；而另一些病毒，可能只能存活1小时左右。

下图右 感冒病毒可能会引起打喷嚏，从而帮助它传播到新宿主。

的昆虫获取和传播。

　　了解媒介在新发疾病中的作用，对揭示新发病毒的生活史和阻断疾病具有重要意义。在新发疾病中，媒介往往发挥着关键作用，尤其是当病毒可能获得了新的传播媒介时。基孔肯雅病毒（Chikungunya virus）具有很好的历史记录，它最初于1952年在坦桑尼亚（Tanzania）被报道，其传播媒介，与传播登革热（Dengue）和黄热病的蚊子是同一种，而且仅对非洲部分人群造成危害。现在，该病毒已进化成可以被另一种蚊子，即亚洲虎蚊（Asian tiger mosquito）所传播，在亚洲虎蚊从亚洲向欧洲和美洲扩展的过程中，也将病毒带到了这些地方。

　　媒介可能会发生变化。传播黄热病的伊蚊是非洲森林的自然物种，它们将卵产在静止的水中，如树洞的积水中。当易感人群随着世界的发展来到新生城市时，蚊子也跟随人一起来到城市，同时也带来了病毒。其后果就是，登革病毒在整个热带及亚热带地区爆发，而且，在这些新的环境中进化特别快。植物也因媒介的变化而受损。某些白粉虱在世界范围内的扩散，导致了双生病毒科（Geminiviridae）的出现，这一科的病毒会对很多农作物造成严重病害。气候变化可能导致媒介昆虫增加，从而可能进一步影响到媒介所传播的病毒。

上图 牧畜，比如说羊，可能会传播一些结构稳定的植物病毒。农具，如除草机，也可能进行类似的传播。

病毒丰富多彩的生活方式

病毒，与它们的宿主具有十分亲密的互作关系，它们生活周期中的每一步，都需要完全依赖宿主细胞。虽然我们通常将病毒视为病原体——它们并不是全都有害。绝大多数病毒可能与其宿主共生，也就是说，它们从宿主那里获得所需要的，但并不给宿主带来危害。有些病毒与宿主是互利的，它们给宿主带来生存所需的好处，同时也从宿主身上获利。

病毒与宿主的稳定关系，体现在病毒能利用宿主细胞，同时几乎不给细胞带来危害。引起疾病，对病毒而言，就像对其宿主而言一样，是不受欢迎的。病毒在一个生病的宿主体内，可能没有在一个健康的宿主体内复制得好，尤其是当生病的宿主不能与其他潜在的宿主进行交际时。如果病毒在传播之前，就导致了宿主的死亡，这对病毒而言，就像对宿主一样是不利的。

严重的疾病或死亡说明病毒与宿主的关系尚处于相互博弈的初期阶段，也就是说，病毒和宿主还没有机会适应对方。举例来讲，

HIV-1 会导致人患重病，这是因为，它是近期才从猴子经过黑猩猩跨种传播到人的。在猴子中，与 HIV-1 非常接近的猴免疫缺陷型病毒（Simian immunodeficiency virus，SIV）能与宿主和平共处，不会引起猴子生病，而不像 HIV-1 在人中会引起严重疾病。

有些病毒，经常在不同的宿主间跨种传播，流感病毒就是一个很好的例子。流感病毒的自然宿主是水禽，在水禽中，它不引起疾病，但当它跨种到家养动物或人的时候，就有可能引起致死性疾病。另一方面，脊髓灰质炎病毒的唯一宿主是人，而且，它感染人已经有几千年的历史了，因此人们有理由认为，就如同流感病毒与水禽的关系一样，人类应该对脊髓灰质炎病毒有自然免疫力，事实上，在 20 世纪以前也的确如此。

早期，人们在婴儿阶段就接触了脊髓灰质炎病毒，很少有染病的，而且会获得终身免疫。人类的饮用水中存在脊髓灰质炎病毒，当开始加氯大规模处理饮用水后，婴儿就接触不

到环境中的病毒了。这样一来，当人们在后来的生活中接触到病毒时，由于他们没有自然免疫力，结果就可能造成严重的疾病，包括其可怕的残瘫后遗症。

42

在过去20年左右，病毒学家开始在野生环境中，而不仅仅是在人及其家养动植物中寻找病毒。首先在海洋中寻找，地球表面超过2/3的面积被海洋所覆盖，每毫升海水中有大约1000万个病毒粒子，也就是说海洋中的病毒数目，比目前所知道的所有星系中的恒星的数目之和还要大。海洋中的病毒对于地球的碳循环非常重要。这些病毒中的大多数，感染细菌以及其他单细胞生物，而病毒每天杀死这些生物中的至少25%。当这些生物被杀死后会裂解，它们的遗留物会被其他生物所利用。如果这些生物不是被病毒杀死的，它们死后一般会沉入海底，这样它们的碳就会被掩埋，而无法被生物世界利用。

人类基因组测序（包括其他生物基因组测序）过程中的竞赛，极大地推动了技术的进步。在20世纪80年代，一个研究人员工作一整天，可能可以测出几千个核苷酸序列，而今，我们一次实验，就可以测出几十亿的核苷酸序列。病毒学家利用这种技术研究各种环境中的病毒，包括植物的、动物的、细菌的，或存在于废水、土壤甚至粪便中的。研究发现，病毒在各种环境中都存在，它们安静地生活着，并不给宿主带来任何伤害。许

多植物病毒和真菌病毒只能垂直传播，即从亲代传给子代。它们与宿主共同生活很多代，垂直传播率可以达到百分之百，那么，它们是否给宿主带来好处呢？这很有可能，在垂直传播的病毒中，有些的确给宿主带来好处，但我们目前知道得还不够多，不知道这是不是一个普遍现象。

有些病毒是真正的互利生物，也就是说它们给其宿主提供了好处。这种生活方式也许很普遍，但目前，还只有几个研究得比较清楚的例子。例如，老鼠携带有多种疱疹病毒，这些病毒可能有助于老鼠抵御细菌感染，包括鼠疫。一个更奇特的例子是一种真菌病毒，这种真菌寄生在植物体内，如果离开了病毒，无论是真菌还是植物，都不可能在美国黄石国家公园的地热土壤中生长。有些寄生蜂的卵，离开了病毒就不能发育；另外一种植物病毒，当蚜虫取食的植物上过于拥挤的时候，能让蚜虫长出翅膀。细菌和酵母，能利用病毒消灭竞争对手，这样它们就能入侵新的领土。随着病毒的发现，特别是在常规的医学和农业领域之外的病毒发现，这类病毒与宿主之间惊人地交互在一起生活的例子，将会越来越多。

左图 类似美国黄石国家公园中的地热土壤，对植物来讲是比较恶劣的环境，但是，在真菌以及寄生在真菌中的病毒的帮助下，植物能在比通常可以耐受的高得多的土壤温度下存活。

神奇的免疫反应

所有的细胞生物，都具有免疫系统来应对病毒感染，或者促进感染的康复。"天然免疫"和"获得性免疫"是最主要的两类免疫。

事实上，所有的生物遇到外来入侵者，都会启动作为普通抵抗机制的"天然免疫"。"获得性免疫"则要更复杂些：机体"记住"一些感染，这样，当再次遇到这类感染时就能迅速反应。人类和许多动物都进化出了获得性免疫，细菌和古菌也有获得性免疫。植物也存在一类获得性免疫，但其工作原理，与动物的获得性免疫不同。

天然免疫的机制可以很简单，例如，阻止病毒入侵的物理防线——皮肤、鼻腔中的黏膜、清洁眼睛的泪水、肠道中的酸性及降解性酶类等。当这类物理屏障未挡住病毒时，更为复杂的天然免疫系统就开始发挥作用了。机体的化学岗哨，对感染的反应是启动炎症反应。血液流向感染的区域，这就是为什么感染部位附近的皮肤会发红。一种叫巨噬细胞（从字面上理解就是"大吃者"）的白细胞，冲过来对外来物进行吞噬和消化。像发烧一样，局部或者全身的体温可能会陡然上升。高温，对病毒

下图 扫描电镜下的人体红细胞和一个白细胞。不同类型的白细胞是人体免疫系统的必要组成部分。

44

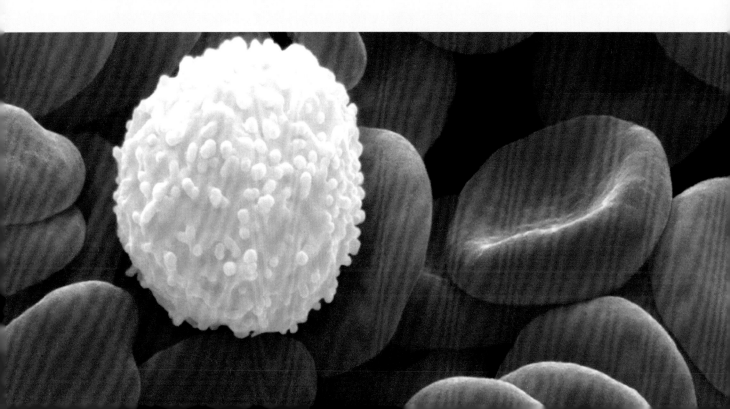

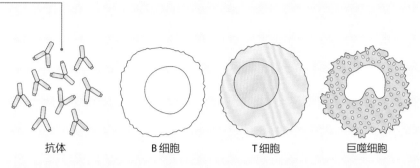

人类免疫系统的组织和细胞：抗体特异性地攻击入侵者；B 细胞生产抗体；T 细胞辅助免疫反应；巨噬细胞吞噬和消化外来物。

抗体　　　B 细胞　　　T 细胞　　　巨噬细胞

是很好的免疫反应，因为很多病毒不能耐受一系列温度，也不能在太热的环境中复制。

除了天然免疫以外，多数生物还有一个专门的、为特定的入侵病原体量身定做的适应性或获得性免疫体系。在人类及其他脊椎动物的发育过程中，有一种机制使机体的获得性免疫体系学会识别"自身"，从而使机体的正常组分免受获得性免疫系统的识别。也就是说，后来入侵机体的任何外来物，都会被识别为"非我"，从而遭到抗体的靶定进而降解。一旦机体遇到了一个"非我"的入侵，适应性免疫对其会有 1 年到终身的记忆。机体的免疫系统一般会工作得非常好，但是，病毒会发明一系列聪明的方法，来逃逸宿主的天然免疫与获得性免疫：它们可以在细胞内部躲起来，而且复制得非常慢，这样宿主就发现不了它们；它们可以模仿宿主细胞，这样就不会被识别为入侵者；它们也可能攻击免疫系统，从而废掉本来用于防御它们的体系。

植物有着不同的免疫体系。对某些病毒和宿主而言，对病毒的天然免疫有时可能是特异性的。举例来说，有些病毒的感染可能导致植物启动一种免疫反应，将病毒限制在最初感染的细胞中，使其不能传播到其他组织中。这类反应被称为"局部病灶反应"，有时会在初始感染部位形成黄斑，或者有时感染病毒周

45

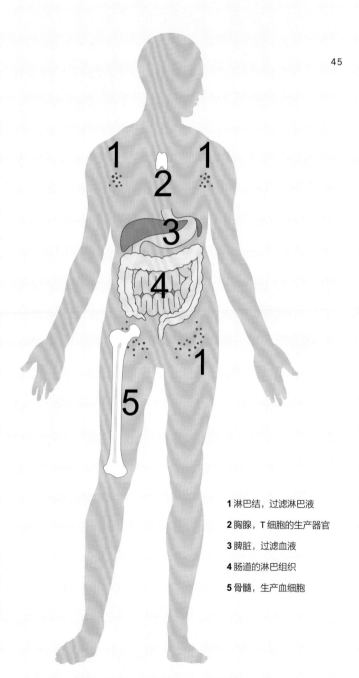

1 淋巴结，过滤淋巴液

2 胸腺，T 细胞的生产器官

3 脾脏，过滤血液

4 肠道的淋巴组织

5 骨髓，生产血细胞

围的细胞都被杀死，留下坏死组织形成的斑点。有些病毒引起的植物天然免疫反应，可能对其他病原体也有影响，这样一来，植物会对其他的入侵者也有防疫。这一过程涉及水杨酸（salicylic acid）的合成，水杨酸在柳树皮中含量特别高，印第安人用它来降温和镇痛。19世纪末期，拜尔公司的科学家发明了一种合成的化合物，也就是我们今天所熟知的阿司匹林。

植物中的适应性免疫最早于1930年被发现，当给植物接种一种温和型的病毒时，该植物可以抵御被更烈性的病毒所感染。在遗传学工具还没有出现的时候，这种方法也用来发现病毒：当 A 病毒可以对 B 病毒形成交叉保护时，它们就被看作是同一病毒的不同株。直到20世纪90年代，科学家们才知道导致这种免疫的分子机理。原来，植物具有一种被称为"RNA 沉默"的适应性免疫反应。当病毒感染植物后，一般会产生大量的双链 RNA。这一类型的核酸，会诱导植物产生一种机制将其剪切为小片段，这些小片段会靶向病毒的核酸，进而导致后者的降解。虽然这种适应性免疫能特异性针对不同的病毒，但植物的这一系统似乎并不产生记忆。病毒（当然）会发展出各种各样的策略，来逃逸这类免疫系统。有些病毒，能产生蛋白来抑制 RNA 沉默反应，另外一些病毒，则将自己的核酸藏起来，以躲避宿主的免疫反应。

基于 RNA 沉默的适应性免疫反应，其实并不是植物所特有的，真菌、昆虫，以及一些动物包括线虫中也有类似的系统。这些生物也有天然免疫反应，包括具有抵御感染的物理屏障，而且在一些昆虫中，还有类似动物的天然免疫系统。真菌，与植物一样，经常会被病毒所感染，而且这类感染常会从亲代传给子代。

真菌的免疫系统可能影响也可能不影响真菌病毒，但即使有影响，也不能有效地清除病毒。有些有意思的研究显示，昆虫的免疫反

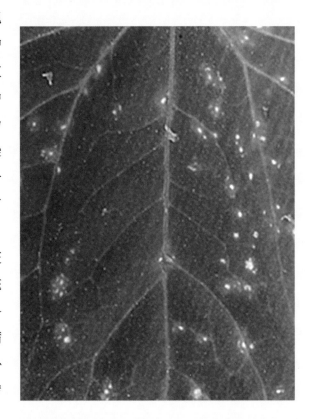

植物的免疫反应

大多数植物病毒，通过穿透细胞壁的伤口进入宿主。植物食性的昆虫，通常会提供这类帮助。植物对 RNA 病毒会有多种免疫反应，下图中显示了其中的三种，不同植物的免疫反应会有所不同。

左页图 有些植物，利用一种杀死病毒感染细胞的方式，来抵御病毒的感染，这会在叶面上留下一些小的坏死的斑点，例如在该图的藜属 *Chenopodium* 植物上所显现的。

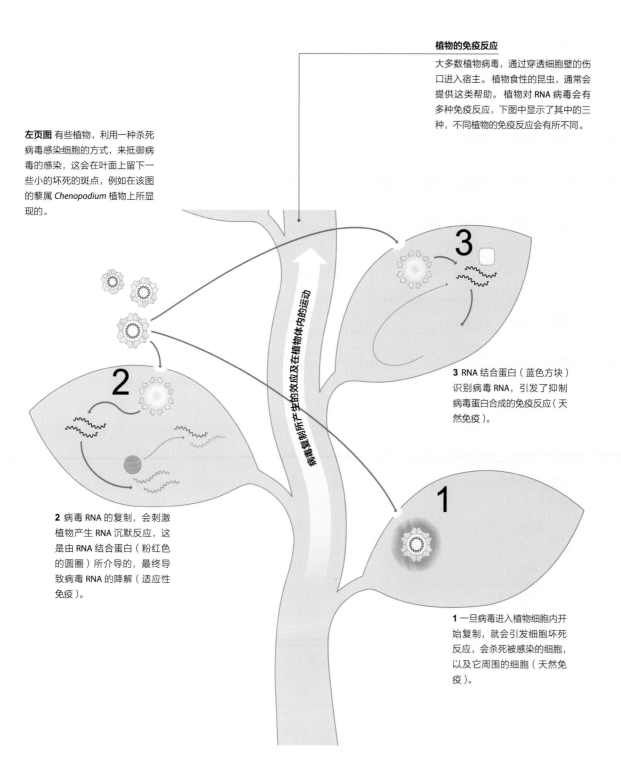

病毒复制所产生的效应及在植物体内的运动

3 RNA 结合蛋白（蓝色方块）识别病毒 RNA，引发了抑制病毒蛋白合成的免疫反应（天然免疫）。

2 病毒 RNA 的复制，会刺激植物产生 RNA 沉默反应，这是由 RNA 结合蛋白（粉红色的圆圈）所介导的，最终导致病毒 RNA 的降解（适应性免疫）。

1 一旦病毒进入植物细胞内开始复制，就会引发细胞坏死反应，会杀死被感染的细胞，以及它周围的细胞（天然免疫）。

应，并不清除那些有很长复制周期的病毒，而是让它们维持一种低水平的感染。

细菌和古菌的免疫系统，利用酶来识别外来 DNA，而且在其特异性的回文结构处进行剪切，这些酶，具有细菌物种的特异性。所谓回文结构，就是一段序列从左边读与从右边读是一样的，例如 "Madam I'm Adam"。一段 DNA 的回文结构的例子如下所示：

5′GAATTC3′

3′CTTAAG5′

这段序列，是被大肠杆菌 Escherichia coli 的一个限制性内切酶所特异性切割的序列。这类所谓的 "限制性" 酶，几十年来一直是分子生物学家常用的工具，它们能用来绘制 DNA 的物理图谱。细菌的另一类免疫反应，CRISPR 系统，是最近才发现的，它是一种有记忆功能的适应性免疫反应。CRISPR，是 "规律成簇的间隔短回文重复"（clustered regularly interspaced short palindromic repeats）的缩写。在病毒感染后，病毒基因组中的小片段，可能会被整合到宿主基因组中的特定位点，它们后面会被激活产生小分子 RNA，用来降解入侵病毒的核酸。这与植物、昆虫和真菌中 RNA 免疫有些类似，但具体机制很不一样。CRISPR 系统的发现，在科技界引起了轰动，因为它使科学家可以靶向任何生物中指定的 DNA 位点，为基因组编辑提供了工具。

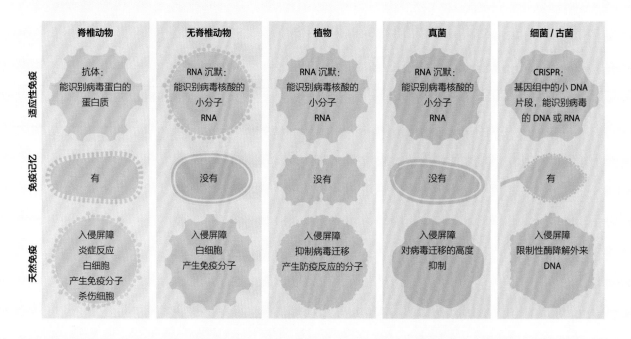

	脊椎动物	无脊椎动物	植物	真菌	细菌 / 古菌
适应性免疫	抗体：能识别病毒蛋白的蛋白质	RNA 沉默：能识别病毒核酸的小分子 RNA	RNA 沉默：能识别病毒核酸的小分子 RNA	RNA 沉默：能识别病毒核酸的小分子 RNA	CRISPR：基因组中的小 DNA 片段，能识别病毒的 DNA 或 RNA
免疫记忆	有	没有	没有	没有	有
天然免疫	入侵屏障 炎症反应 白细胞 产生免疫分子 杀伤细胞	入侵屏障 白细胞 产生免疫分子	入侵屏障 抑制病毒迁移 产生防疫反应的分子	入侵屏障 对病毒迁移的高度抑制	入侵屏障 限制性酶降解外来 DNA

基因组中的病毒"化石"

地球早期生命的历史，是通过化石进行研究的。这些化石可能有长达 35 亿年的历史。病毒太小了，不可能留下任何可检测的化石，因此，我们就无法知道它们的早期历史。但是很久以来，就有病毒把它们的基因组整合到宿主的基因组中，这也许早在地球生命形成之初就发生了。以前以为只有逆转录病毒能这么做，但现在发现，很多病毒都能这么做。只要仔细研究基因组，就能发现病毒来源的序列。现代基因组中，病毒来源的序列到底占多大的比例有不同的估计，但至少 8% 的人类基因组来源于逆转录病毒，这还不包括其他类病毒的序列。

对这些来源于基因组中的病毒序列进行比较分析，能为我们提供一些这类古老病毒的线索，以及显示它们是在什么时候整合到宿主中的。例如，如果我们能在每个类人猿中发现一种病毒序列，而在其他的灵长类中都没有发现，我们就可以推测说，这种病毒是在类人猿从灵长类中分化出来时整合到宿主基因组中的。有些病毒样序列，在从人类到空棘鱼（一种被称为活化石的简单鱼类）的很多物种中都有发现，对这类基因组中病毒序列的研究，目前已经发展成为一个新的、发展迅速的研究领域，称为伴进化病毒学。

在空棘鱼基因组中发现的泡沫病毒（Foamy virus）元件

泡沫病毒，是一类可感染多种哺乳动物的逆转录病毒，有时会被内源化。下面这张图显示的是泡沫病毒与其宿主的关系，可以看出，宿主的系统进化树（左图）与病毒的进化树（右图）是相匹配的，因此我们可以推论，这类病毒与宿主是共进化的。

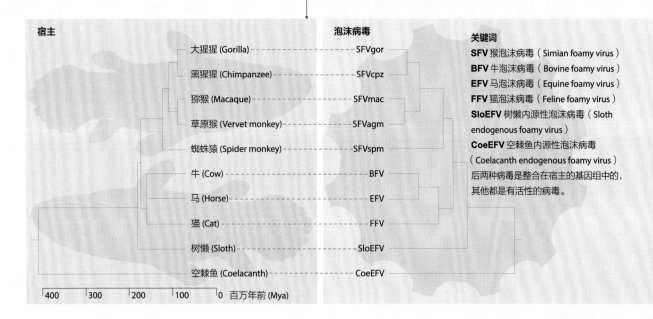

宿主	泡沫病毒	关键词
大猩猩 (Gorilla) —— SFVgor		**SFV** 猴泡沫病毒（Simian foamy virus） **BFV** 牛泡沫病毒（Bovine foamy virus） **EFV** 马泡沫病毒（Equine foamy virus） **FFV** 猫泡沫病毒（Feline foamy virus） **SloEFV** 树懒内源性泡沫病毒（Sloth endogenous foamy virus） **CoeEFV** 空棘鱼内源性泡沫病毒（Coelacanth endogenous foamy virus） 后两种病毒是整合在宿主的基因组中的，其他都是有活性的病毒。
黑猩猩 (Chimpanzee) —— SFVcpz		
猕猴 (Macaque) —— SFVmac		
草原猴 (Vervet monkey) —— SFVagm		
蜘蛛猴 (Spider monkey) —— SFVspm		
牛 (Cow) —— BFV		
马 (Horse) —— EFV		
猫 (Cat) —— FFV		
树懒 (Sloth) —— SloEFV		
空棘鱼 (Coelacanth) —— CoeEFV		

400　300　200　100　0　百万年前 (Mya)

49

人类病毒

概　述

我们即将介绍的病毒被称作人类病毒，是因为这类病毒往往是从它们感染人的角度被研究的。然而，能够感染人类的病毒，有时也能够感染其他动物，并感染它们的媒介昆虫。有些病毒的主要宿主是动物或昆虫，在人类宿主中它们仅会引起终末感染，也就是说，它们无法造成人与人之间的传播；这些病毒，我们在本书中依然将其分类为人类病毒，因为对人类的感染，是它们最广为人知的一面。

这里所选择的人类病毒，一般是人们比较熟悉的病毒，它们在病毒学、免疫学、分子生物学等研究中具有重要意义，也有些病毒被选择，是因为独特的生物学特性使它们十分有趣。

人类病毒的生态与其他动物宿主和媒介的生态密切相关，这也是关于病毒的故事中特别有趣的地方。只有极少数的病毒，会把人类当作自己唯一的宿主，这类病毒中最著名的，是天花病毒和脊髓灰质炎病毒。由于这些病毒没有可以当作庇护所的动物宿主，所以，人类可以消灭它们。事实上，人类通过接种疫苗已经根除了天花，但是至今为止，还没有消除脊髓灰质炎。造成这种现象的原因之一，是天花疫苗接种使用的是另一种不同的病毒，而预防脊髓灰质炎，通常仍在使用减毒活疫苗，也就意味着，可能仍有活的病毒来源于疫苗接种。野生的脊髓灰质炎病毒，现在已经非常罕见了，不过在世界上的一些偏远地区，还有可能发现。

我们即将介绍的还包括一种不会导致任何疾病的病毒，即细环病毒。它当然不是唯一的非致病性人类病毒，却是最广为人知的一种。由于病毒多是因其致病性而被研究的，所以，人们对非致病性病毒的了解非常少。在本书的其他章节，会列举更多非致病性病毒的例子。

分组	Ⅳ
目	未分类
科	披膜病毒科 Togaviridae
属	甲病毒属 *Alphavirus*
基因组	线性、单组分、长约 12000 核苷酸的单链 RNA，编码一条含 9 种蛋白质的多聚蛋白
地理分布	起源于非洲，后传播到亚洲和美洲，在欧洲也有零星发生
宿主	人类，猴子，也可能感染啮齿类、鸟、牛等
相关疾病	基孔肯雅热
传播	蚊子
疫苗	研发中

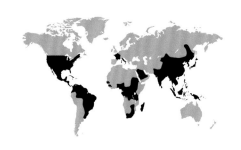

基孔肯雅病毒
Chikungunya virus
一种新兴的人类病毒

52

一种环游全球的病毒

　　基孔肯雅病毒起源于非洲，在那里它主要感染灵长类动物，偶尔也会感染人。这种病毒，于 20 世纪 50 年代进入亚洲，并在随后的数十年间，一直都在亚洲出现。自 2004 年以来，该病毒传播到了欧洲部分地区以及印度洋周边地区，2013 年，它开始在美洲大陆出现。基孔肯雅病毒的快速传播，与其蚊虫媒介密切相关。直到不久前，基孔肯雅病毒在灵长类动物和人类之间的传播，主要依靠的是在热带及亚热带生存的埃及伊蚊 *Aedes aegyptii*，这种蚊子也是黄热病的传播媒介。但最近发现，基孔肯雅病毒获得了被白纹伊蚊 *Aedes albopictus*，也称亚洲虎蚊传播的能力。这种改变在病毒中比较罕见，对于病毒的跨种或跨地域传播尤为重要。亚洲虎蚊起源于亚洲，但已经入侵了世界上的许多地区，并能在温带气候下迅速繁衍。这意味着，病毒不再局限于热带及亚热带地区，而可以扩散到温带，目前，基孔肯雅热已经在欧洲和美洲大陆上出现。该病毒在全球的扩散，主要源于感染者在世界各地的旅行。

　　被基孔肯雅病毒感染的患者，一般会出现突然发烧，以及难以忍受的关节疼痛等症状，这种疼痛，在病毒感染被清除后，仍能持续数月乃至数年。基孔肯雅病毒的名称，来源于关节痛，在马孔德语中"基孔肯雅"意为"折弯"，指病毒感染导致的关节疼痛。其他可能的症状，包括有头痛、皮疹、眼部炎症、恶心以及呕吐。有时，基孔肯雅病毒爆发可伴随一些长期症状，如关节以及肌肉疼痛。在疫苗出现之前，疾病预防仍然是最好的应对措施，需要对蚊虫进行较好的控制。伊蚊在静止的水中繁殖，非常适应城市环境，因此需要严格清除花盆及废旧轮胎中的积水，以控制它们的繁殖。

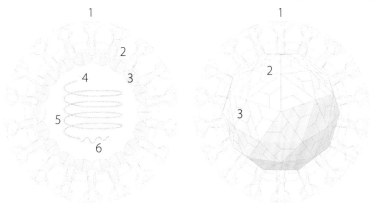

A 横切面
B 外观
1 E 蛋白三聚体
2 脂膜
3 外壳蛋白
4 帽子结构
5 单链基因组 RNA
6 多聚腺苷酸尾

右图 这张透射电镜图片显示的是**基孔肯雅病毒**颗粒，病毒的中间核心被一层囊膜包裹。

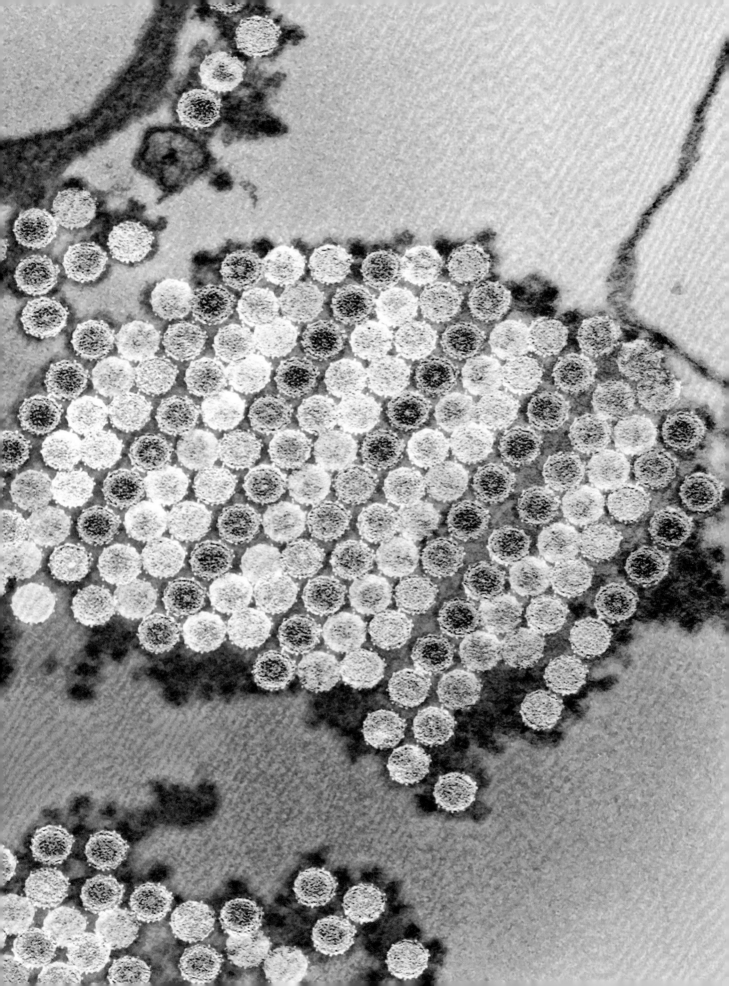

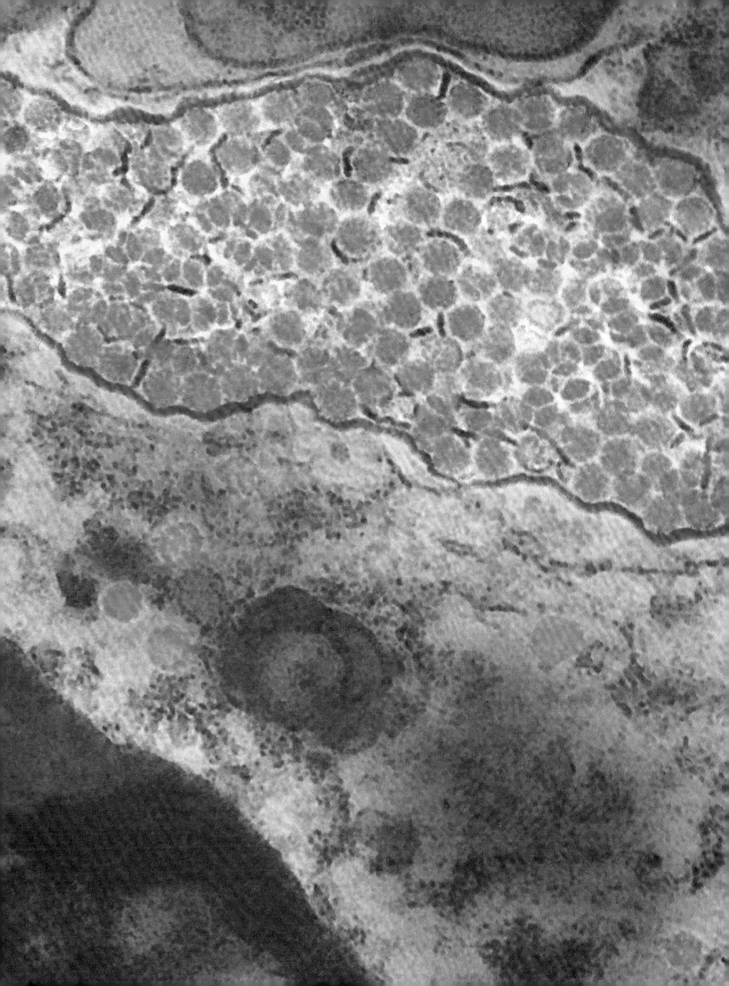

分组	Ⅳ
目	未分类
科	黄病毒科 Flaviviridae
属	黄病毒属 *Flavivirus*
基因组	线性、单组分、长约 11000 核苷酸的单链 RNA，编码一条含 10 种蛋白质的多聚蛋白
地理分布	全世界的热带及亚热带地区
宿主	人类及其他灵长类
相关疾病	骨痛热、登革热
传播	蚊子
疫苗	有几种在研发中，但还没有上市

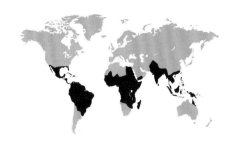

登革病毒
Dengue virus
一种热带和亚热带病毒

一个迅速兴起的威胁

55

在早期的中国文字中，记载有类似登革热的疾病。登革热爆发的第一次书面记载，出现在 18 世纪晚期。当时，该病在亚洲、非洲和美洲几乎同时爆发。登革热和黄热病一样，都是由埃及伊蚊传播的。到 20 世纪 50 年代，登革病毒出现得更加频繁，同时登革热病例的数量也稳定上升，这可能与"二战"之后，许多人从乡村移居到城市的变化有关。埃及伊蚊特别适应城市环境，因为它们在静止的水（如在旧轮胎、废弃的罐子，以及其他被丢弃的容器中积起的雨水）中繁殖；它们无法忍受寒冷的气候，因此，登革热主要发生在热带和亚热带地区。全球旅行人数的增加，也助长了登革热的发生。现在，它是世界上最严重的蚊传病毒，每年会影响约 3.9 亿人，流行地区的高感染率，导致了登革出血热的发生。

世界上有 4 种不同的登革病毒，但是，大多数地区的流行株主要为其中的 1 种。大多数人感染后，并无明显症状，但是有时感染会导致发热以及严重的关节疼痛，甚至会发展为出血热。登革出血热的死亡率约为 25%。当病毒在非人灵长类动物和农村人口之间循环时，容易出现新毒株。新毒株的不断出现，以及登革病毒容易快速进化，是导致疫苗研发困难的诸多原因中的两个重要原因。目前，预防登革热的唯一方式，是控制蚊虫。

A 横切面
1 E 蛋白二聚体
2 基质蛋白
3 脂膜
4 外壳蛋白
5 单链基因组 RNA
6 帽子结构

左图 在透射电镜下可见在被感染细胞的囊泡（紫色）中包裹的**登革病毒**颗粒（蓝色）。

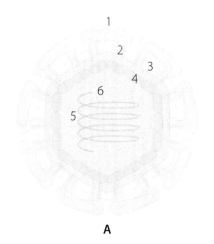

A

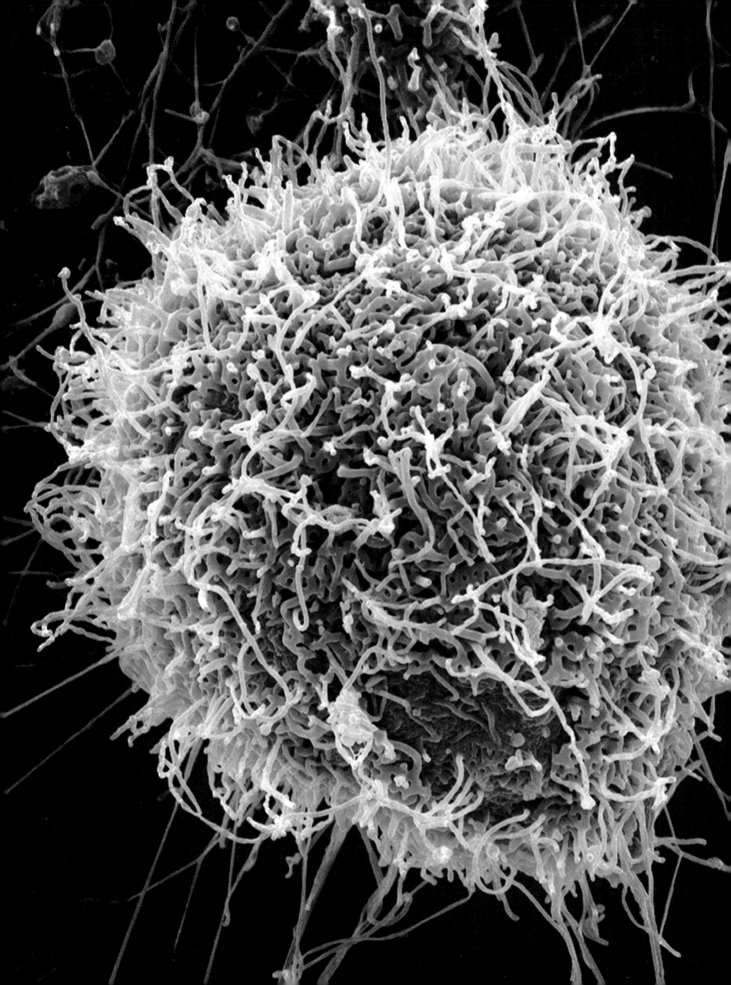

分组	V
目	单股负链病毒目 Mononegavirales
科	丝状病毒科 Filoviridae
属	埃博拉病毒属 *Ebolavirus*
基因组	线性、单组分、长约 19000 核苷酸的单链 RNA，编码 8 种蛋白质
地理分布	非洲中部和西部
宿主	人类、其他灵长类，也许还有蝙蝠
相关疾病	埃博拉出血热
传播	体液
疫苗	处于实验室研发阶段的 DNA 疫苗和重组疫苗

埃博拉病毒
Ebola virus
致命但可控

一种强传染性疾病

　　埃博拉病毒，对人类感染的第一次报道出现在 20 世纪 70 年代中期，其爆发规模相对较小（一般少于 100 人），但极为致命，致死率超过 80%。最近的一次埃博拉病毒爆发，发生在 2013—2015 年，这次在西非的疾病爆发感染了 28000 人，造成了 11000 余人死亡。这次爆发能得以控制最主要得益于公共教育和治疗中心数量的增加。在非洲中部和西部不同地区的几次埃博拉病毒爆发中，所发现的病毒毒株之间具有较高的同源性。埃博拉病毒除了感染人类之外，还可以感染其他灵长类动物，并导致这些动物患病。目前，埃博拉病毒的自然宿主尚不清楚，由于在蝙蝠中发现过埃博拉病毒，而且这些蝙蝠没有症状，因此，它们可能是病毒的自然宿主。该病毒通过体液直接传播，没有发现传播媒介，也不通过空气传播。这种疾病非常严重，在感染晚期常出现出血热。如果一旦发现是埃博拉病毒，感染可以被很快控制住，但这需要强力的医疗设施。在从菲律宾进口到美国实验室的猴子身上，曾经发现过另一个相关病毒，瑞斯通埃博拉病毒（Reston ebolavirus），该病毒不感染人类。马尔堡病毒（Marburg virus）是另一个相关病毒，它能够在人类和其他灵长类动物身上导致类似于埃博拉出血热的疾病，并成为许多科幻小说和电影的素材。

　　埃博拉病毒有着长且窄的病毒粒子，它有一个基因因为其 RNA 的转录后编辑，能够编码 2 种不同的蛋白质，这是病毒编码更多蛋白的一种方式。病毒粒子的表面，覆盖有囊膜。病毒通过其囊膜上的糖蛋白，结合到宿主细胞上，在细胞质里扩增，并且抑制宿主的免疫系统。但是，关于埃博拉病毒感染周期的其他细节，人们还了解不多。

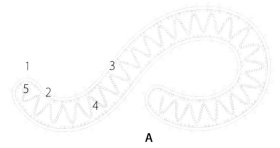

A 横切面
B 外观
1 糖蛋白
2 脂膜
3 基质蛋白

4 由核蛋白包裹的单链 RNA 基因组
5 多聚酶

左图 埃博拉病毒正在从宿主细胞中释放（蓝色为病毒粒子）。在显示三维结构的扫描电镜下，这种细长的病毒粒子清晰可见。

分组	Ⅳ
目	未分类
科	黄病毒科 Flaviviridae
属	丙型肝炎病毒属 *Hepacvirus*
基因组	线性、单组分、长约 9600 核苷酸的单链 RNA，编码一条含 10 种蛋白质的多聚蛋白
地理分布	全世界分布
宿主	人类，其近源病毒也可以感染狗、马、蝙蝠、啮齿类等
相关疾病	肝炎、肝纤维化、与肝癌相关
传播	体液、血液制品
疫苗	目前没有，抗病毒药物治疗通常有效

丙型肝炎病毒
Hepatitis C virus
对人类肝脏造成慢性感染

在有检查手段之前曾是人类的主要问题

　　肝炎，一种人类肝脏的疾病，可由几种不同的病毒引起。最先发现的肝炎病毒，是甲型肝炎病毒（Hepatitis A）和乙型肝炎病毒（Hepatitis B），后来人们意识到，还存在由其他病毒引起的肝炎，并把这类肝炎称作非甲非乙型肝炎（non-A，non-B hepatitis），直到 1989 年，发现了丙型肝炎病毒，它是造成非甲非乙型肝炎的主要病原。在丙型肝炎病毒被发现之前，对献血源仅进行甲型肝炎病毒和乙型肝炎病毒的检测，因此，输血是感染丙型肝炎的主要方式，也有吸毒者因共用针头而造成感染。此外，丙型肝炎病毒还可以通过性传播和母婴传播，但这类传播比较少见。1990 年以后，发达国家开始常规性地检查献血源中的丙型肝炎病毒，这样一来，其感染率显著下降。

　　21 世纪以来，丙型肝炎的新感染比例不断下降，死亡率却在上升。丙型肝炎预防的难点，在于它常常潜伏多年而不出现任何病症。一旦被发现，丙型肝炎病毒一般可以治疗和根除。但长期的慢性感染，会导致严重的肝脏损伤，并有可能导致肝癌。2012 年，美国启动了一项研究，检测所有在 1945—1965 年出生的人，是否感染丙型肝炎病毒，因为有 75% 的丙型肝炎病毒感染者，是在这一时间段出生的。世界卫生组织（WHO）号召对所有可能被感染的人群进行病毒检测，这一措施，导致大多数发达国家中丙型肝炎病毒感染人数下降。

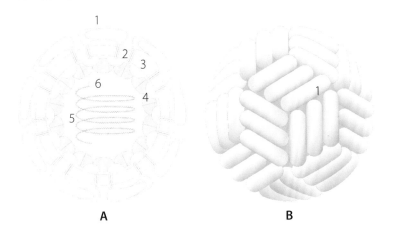

A 横切面
B 外观
1 E 蛋白二聚体
2 基质蛋白
3 脂膜
4 外壳蛋白
5 单链 RNA 基因组
6 帽子结构

右图 透射电镜下的 4 个**丙型肝炎病毒**粒子，外层囊膜用蓝色显示，内部的核心以黄色显示。

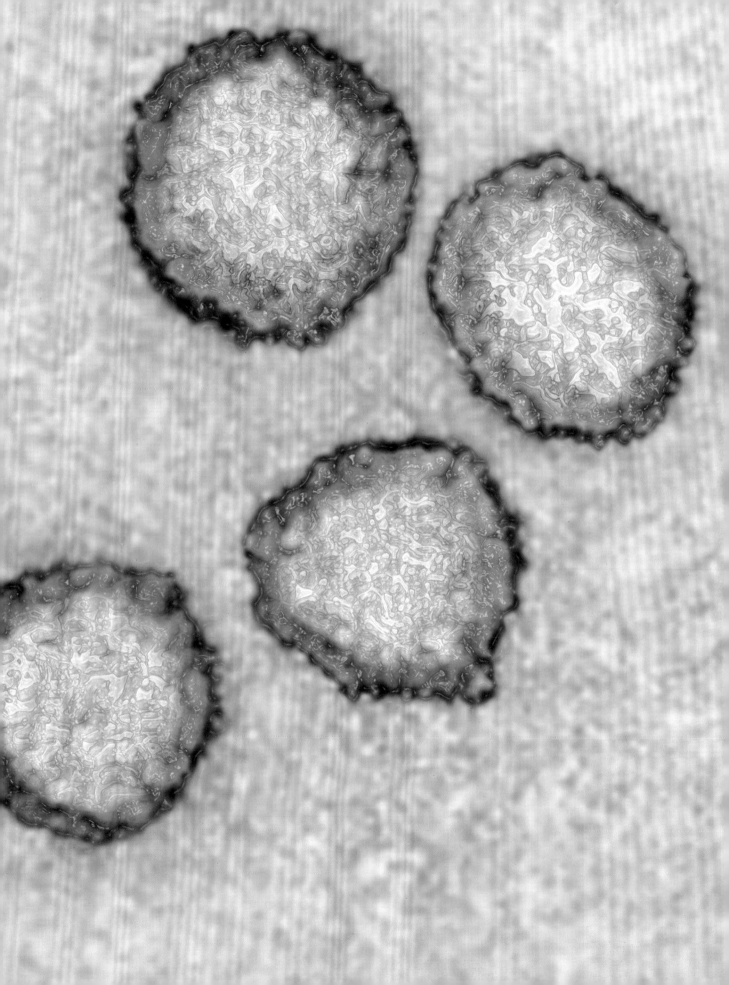

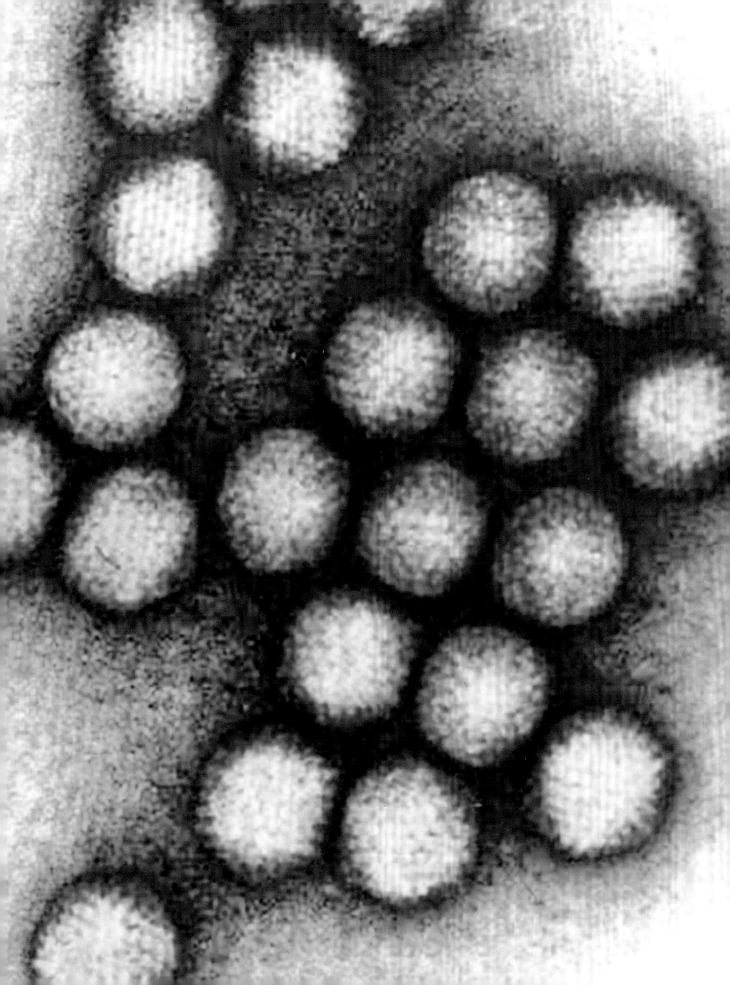

分组	I
目	未分类
科	腺病毒科 Adenoviridae
属	哺乳动物腺病毒属 *Mastadenavirus*
基因组	线性、单组分、长约 36000 核苷酸的双链 DNA，编码 30 ~ 40 种蛋白质
地理分布	全世界分布
宿主	人类，其近源病毒也可以感染多种动物
相关疾病	与感冒症状类似的呼吸道感染
传播	空气传播、被污染的表面、粪—口途径
疫苗	灭活疫苗，一般用于高危人群

人腺病毒 2 型
Human adenovirus 2
分子生物学的基本工具

一种揭示了 RNA 关键特性的 DNA 病毒

腺病毒，发现于 20 世纪 50 年代中期，由于第一个腺病毒是从培养的人腺体细胞中分离的，因此取名为腺病毒。自从该病毒被发现以来，很多不同的病毒种被报道，其中，来自 C 组的人腺病毒 2 型被研究得最为透彻。有些型别（特别是 A 组）的腺病毒与动物癌症相关，而 C 组的腺病毒则不致癌。

分子生物学中的许多基础理论，最初都是通过研究病毒所获得的。腺病毒研究，使人们理解了有关 RNA 剪切拼接的重要细胞现象。RNA 是连接细胞核中的 DNA 与细胞质中的蛋白质合成机器之间的信使。信使 RNA，一开始被转录成一种长的形式，然后被一种叫剪切体的蛋白复合物按照特定的方式剪切成不同长短的片段，才能最终被利用。在所有的真核细胞中，都存在这种利用剪切体进行的 RNA 编辑，这可以使一些基因编码不同形式的蛋白质，要感谢腺病毒，使我们了解到这个过程的工作原理。

包括人腺病毒 2 型在内的腺病毒，是研究基因功能的重要工具。研究人员可以将特定基因的 DNA 转移到腺病毒载体上，这种载体是一个减毒病毒，它可以在细胞或动物中生产特定的蛋白质，这是研究蛋白质功能的重要方式，也可以用来生产药物。腺病毒也正在被发展为基因治疗的载体，即利用一种对人类无害的病毒，表达健康基因，从而替代可导致严重疾病的缺陷型基因。在中国，可特异性杀死癌细胞的腺病毒已经被批准在人身上使用。

A 横切面
B 外观
1 纤维蛋白
　外壳蛋白
2a 五邻体
2b 周边五邻体
2c 六邻体

3 蛋白酶
4 结合有蛋白的基因
　组 DNA
5 末端蛋白

左图 高分辨率透射电镜下的**人腺病毒**颗粒，其几何结构的细节清晰可见。

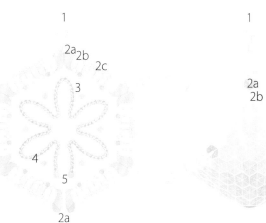

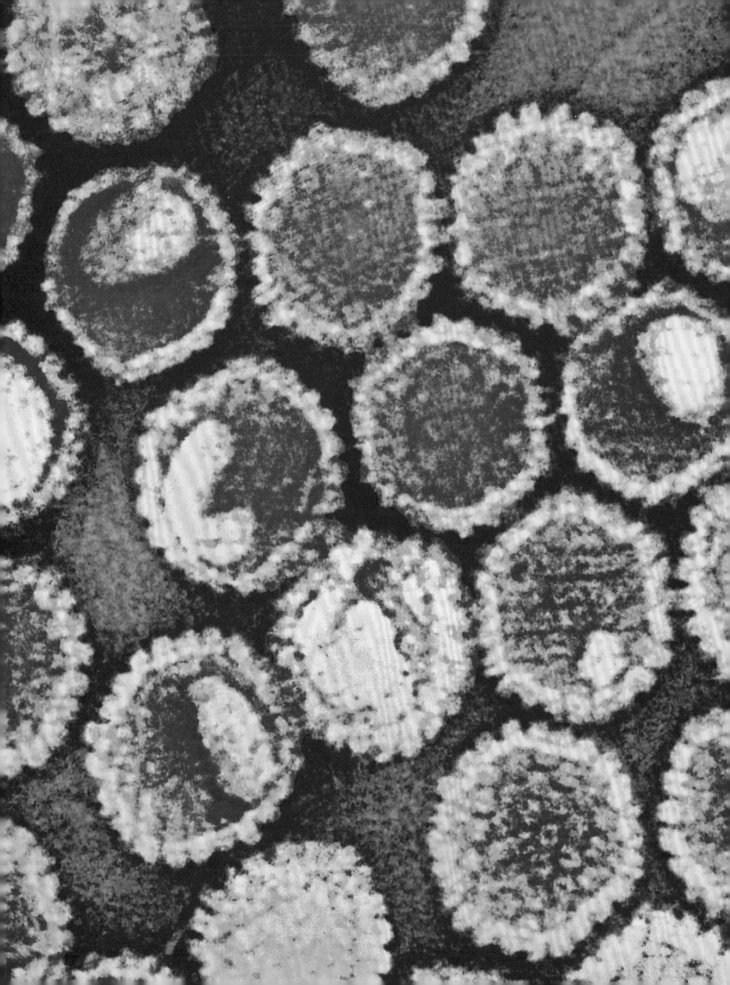

分组	I
目	疱疹病毒目 Herpesvirales
科	疱疹病毒科 Hepesviridae, 甲型疱疹病毒亚科 Alphaherpesvirinae
属	单纯疱疹病毒属 Simplexvirus
基因组	线性双链 DNA，编码约 75 个蛋白
地理分布	全世界分布
宿主	人类；其相关病毒也可以感染多种动物
相关疾病	口唇疱疹、生殖器疱疹、脑炎、脑膜炎
传播	与破损处及体液的直接接触
疫苗	没有疫苗，可以用减轻症状的药物进行对症治疗

人单纯疱疹病毒 1 型
Human herpes simplex virus 1
绝大多数人终身感染

口唇疱疹及其他

单纯疱疹病毒感染在人类中非常常见，世界上约 60%～95% 的成年人被人单纯疱疹病毒 1 型或 2 型所感染。这两种病毒极其相似，以至于简单的抗体检测并不总能区分它们。人单纯疱疹病毒感染，最常见的症状是在黏膜和正常皮肤的接合处附近产生损伤。一般地，人单纯疱疹病毒 1 型感染常导致口唇疱疹，而 2 型病毒感染更容易造成生殖器疱疹，虽然现在由 1 型病毒感染造成生殖器疱疹的病例数量也在上升。口唇部感染，通常发生在童年时期，并将终生带毒。这种病毒多数时间潜伏于神经束（也称神经节）中，当病毒从神经元转移到皮肤时，就会出现皮肤损伤。这类损伤，可能有痛感或者看起来不雅观，用阿昔洛韦（acyclovir）等药物进行治疗，一般可以缩短症状期。随着时间的推移，大多数人重新出现损伤的频率会越来越低。人单纯疱疹病毒也可以感染眼部，并可能失明，在罕见的情况下，也可以发展成为病毒性脑炎或脑膜炎，造成严重的脑部感染。

是潜在的抗癌武器

人单纯疱疹病毒，正在被研制成为溶瘤病毒，也就是可以杀死癌症细胞的病毒。这种改造后的疱疹病毒，不再能在神经细胞中复制，而是靶向癌症细胞。有几种改良后的病毒，已经在开展临床测试。

A 横切面
1 囊膜蛋白
2 脂膜
3 间质
4 外壳蛋白
5 双链 DNA 基因组

左图 人单纯疱疹病毒，中间红色的为蛋白核心，周围黄色的是囊膜。所示病毒处于不同的切面上，以显示不同的层面的结构。

A

分组	Ⅵ
目	未分类
科	逆转录病毒科 Retroviridae, 正逆转录病毒亚科 Orthoretrovirinae
属	慢病毒属 Lentivirus
基因组	线性、单组分、长约 9700 核苷酸的单链 RNA，编码 15 种蛋白质
地理分布	起源于非洲，目前在全世界分布
宿主	人类，其亲缘关系很近的病毒也感染猴子和猿
相关疾病	获得性免疫缺陷综合征（艾滋病）
传播	体液传播
疫苗	有几种在研发中，但目前还没有可用的疫苗；一般情况下合适用药可以控制

人免疫缺陷型病毒
Human immunodeficiency virus
艾滋病的病原

64

一种来自野外灵长类动物的病毒

20 世纪 80 年代初期，在美国发现了第一例艾滋病的临床病例。这种病毒，最初在男性同性恋人群中传播，其传播方式是性传播，尤其是通过肛交传播；病毒同时也出现在使用静脉注射毒品的吸毒者中。由于人免疫缺陷型病毒(HIV)感染后相当长一段时间都不发病，艾滋病的症状要在感染后数年才出现，这进一步增加了该病毒在人群中的扩散速度。现在已经清楚，HIV 的散发感染，大约在 20 世纪 50—60 年代就已出现，该病毒起源于野生灵长类动物，并经某种黑猩猩传入人类。该病毒通过大猩猩或者黑猩猩传入人类的事件，应该发生过好几起。最初的感染，可能源于人们为了食用肉类而猎捕、屠宰猿的过程。

HIV/AIDS，在世界上的许多地方仍旧是一种能引起严重人类疾病的病原体。虽然药物治疗很有效，但是价格非常昂贵。一些地区对艾滋病的歧视，也阻碍了患者寻求诊断和治疗。猴免疫缺陷型病毒（Simian immunodeficiency virus，SIV），是与 HIV 有近缘关系的祖先病毒，有趣的是，SIV 一般不会导致灵长类动物宿主发病。这可能是因为，这类病毒感染其他灵长类动物，已经有很长的历史，而直到最近人类才被感染。病毒，一般随着时间的推移，会进化得不那么致命，因为对于病毒而言，杀死宿主没有任何好处。

HIV 属于逆转录病毒科，该科的命名，是由于其所属病毒可以将 RNA 转化为 DNA，这一步骤，与正常细胞将 DNA 转录为 RNA 的过程相逆，这一度曾被人们视为是不可能的。早在 20 世纪初期人们就发现了逆转录病毒，但是它们的相关研究，是因艾滋病研究才真正得以深入的。

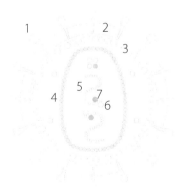

A 横切面
1 囊膜糖蛋白
2 脂膜
3 基质蛋白
4 外壳蛋白
5 单链基因组 RNA（2 个拷贝）
6 整合酶
7 逆转录酶

右图 **人免疫缺陷型病毒**的横切面，内部的三角形核心中包含有 RNA 基因组（红色显示），周围是囊膜及囊膜蛋白（黄色和绿色）。

A

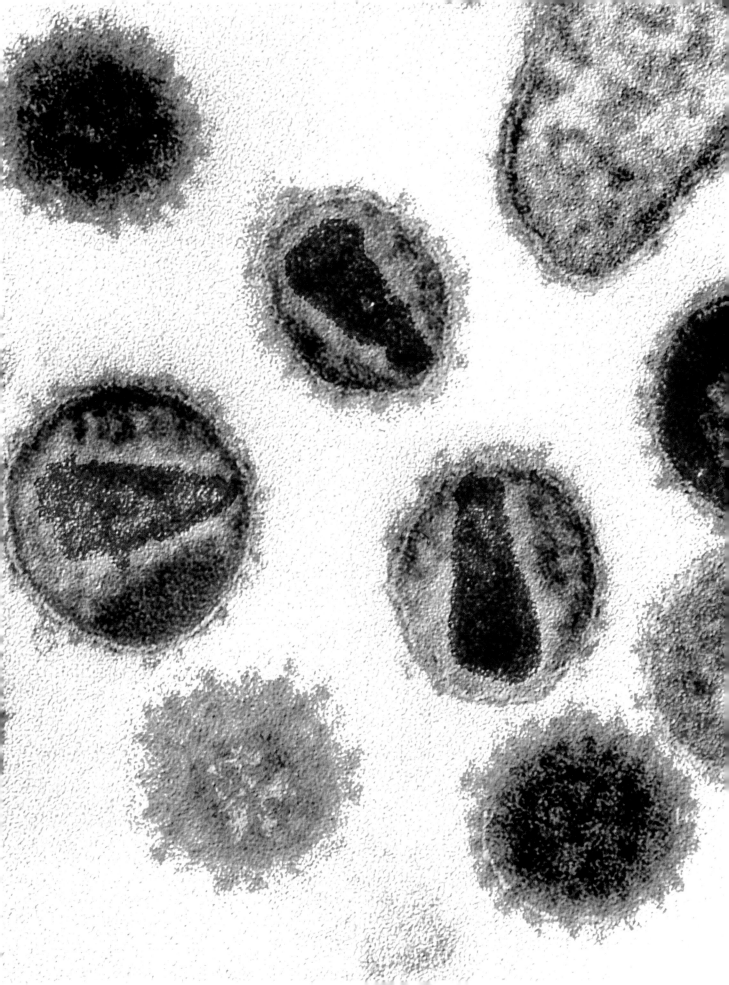

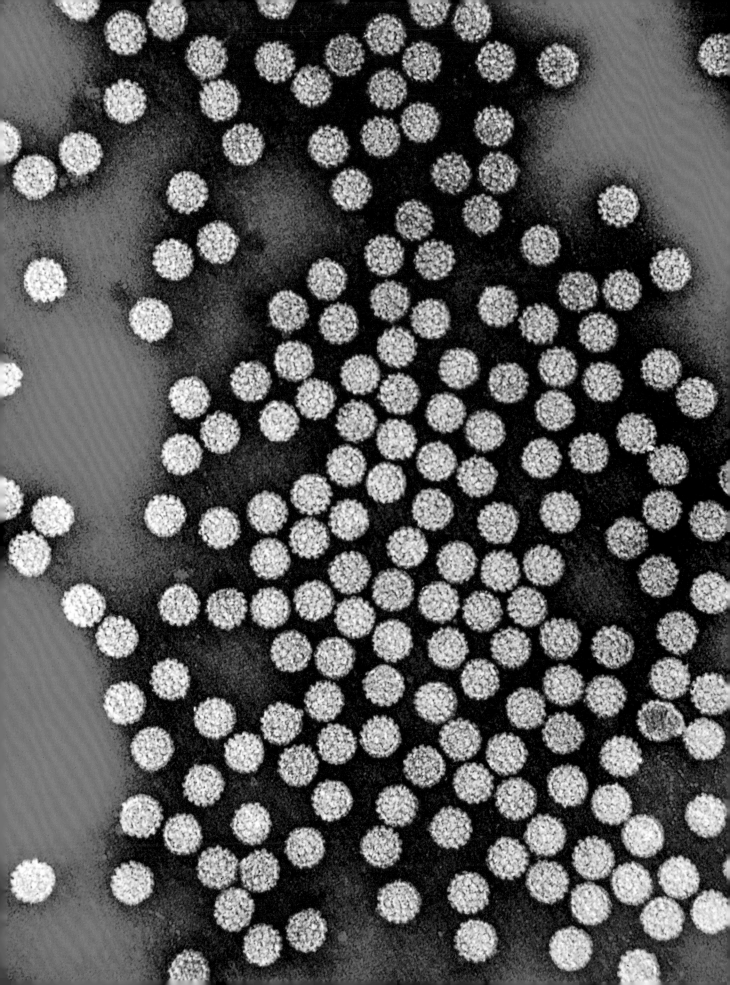

分组	I
目	未分类
科	乳多空病毒科 Papillomaviridae
属	甲型乳多空病毒属 *Alphapapilomavirus*
基因组	环状、单组分、长约 8000 核苷酸的双链 DNA，编码 8 种蛋白质
地理分布	全世界分布
宿主	人类
相关疾病	生殖器疣、宫颈癌、扁桃体癌
传播	性传播
疫苗	亚单位疫苗

人乳头瘤病毒 16 型
Human papilloma virus 16
人类的第一个防癌疫苗

预防宫颈癌

不同种类的人乳头瘤病毒，会感染皮肤或黏膜，生成疣。疣，是一种除了导致外观影响，不会造成其他危害的良性皮肤表面赘生物。人乳头瘤病毒，很容易通过性接触传播，而且，它在许多人体内不会引发任何症状。因此，这种病毒的防控较为困难。有几种型别的人乳头瘤病毒，可以诱发癌症，如 16 型和 18 型是导致女性宫颈癌的主要原因。

以前就知道，病毒能导致动物的某些癌症，也推测病毒能导致人类癌症。但直到 2006 年，人乳头瘤病毒的疫苗，才被批准为第一个预防癌症的疫苗。青少年应在有性生活之前，注射该疫苗以确保百分百地得到保护。在疫苗问世以前，每年报道的宫颈癌患者约有 50 万名。宫颈癌是一种比较凶险的癌症，如果未能早期发现，常可致死。在美国，由于疫苗的使用，人乳头瘤病毒的感染率，从 2006 至 2013 年已经下降了将近 60%。现在，这种疫苗已经被 49 个国家批准使用，并在北美洲、拉丁美洲、欧洲和亚洲部分地区，进行了试验。

A 横切面
B 外观
1 外壳蛋白 L1
2 外壳蛋白 L2
3 宿主细胞的组蛋白
4 双链 DNA 基因组

左图 人乳头瘤病毒颗粒（黄色）。在透射电镜下，可以清晰地看到病毒颗粒的几何结构是一个 72 面体。

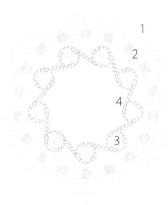

A

B

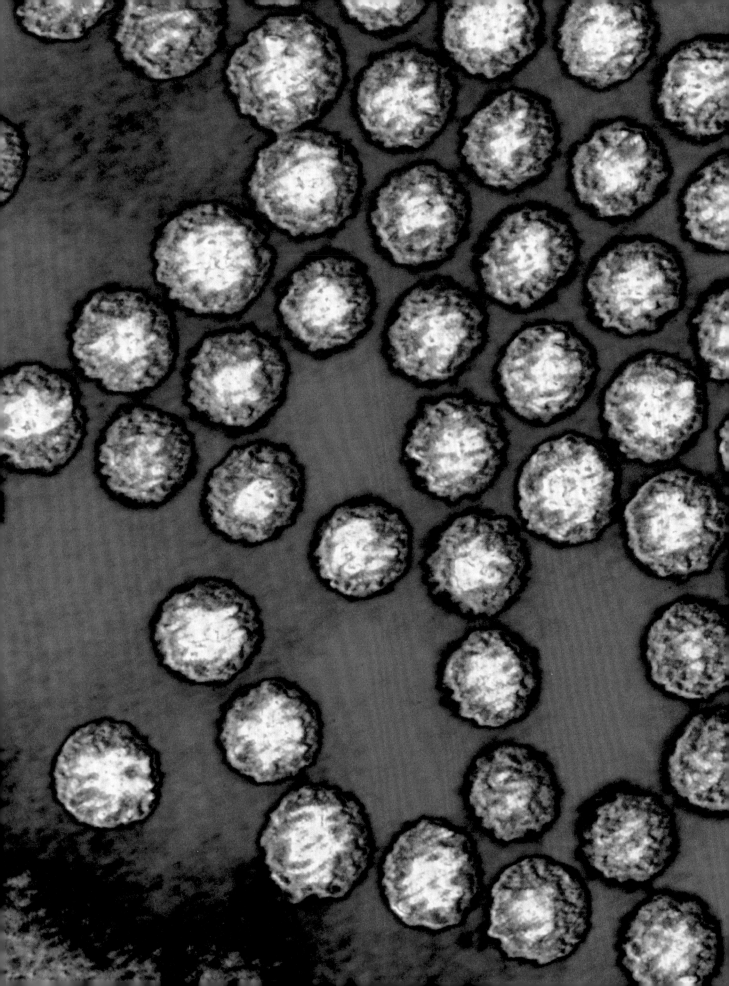

分组	IV
目	小 RNA 病毒目 Picornavirales
科	小 RNA 病毒科 Picornaviridae
属	肠病毒属 Enterovirus
基因组	线性、单组分、长约 7000 核苷酸的单链 RNA，编码一条含 8 种蛋白质的多聚蛋白
地理分布	全世界分布
宿主	人类
相关疾病	普通感冒
传播	接触、空气传播
疫苗	无

人甲型鼻病毒
Human rhinovirus A
普通感冒病毒

感冒依旧没有治疗方法

世界上约有 100 种不同株的人鼻病毒，它们之间的差异足以避免引起交叉免疫反应。还有一些其他的病毒，也可以引起类似的临床症状，这就是为什么我们老是不停地感冒，而且每次感冒后，无法获得长期的免疫力。虽然感冒在英文中也翻译为"冷"，但是，我们不会因为寒冷就患上感冒。严寒，可能对人体的免疫系统有轻微的抑制作用。感冒病毒，更喜欢在比我们体温稍低一点的温度下复制，所以当气温低时，病毒在鼻窦内复制得更好。此外，在户外很冷的时候，人们一般更愿意在室内待着，这也增加了人与人之间的接触。

该病毒在感染人体后 15 分钟内就开始复制，虽然一般情况下，感冒的症状直到几天后才显现出来。一般来说，在感冒症状出现之前病毒的传播效率最高，这使得通过隔离患者来防止疾病扩散变得极为困难。虽然感冒通过空气传播，实际上，许多上呼吸道病毒的感染，是因为手接触过包含病毒的小液滴，然后又去摸脸而造成的，因此经常洗手，可以帮助减少病毒的感染。

我们大多数人，把感冒视作一种令人讨厌的事情，而不是一种严重的疾病。市面上有太多可以减轻感冒症状的非处方药物（比如美国人 1 年会在这类药品上花 30 亿美金），但是，在多数情况下，我们只需要耐心地等待，感冒就会结束，记住老人们常说的没错：保暖，多休息，多喝水，多喝鸡汤等有营养的食物。

A 横切面
B 外观
1 外壳蛋白
2 单链基因组 RNA
3 帽子结构
4 多聚腺苷酸尾

左图 透射电镜下**人甲型鼻病毒**颗粒，病毒的核心用黄色显示，外壳蛋白用蓝色显示。

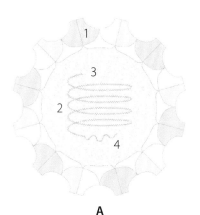

A

B

分组	V
目	未分类
科	正粘病毒科 Orthomyxoviridae
属	甲型流感病毒属 Influenzavirus A
基因组	线性单链 RNA，分 8 个节段，总长约 14000 核苷酸，编码 11 种蛋白质
地理分布	全世界分布
宿主	人类、猪、水禽、鸡、马、狗等
相关疾病	流行性感冒，或流感
传播	接触、空气传播
疫苗	有应对多种季节性流感的减毒活疫苗或灭活疫苗

甲型流感病毒
Influenza virus A
从禽到人的大流行

70

千变万化导致无法进行终身免疫保护的病毒

　　季节性流感，是一种可怕的疾病，其中的一部分毒株会导致大流行，最著名的例子，就是 1918 年爆发的大流感，也称西班牙流感（Spanish flu），它造成了 4000 万人死亡。也许在 1918 年以前，就有多次流感大爆发，只是当时人们并不知它是由病毒引起的。流感病毒，在世界各地的水禽中流行，但不会使禽类患病。只有当病毒进入哺乳动物宿主，特别是猪和人类时，才会引起严重的问题。流感病毒也会在家禽中，尤其是鸡中引起疾病。有一些很有名的毒株，是直接从家禽传播到人的。这类毒株一般会导致严重疾病，常伴随高致死率，不过到目前为止，它们还没有获得人传人的能力。

　　流感病毒的命名方式，一般是 HxNx（比如说，H1N1 和 H3N2），依据的是病毒表面的两种蛋白质，它们是刺激机体产生免疫反应的主要抗原。这两种蛋白质，由不同的 RNA 片段所编码，所以，当有不同病毒同时进行交叉感染时，可以发生病毒间的 RNA 片段重配，形成一种对人类免疫系统而言全新的病毒。交叉感染通常发生在猪体内，病毒随后被传播到了农场工人身上，然后人类感染循环就开始了。这种新毒株形成的过程，叫作抗原转变，一般流感大爆发，都是由这类抗原转变型新毒株引起的。在两次大爆发之间，病毒的变异相对缓和，一般多是抗原漂移。因此，每年要根据当年流行的毒株制备新疫苗。由于每年都需要在季节性流感到来之前制备好新疫苗，进化生物学家需要仔细研究流感病毒的变异趋势，以便预测下个季节流行的株型。这种预测不是每次都十分准确，这也造成了疫苗使用效果不是每年都一样。人如果患一次流感，一般会在几年内有比较强的免疫力。

A 横切面
1 血凝素
2 神经氨酸酶
3 双层脂膜
4 基质蛋白
5 8 个片段的单链基因组 RNA
6 多聚酶复合体

右图 流感病毒的切片。流感病毒是一种拉长的囊膜病毒，在这些病毒颗粒的表面可以清楚地看到由 H 和 N 蛋白形成的囊膜蛋白突起，它们是刺激主要免疫反应的抗原，在病毒颗粒外形成一种光晕。

A

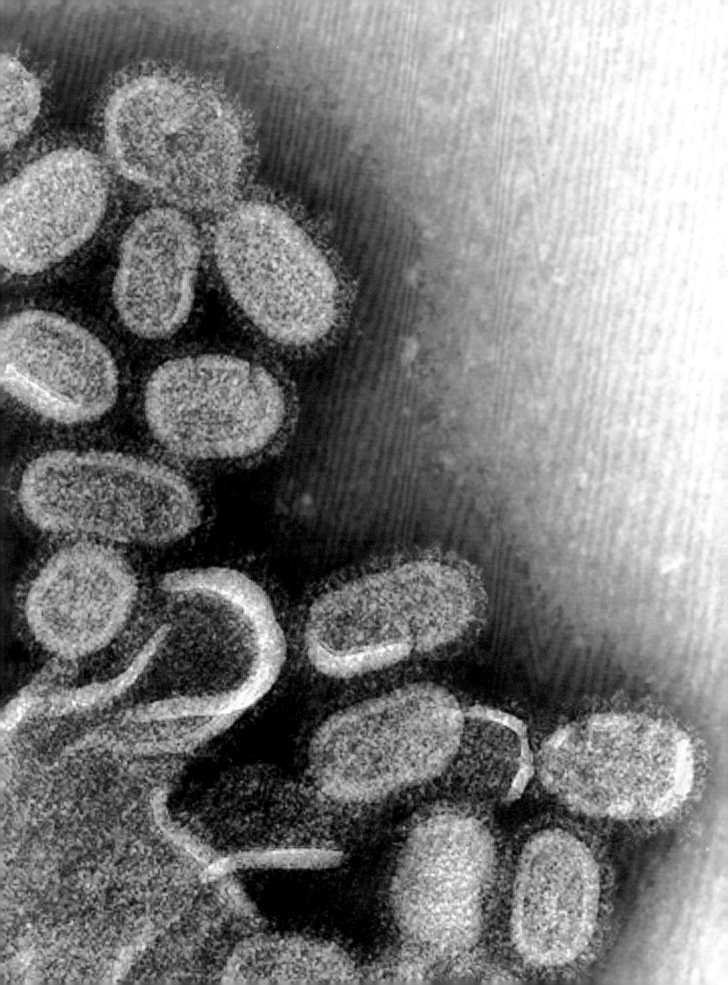

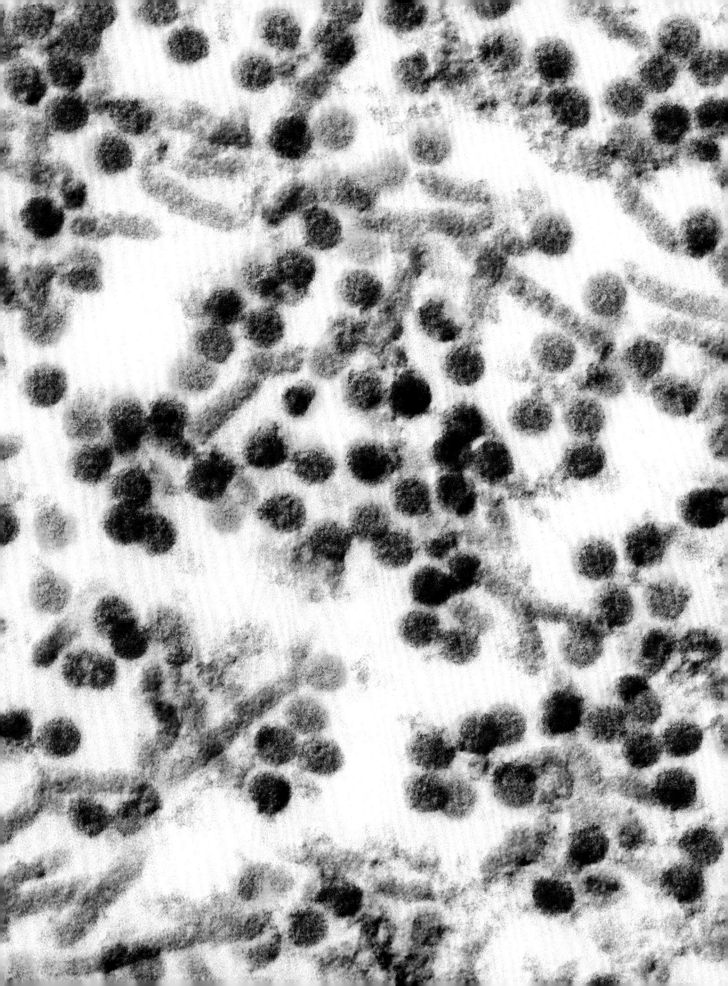

分组	I
目	未分类
科	多瘤病毒科 Polyomaviridae
属	多瘤病毒属 *Polyomavirus*
基因组	环状、单组分、长约 5100 核苷酸的双链 DNA，编码 10 种蛋白质
地理分布	全世界分布
宿主	人类
相关疾病	进行性多病灶脑白质病（PML）
传播	未知
疫苗	无

JC 病毒
JC virus
一种能够致命的常见人类病毒

与免疫抑制一起形成致命组合

JC 病毒非常常见，约有 50%～70% 的人携带该病毒。这种病毒一般在童年时期进入人体，在多数人体内终生潜伏感染，并且不会造成任何不适。目前，人们尚不清楚 JC 病毒的传播途径，但是，在尿液中可发现高浓度的病毒，而且在人类下水道的污水中，也总能找到它。该病毒在人与人之间可能需要个体间的长期接触才会传播。由于 JC 病毒不导致任何疾病，所以，很难追踪它的传播，或者追踪到它存在于人体的什么部位。这种病毒，曾在人体内的肾脏、骨髓、扁桃体和大脑中被发现。在因各种原因而导致免疫低下的人群中，如因患白血病或艾滋病等疾病，或者因器官移植用药，或者在用新型生物药品治疗多重硬化症，或是克罗恩病（Crohn's disease）等严重炎症等，JC 病毒会从潜伏状态中释放出来，导致极其严重的脑部感染，即进行性多病灶脑白质病，这种病虽然罕见，但一般都是致命的。

一种用来追踪人类迁移路线的新方法

在世界上不同的人群中，发现了大约 8 种主要的 JC 病毒毒株。位于某一特定地理区域的人群中的 JC 病毒，是极其相似的，但是，不同地区之间的毒株是有差异的。由于几乎所有人类都携带这种病毒，因此，这些差异已经被用来研究人类的迁移历史。比方说，位于亚洲东北部的原住居民所携带的 JC 病毒，与印第安人所携带的病毒非常相似，这支持了从亚洲经白令陆桥到北美的人类迁移假说。

A 横切面
B 外观
1 病毒蛋白 VP1
2 病毒蛋白 VP2
3 病毒蛋白 VP3
4 宿主组蛋白
5 双链基因组 DNA

左图 透射电镜照片显示感染细胞中小的 **JC 病毒**（红色）。蓝色和黄色显示的是细胞结构。

A

B

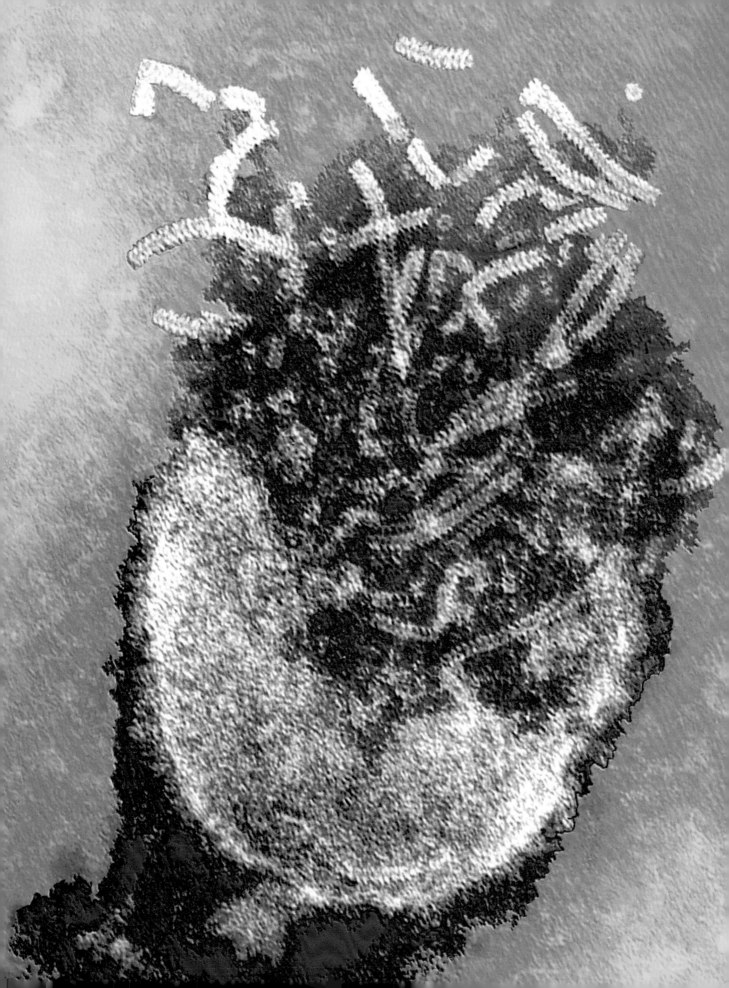

分组	V
目	单股负链病毒目 Mononegavirales
科	副粘病毒科 Paramyxoviridae，副粘病毒亚科 Paramyxovirinae
属	麻疹病毒属 Morbillivirus
基因组	线性、单组分、长约 16000 核苷酸的单链 RNA，编码 8 种蛋白质
地理分布	全世界分布
宿主	人类
相关疾病	麻疹
传播	咳嗽、打喷嚏或者与分泌物有直接接触
疫苗	减毒活疫苗，一般为麻疹、风疹、腮腺炎三联疫苗（麻风腮疫苗 MMR）

麻疹病毒
Measles virus
没有消失的人类病毒

麻疹的并发症很棘手

麻疹具有非常高的感染性，通常在没有免疫性的人群中其传播速度极快。这种疾病曾经很常见，大多数在 1956 年前出生的人都对其有免疫力，因为他们在童年期间都患过麻疹。麻疹通常刚开始会出现发热、咳嗽、流鼻涕等症状，然后会出现皮疹。虽然一般情况下麻疹不会太严重，但是其并发症比较常见，包括痢疾、脑部感染、失明，而且还有约 0.2% 的患病儿童会死亡。当营养不良或者还伴随有其他感染性疾病流行的情况下，麻疹的并发症会更普遍，死亡率可能飙升至 10%。麻疹的疫苗非常有效，因此，在发达国家中，它已经成为一种罕见的疾病。然而，现在有部分人推行抵抗疫苗运动，当这类人群中没有足够的人对该病有免疫力时，麻疹仍会爆发。这对因患白血病等导致免疫功能不全的儿童，尤为危险。

麻疹，可能来自早期英语或是荷兰语中"masel"一词，意为瑕疵、污点。麻疹与德国麻疹（German measles）或风疹（Rubella）不同，后者是由另外一种病毒所引起的。德国麻疹，在儿童中一般只引起比较温和的症状，仅持续几天，但对没有免疫力的孕妇会造成较大威胁，可导致胎儿先天畸形（出生缺陷）。麻疹病毒是从一种叫牛瘟病毒（Rinderpest virus）的动物病毒进化而来的。因为牛瘟病毒已经被消除，而麻疹又只有人类一种宿主，所以原则上麻疹病毒也应该可以被根除，不过需要人们很好地遵循推荐使用疫苗。

A 横切面
1 血凝素
2 融合蛋白
3 脂膜
4 基质蛋白
5 核蛋白，包裹在单链基因组 RNA
6 多聚酶

左图 透射电镜下一个破开的**麻疹病毒**颗粒，释放出内部的核衣壳，柠檬黄色的病毒蛋白缠绕在基因组遗传物质上。

A

分组	V
目	单股负链病毒目 Mononegavirales
科	副粘病毒科 Paramyxoviridae
属	腮腺炎病毒属 *Rubulavirus*
基因组	线性、单组分、长约 15000 核苷酸的单链 RNA，编码 9 种蛋白质
地理分布	全世界分布
宿主	人类
相关疾病	腮腺炎，偶尔脑膜炎
传播	呼吸道飞沫和紧密接触，高传染性
疫苗	减毒活疫苗，一般为麻疹、风疹、腮腺炎三联疫苗（麻风腮疫苗 MMR）

腮腺炎病毒
Mumps virus
曾经是童年经历中的常事

76

通过疫苗接种得以控制的疾病

儿童患腮腺炎一开始的症状是发热和不舒服，然后颈部两侧的腮腺开始肿胀。腮腺炎，在古语中意为"扮鬼脸"，指该病发作时颈部肿胀的样子。患腮腺炎以及一些其他幼年疾病，在过去曾是人们童年经历中的常事，但自从 20 世纪 60 年代疫苗研制成功，发达国家中腮腺炎的发病率已大为减少。成人中腮腺炎的症状可能会更严重，它能在成年男性中导致疼痛难忍的睾丸肿胀，偶尔也会在成年女性体内导致卵巢炎症，不过在大多数被感染者中不会出现明显症状。

与麻风腮三联疫苗中其他组分的遭遇一样，也有人抵抗接种腮腺炎疫苗。这主要是因为，曾经有一篇论文宣称，三联疫苗与孤独症相关，但是后来这个谎言已被揭穿。美国疾病预防与控制中心（the US CDC）和世界卫生组织已经证实了三联疫苗的安全性，并一起强烈推荐在所有免疫功能正常的儿童中进行疫苗接种。腮腺炎和一些其他儿童时期的病毒病，被认为与瑞氏综合征（Reye's syndrome）有关，后者是一种可能引起多器官衰竭甚至死亡的病症。部分研究认为，瑞氏综合征与在患病毒病的儿童身上使用阿司匹林相关，但是，这种病症同样出现在没有使用阿司匹林的孩子身上。瑞氏综合征，是以道格拉斯·瑞医生（Dr. R. Douglas Reye）的姓氏命名的，他在 20 世纪 60 年代和同事们一起最早报道了这种病症。

A 横切面
1 血凝素
2 融合蛋白
3 SH 蛋白
4 基质蛋白
5 磷蛋白
6 核衣壳蛋白，包裹在单链 RNA 基因组周围
7 多聚酶

右图 透射电镜切片所示**腮腺炎病毒**颗粒，其内部是黄色和棕色的核心，外圈发白的为囊膜，其上可见许多囊膜蛋白的突起。

A

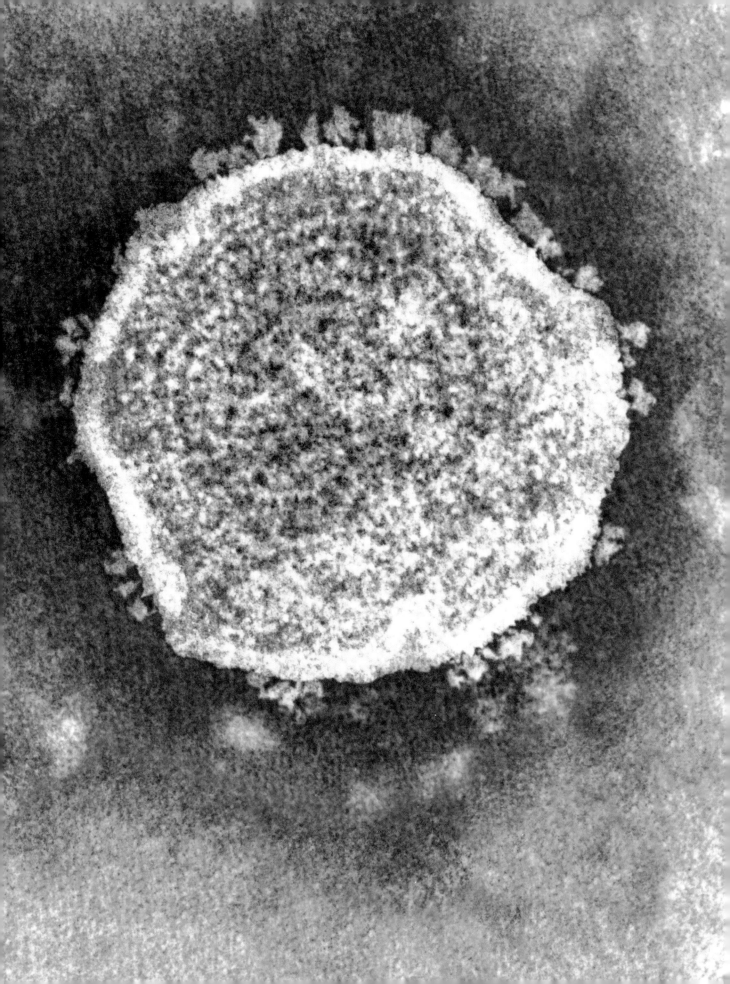

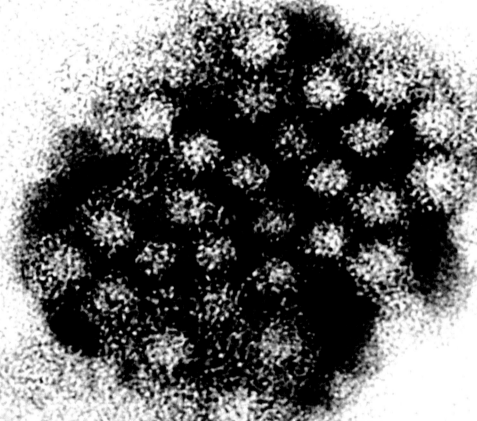

分组	Ⅳ
目	未分类
科	杯状病毒科 Caliciviridae
属	诺如病毒属 Norovirus
基因组	线性、单组分、长约 7600 核苷酸的单链 RNA，编码 6 种蛋白质，其中 4 种蛋白质来源于 1 个多聚蛋白
地理分布	全世界分布
宿主	人类，但相关病毒也感染其他动物
相关疾病	胃肠炎
传播	从污染的水源经粪 – 口途径传播，或通过人与人接触传播
疫苗	无

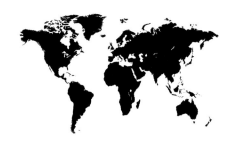

诺瓦克病毒
Norwalk virus
游轮上的病毒

导致胃肠炎的病毒

诺瓦克病毒及其相关病毒，会导致胃肠不适，有时也称为胃肠炎（stomach flu），症状包括严重呕吐和腹泻。诺瓦克病毒，是少数能导致成人肠道不适的病毒之一，该病毒一般通过食物摄取进入人体，虽然细菌和化学毒物也可以通过食物进入人体，后者通常被称为食物中毒。诺瓦克病毒，在人群紧密接触的环境中传播得很快，比如说学校、监狱、医院或者游艇。这种病毒，因 1968 年在美国俄亥俄州诺瓦克市（Norwalk）的学生中的大爆发而得名。在此之后，人们发现了许多其他的相关病毒，并将它们统称为诺如病毒（Noroviruses）。

诺如病毒感染一般比较短暂，虽然令人不愉快，在多数健康的人体内不会导致太严重的病情。但是当感染发生在老年人身上时，可能会由于脱水而导致严重后果。目前，应对诺如病毒的最佳手段是预防感染，包括用正确的方式洗手，在食用前对水果和蔬菜进行全面清洗，将海鲜烹饪至全熟再食用，以及在生病的时候不要为他人准备食物等。诺如病毒只有在 140℃ 条件下才能被灭活，并且它们在人体外极其稳定，诺如病毒被视为迄今为止感染性最强的致病因子之一。

最近，在老鼠体内发现了一种与诺如病毒密切相关的有益病毒。哺乳动物的肠道，一般依靠有益细菌实现其功能，包括维持肠道的结构和建立免疫反应。在实验室专门培育的无菌小鼠中，诺如病毒可以代替肠道细菌实现部分上述功能。

A 横切面
B 外观
1 外壳蛋白
2 单链 RNA 基因组
3 帽子结构
4 多聚腺苷酸尾

左图 透射电子显微镜下两堆**诺瓦克病毒**颗粒（紫色显示）。可以看到一些结构的细节，但该病毒的精细结构还不是很清楚。

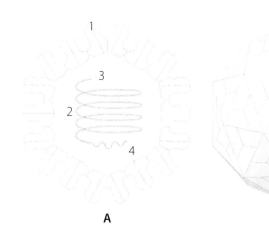

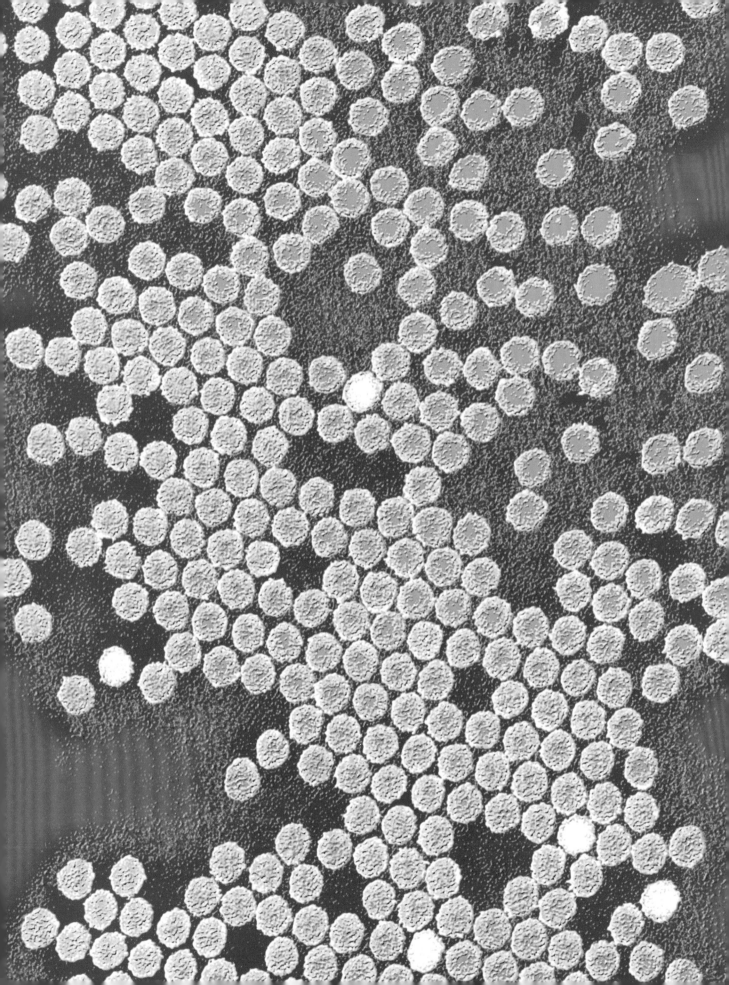

分组	Ⅳ
目	小 RNA 病毒目 Picornavirales
科	小 RNA 科 Picornaviridae
属	肠病毒属 Enterovirus
基因组	单组分、长约 7500 核苷酸的单链 RNA，编码含 11 种蛋白质的 1 个多聚蛋白
地理分布	曾经全球分布，目前仅在局部地区存在
宿主	人类
相关疾病	脊髓灰质炎、小儿麻痹症
传播	粪 - 口途径，污染的水源
疫苗	减毒活疫苗及灭活疫苗

脊髓灰质炎病毒
Poliovirus
经水传播的小儿麻痹症病原

一种难以根除的病原体

脊髓灰质炎病毒，是世界上被研究得最为深入的病毒之一。分子病毒学的许多标志性成果，就是基于对脊髓灰质炎病毒的研究。脊髓灰质炎病毒，是第一种成功被研制出感染性克隆的 RNA 病毒。利用感染性克隆，可以深入研究每个病毒蛋白的功能。脊髓灰质炎病毒，目前还被大量用于 RNA 病毒的进化研究。

虽然可能自远古时期以来，脊髓灰质炎病毒就一直感染人类，但脊髓灰质炎（Poliomyelitis），也称小儿麻痹症（Infantile paralysis），直到 20 世纪前都非常罕见。到了 20 世纪，在年龄稍大的儿童和成年人中，脊髓灰质炎变成了严重的疾病。这种变化的可能原因是，由于人们意识到很多疾病可以经水传播，从那时开始，对自来水进行过滤或者化学消毒（如用氯气）。在这之前，多数儿童在很小的时候就接触到脊髓灰质炎病毒，而该病毒在婴幼儿中几乎不会导致任何显著症状，这种早期感染，可提供对脊髓灰质炎病毒的终身免疫。虽然自来水经过处理是干净的，但是在 20 世纪 60—70 年代以前，污水处理覆盖面并不广泛，因此人们仍然暴露在来自饮用水以外其他渠道的脊髓灰质炎病毒中。当人们在童年晚期才首次接触到该病毒时，就更容易导致脊髓灰质炎。富兰克林·D. 罗斯福（Franklin D. Roosevelt）于 1921 年感染上脊髓灰质炎病毒，他在轮椅上度过了余生。当罗斯福成为美国第 32 任总统时，他开展了 "脊髓灰质炎之战"（War on Polio）活动，并创立了小儿麻痹症基金会（Foundation for Infantile Paralysis），也就是现在的美国出生缺陷基金会（即 "一角硬币的行军"（the March of Dimes））。1954 年，出现了热灭活的脊髓灰质炎病毒疫苗，1962 年，被制成糖丸的减毒活疫苗开始大量推广，这些疫苗的使用，阻断了脊髓灰质炎疾病的流行。目前，世界上大多数地方使用的是糖丸疫苗，而发达国家使用的是热灭活疫苗。

世界卫生组织和美国疾病预防与控制中心，曾希望在 2000 年以前彻底消灭脊髓灰质炎病毒，但是这已被证明是不可能的。因为活疫苗中的减毒株，能以非常罕见的频率逃逸，并引起脊髓灰质炎，这正是当今世界上脊髓灰质炎的主要来源。

左图 透射电镜下染色的**脊髓灰质炎病毒**颗粒。相比起其他一些二十面体的小病毒（例如人类腺病毒），脊髓灰质炎病毒的几何结构还不够精细。

A 横切面
B 外观
外壳蛋白
1 病毒蛋白 VP1
2 病毒蛋白 VP2
3 病毒蛋白 VP3
4 病毒蛋白 VP4
5 单链 RNA 基因组
6 末端结合蛋白 VPg
7 多聚腺苷酸尾

A   B

分组	Ⅲ
目	未分类
科	呼肠孤病毒科 Reoviridae，光滑呼肠孤病毒亚科 Sedoreovirinae
属	轮状病毒属 Rotavirus
基因组	11 条分节段的双链 RNA，总长约 18500 核苷酸，编码 12 种蛋白质
地理分布	全世界分布
宿主	人类，但一些亲缘关系很近的病毒也能感染许多年幼的动物
相关疾病	儿童腹泻
传播	粪－口途径，一般通过儿童间的直接接触、或与污染表面的接触；也可能经呼吸道传播
疫苗	减毒活疫苗

甲型轮状病毒
Rotavirus A
导致儿童腹泻的最常见病原体

82

排泄量极高引起的高效传播

甲型轮状病毒的感染十分常见，据估计，在未注射疫苗的儿童中，约有 90% 的儿童会在 5 岁以前感染轮状病毒。甲型轮状病毒的传染效率极高，患者每克粪便中病毒的含量可高达十万亿个，而只需要 10 个病毒就能造成有效的感染。甲型轮状病毒在环境中非常稳定，正常净化水源的方式并不能使之灭活，因此很难控制。虽然甲型轮状病毒感染可能出现在任何年龄段，但一般只在孩子身上发病。童年时期的感染能带来一定的免疫性，如果发生后续感染的话，一般没有任何症状，而且也会加强对甲型轮状病毒未来感染的免疫性。在发达国家中，疫苗解决了绝大部分问题，但是在世界上的其他地方，甲型轮状病毒感染十分常见，尤其当孩子营养不良或患有其他感染性疾病时，甲型轮状病毒的感染会变得十分严重。有时候，甲型轮状病毒的爆发是因为病毒发生了变异，这使得病毒能够抵抗人群中已有的免疫。病毒，尤其是 RNA 病毒，具有快速进化的能力，常能产生突变体。如果一个偶然变异，能让病毒逃逸宿主的免疫系统，那么这种突变株就比其野生型病毒更具优势，从而能迅速成为优势毒株。

甲型轮状病毒导致的腹泻，与儿童的一些类似疾病很相似，只有通过实验室检验，才能确定病因。在没有其他疾病的儿童体内，甲型轮状病毒感染一般在 3 ～ 7 天内会消退，治疗手段主要是让患儿避免脱水。然而在全世界，甲型轮状病毒每年仍然导致 50 万儿童的死亡。

A 横切面
外层衣壳
1 病毒蛋白 VP8
2 病毒蛋白 VP5
3 病毒蛋白 VP7
中层衣壳
4 病毒蛋白 VP6
内层衣壳
5 病毒蛋白 VP2
6 双链 RNA 基因组（11 个节段）
7 多聚酶
8 病毒蛋白 VP1

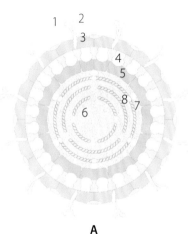

A

右图 甲型轮状病毒的透射电镜照片，可以看到外层衣壳上清晰的蛋白突起，该病毒有 3 层衣壳将其分段的基因组包裹起来。

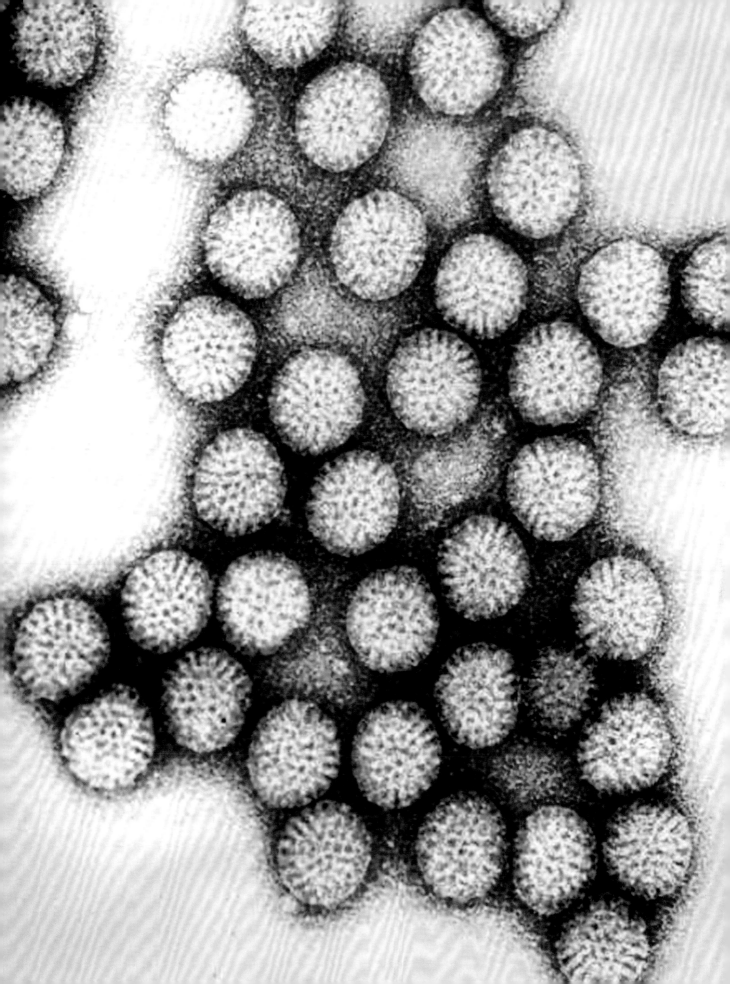

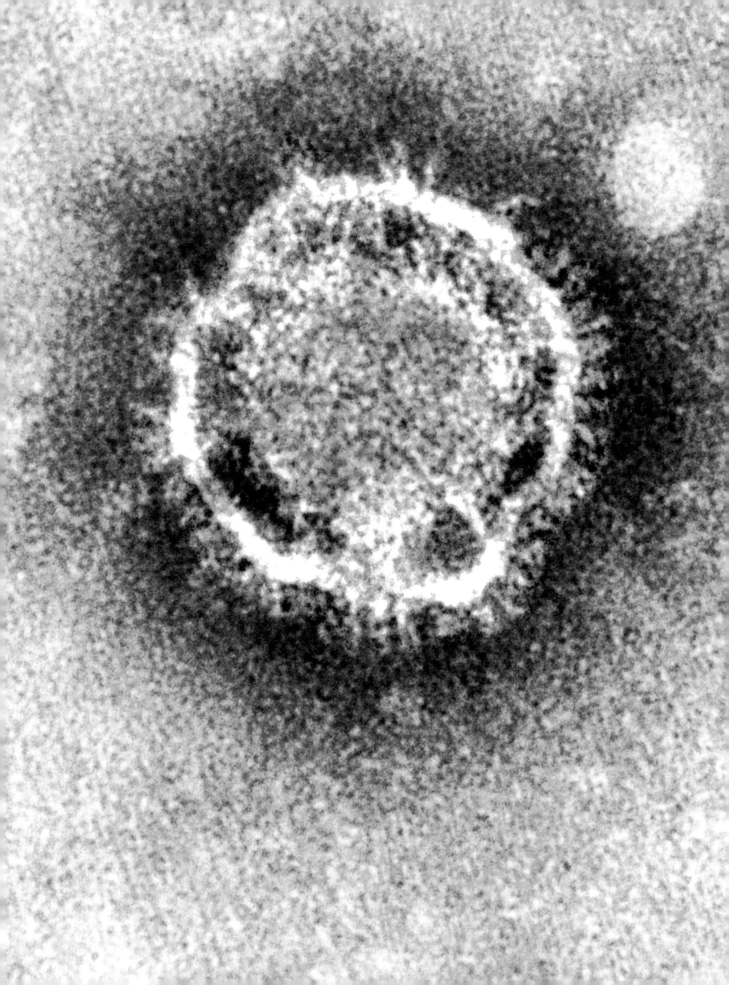

分组	IV
目	套式病毒目 Nidovirales
科	冠状病毒科 Coronaviridae
属	β 冠状病毒属 *Betacoronavirus*
基因组	线性、单组分、长约 30000 核苷酸的单链 RNA，编码 11 种蛋白质
地理分布	从 2004 以后没有病例报道，但曾经全球分布
宿主	人类，果子狸，蝙蝠
相关疾病	SARS, MERS, COVID-19
传播	动物源，呼吸道传播，人际间传播
疫苗	尚无批准上市的疫苗

SARS 与相关冠状病毒
SARS & Related coronavirus
一类引起严重呼吸综合征的病毒

一类外形像皇冠的病毒

SARS（严重急性呼吸综合征），于 2002 年突然出现在中国南部，并快速散播至北京，随后又传播至世界上其他地区。这是一种严重的疾病，在普通成年人中死亡率高达 10%，而在老年人中死亡率飙升至 50%。分子生物学证据显示，这种病毒源自蝙蝠，可能通过果子狸（中国的一种野生动物）传给人，或者从蝙蝠先传给人，再传给果子狸。由于病毒感染者的旅行，导致了该病毒在全球的扩散，在不到 3 个月的时间内，传播到了 32 个国家。公共卫生系统和病毒学界做出了快速反应：在感染发生后大约 6 个月内，就测出了病毒的完整序列，随后的几个月中，又建立了一整套用来研究这种病毒的体系。2004 年 4 月，疫苗在小鼠身上通过了实验检验。

2012 年，一种类似的病毒——中东呼吸综合征（Middle East Respiratory Syndrome，MERS）相关冠状病毒在沙特阿拉伯出现。MERS 的出现与 SARS 无关，它是由蝙蝠传播给骆驼的。很少有人通过人与人之间的接触而得病，人们一般通过与被感染的动物直接接触而染病。

2019 年末至 2020 年春天，一种新的呼吸疾病（COVID-19）在中国武汉爆发。这种疾病起源于一种新型冠状病毒，在较短时间内传播至中国各地和世界其他地区，大量人员感染。蝙蝠被认为是新型冠状病毒的原始宿主，然后通过其他动物作为中间宿主感染人类。目前，全世界科学家对这种病毒的相关研究正在紧急进行之中。

冠状病毒，因其在电子显微镜下呈现出的冠状外表而得名，它们是最大最复杂的 RNA 病毒，基因组拥有多达 32000 个核苷酸。冠状病毒科中有大量能感染人和其他动物的病毒，其中有 6 种病毒能导致严重的人类疾病。

2
4 1
5
3

A 横切面
1 刺突蛋白三聚体
2 膜蛋白
3 血凝素 / 酯酶
4 脂膜
5 核蛋白包裹的单链 RNA 基因组

左图 这张透射电镜照片上显示了一个 **SARS 相关冠状病毒**和它清晰可见的标志性"头冠"，后者是由镶嵌在囊膜上的蛋白所形成的。囊膜内有 RNA 基因组，被紧密包装在核蛋白中。

A

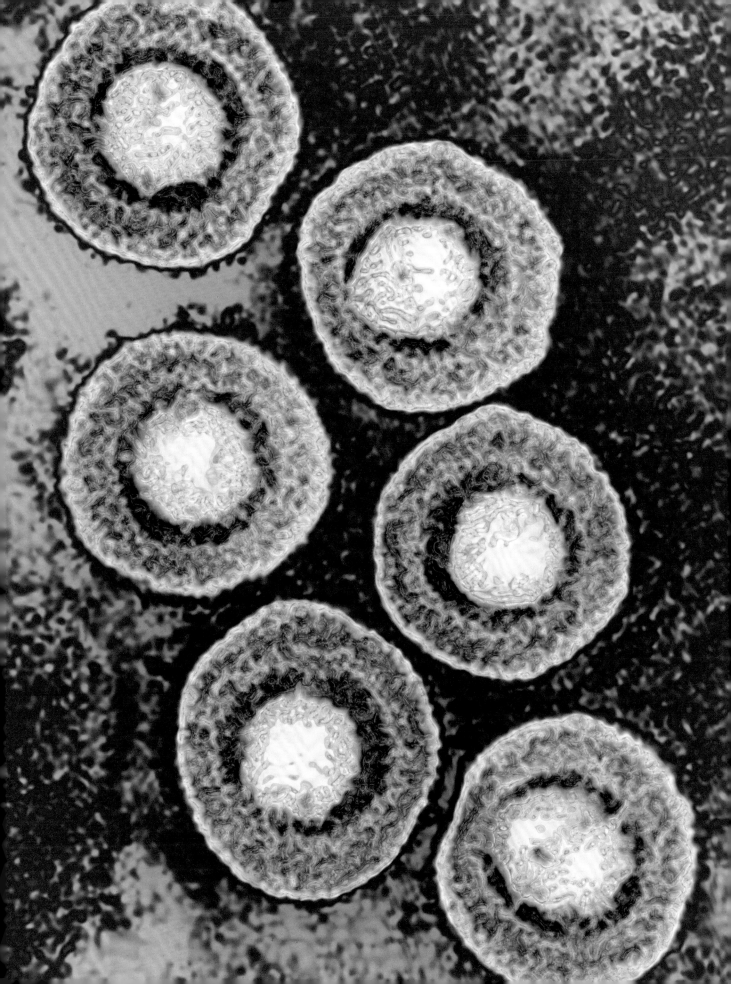

分组	I
目	疱疹病毒目 Herpesvirales
科	疱疹病毒科 Herpesviridae，α 疱疹病毒亚科 Alphaherpesvirinae
属	水痘病毒属 *Varicellovirus*
基因组	单组分、全长约为 125000 核苷酸的线性双链 DNA
地理分布	全世界分布
宿主	人类
相关疾病	水痘，带状疱疹
传播	通过被感染者的咳嗽、打喷嚏等气溶胶传播
疫苗	减毒活疫苗

水痘-带状疱疹病毒
Varicella-zoster virus
引起水痘和带状疱疹的病毒

终身感染

在疫苗出现前，水痘是几乎所有人都会患上的童年疾病之一。目前，一些国家已经广泛进行了疫苗接种。该病毒具有极高的传染性，经常在学校和社区中导致水痘大爆发。水痘症状一般较温和，并且多数孩子恢复起来没有问题，但也可能造成并发症。孕妇体内的原发性感染，可能导致胎儿先天畸形（出生缺陷）。该病毒会引起发热和头痛，紧接着出现凸起的、有痒感的斑丘疹，逐渐发展成脓疱，并最终结痂。水痘的英文名原名 "chicken pox"，起源不明，虽然目前为止最靠谱的解释是 "chicken" 与古英语中意味着 "痒" 一词的 "giccan" 发音一样。

虽然水痘的症状并不持久，但是感染者体内会一直携带水痘–带状疱疹病毒。一旦被感染，多数人会终身携带病毒。与疱疹病毒科中的许多其他病毒一样，水痘–带状疱疹病毒蛰伏于神经细胞中，并在某些时候重新复发。水痘–带状疱疹病毒复发时，以带状疱疹形式出现。带状疱疹，是一种令人感到很疼的皮肤病，一般会持续数周，但在部分人体内可能会持续更久，其带来的神经疼痛可持续数年。针对带状疱疹的疫苗，与水痘疫苗没有本质区别，都是灭活的水痘–带状疱疹病毒，只是针对带状疱疹，需要更大的接种剂量。

A 内层衣壳的横切面

B 完整病毒颗粒的横切面

C 囊膜及外层衣壳的横切面

1 主要的外壳蛋白和三体

2 顶点

3 双链 DNA 基因组

4 膜蛋白

5 脂膜

6 外层间质

7 内层间质

左图 这张透射电镜照片上显示了**水痘–带状疱疹病毒**的几个横切面。内层衣壳（深蓝色）包裹着基因组（浅蓝色），而它又被基质和囊膜所包裹（蓝色外层）。

A

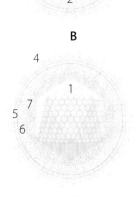

B

C

分组	I
目	未分类
科	痘病毒科 Poxviridae, 脊椎动物痘病毒亚科 Chordopoxvirinae
属	正痘病毒属 Orthopoxvirus
种	天花病毒
基因组	线性、单组分、全长约为 186000 核苷酸的双链 DNA，编码约 200 种蛋白质
地理分布	目前已灭绝，曾全世界分布
宿主	人类
相关疾病	天花
传播	直接接触，或吸入感染者排出的病毒
疫苗	活的牛痘病毒疫苗

天花病毒
Variola virus
一种根除了的人类病原体

88

世界范围内根除的人类疾病

天花，由天花病毒引起的人类疾病，数世纪以来，一直在人群中造成瘟疫，有着高达 25% 的死亡率。天花病毒名称中 "Variola"，在拉丁语中意为 "有斑点的"，天花的英文名 "smallpox"（小痘）则是为了与梅毒形成的 "large pox"（大痘）区分开来。早在 10 世纪的亚洲，人们就通过 "种痘" 来预防天花。"种痘" 是将天花病人结的痂研磨后，吹入被接种者的鼻腔内，或者将病灶中的物质，转接到被接种者新鲜划破的皮肤上，使被接种者仅产生微弱病症，并获得对天花病毒感染的免疫力。英国医生爱德华·琴纳，发现挤奶女工经常感染牛痘，出现轻微的病灶，但却从不会感染天花。这可能也是为什么挤奶女工被认为美丽的原因：她们身上不会有天花疤痕。1796 年，琴纳医生将牛痘病灶接种在一个男孩划破的皮肤上，随后此处长出来一个小病灶。6 周之后，医生给男孩接种上天花病毒，这男孩完全没有发病。牛痘是由牛痘病毒（Vaccinia virus）引起的，牛痘病毒名称来源于其宿主（拉丁语中 vacca 为牛）。这就是疫苗接种的起源。天花疫苗一直被广泛使用，直到 20 世纪 70 年代末期，天花病毒被宣告完全根除。

天花病毒的整个生命周期，都在宿主细胞的细胞质中完成。因为天花病毒太过于危险，除了在俄罗斯和美国还保存天花毒种外，其他的天花毒株都已被销毁，所以，关于这种病毒生命周期的研究结果，主要都来自于与之密切相关的牛痘病毒。牛痘病毒除了生产自身复制所需蛋白质外，还会产生一些蛋白质，用于破坏宿主的部分免疫功能。天花病毒是人类病毒中最大的病毒之一，可以直接在光学显微镜下观察到。天花病毒，是第一个报道的所谓巨大病毒。

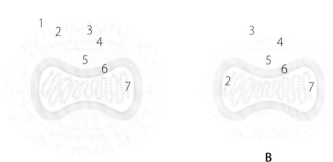

A

B

A 带有外层囊膜的病毒　　**3** 成熟病毒粒子的膜蛋白　　**7** 带有双链基因组 DNA 的核衣壳
B 成熟的病毒粒子　　**4** 成熟病毒粒子的脂膜
1 外层膜蛋白　　**5** 侧体
2 外层脂膜　　**6** 栅栏层

右图 天花病毒的透射电镜照片，包裹在病毒基因组周围的哑铃状蛋白结构（红色），以及病毒的内层囊膜（绿色）和外层囊膜（黄色）都清晰可见。

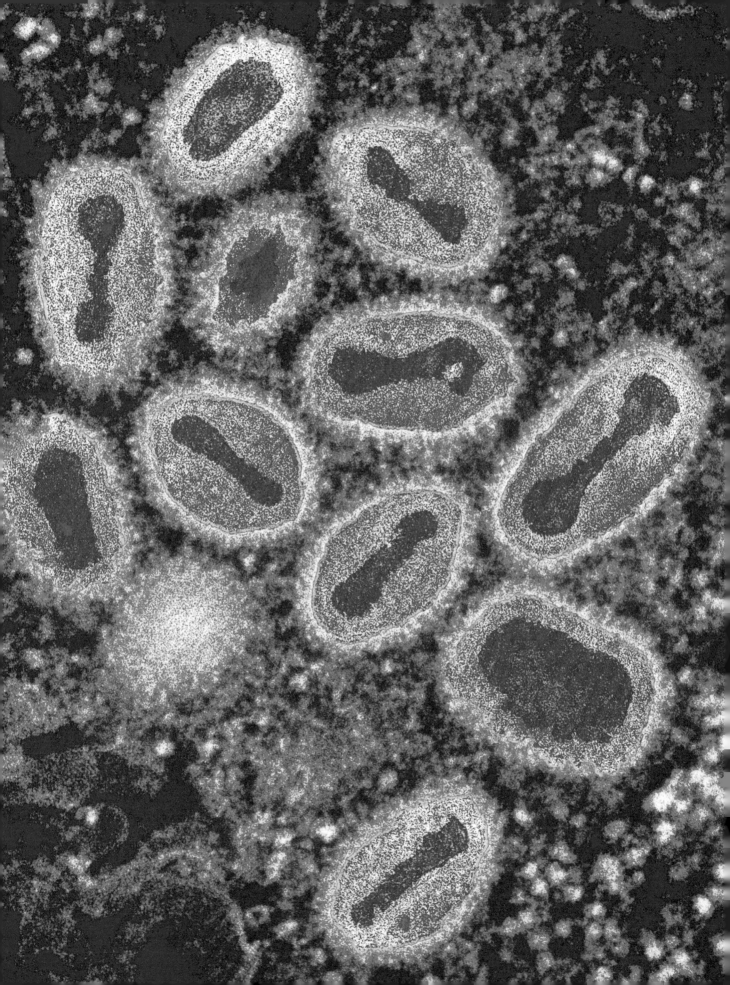

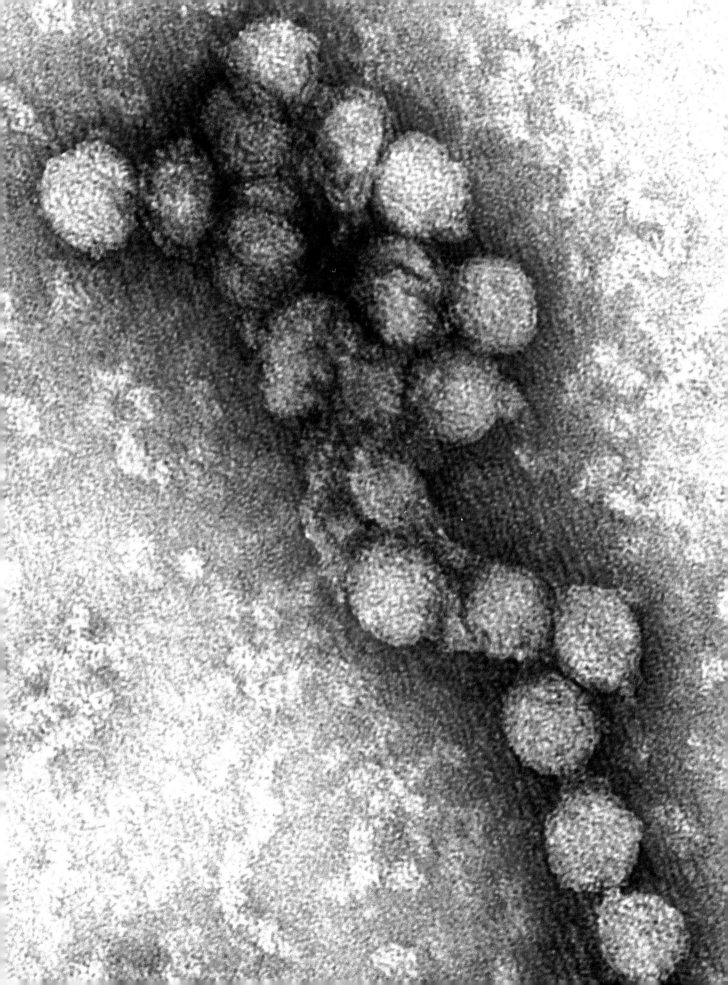

分组	IV
目	未分类
科	黄病毒科 Flaviviridae
属	黄病毒属 *Flavivirus*
基因组	线性、单组分，全长约 11000 核苷酸的单链 RNA，编码含 10 种蛋白质的 1 个多聚蛋白
地理分布	非洲、欧洲、北美洲、亚洲、中东
宿主	蚊子、鸟类、人、马
相关疾病	西尼罗热、西尼罗神经侵袭性疾病
传播	蚊子，也可能通过器官移植及输血传播
疫苗	无人用疫苗，有马用疫苗

西尼罗病毒
West nile virus
在新环境下复兴的旧病毒

一般无症状，但能导致脑膜炎

西尼罗病毒，不是一种新兴的人类病原体，早在 1937 年就在乌干达被发现，但直到最近，它才被人们视作一种威胁。20 世纪 90 年代，在阿尔及利亚和罗马尼亚有疫情爆发。1999 年，西尼罗病毒首次出现在纽约，自此这种病毒开始传遍北美和欧洲。该病毒的初始宿主是蚊子，并通过蚊子传播到其后代中。在第二轮循环中，蚊子将病毒传播到鸦科 Crow 和鸫科 Thrush 的鸟类。西尼罗病毒对鸟的感染通常是致命的，因此，鸟类死亡，往往是疫情爆发的第一迹象。人类和马，是西尼罗病毒的终末宿主，病毒能感染这些宿主，但一般不会在他（它）们中传播。

约 80% 的人，在感染西尼罗病毒后没有任何症状。但是另外 20% 的人，会出现类似流感的症状，并伴有呕吐。在约占 1% 的小部分人体内，会发展成为神经性疾病，可能包括脑膜炎、脑炎或者瘫痪。防治该病一般需要进行蚊虫控制。2012 年，在美国得克萨斯州北部爆发了疫情，当地政府通过除蚊喷雾进行了快速反应。2012 年，西尼罗病毒感染在美国造成了 286 人死亡，使得 2012 年成为该病有记载以来死亡人数最高的一年。

A 横切面
1 E 蛋白二聚体
2 基质蛋白
3 脂膜
4 外壳蛋白
5 单链基因组 RNA
6 帽子结构

左图 一串**西尼罗病毒**的透射电镜照片。该病毒的外层膜蛋白会形成一种与小的二十面体病毒类似的几何结构。

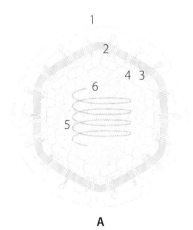

A

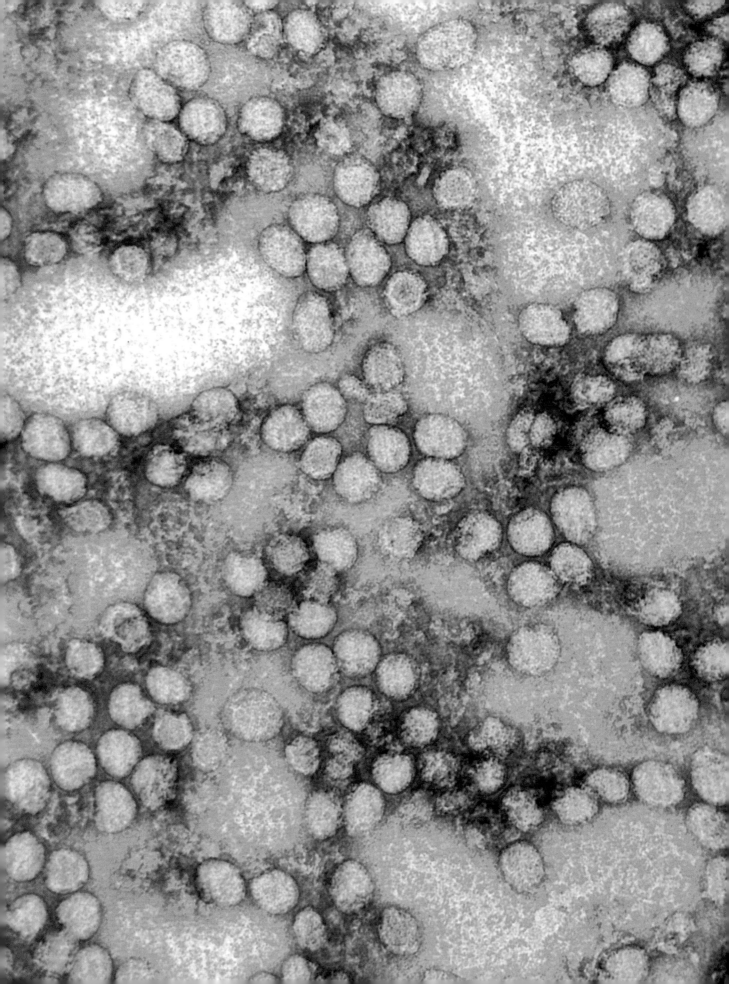

分组	Ⅳ
目	未分类
科	黄病毒科 Flaviviridae
属	黄病毒属 *Flavivirus*
基因组	线性、单组分、全长约 11000 核苷酸的单链 RNA，编码含 11 个蛋白的多聚蛋白
地理分布	非洲、中美洲、南美
宿主	人类
相关疾病	黄热病
传播	蚊子
疫苗	减毒活疫苗

黄热病毒
Yellow fever virus
历史上被最早发现的人类病毒

由人类迁徙传播的病毒

16 世纪以前，黄热病在非洲某些地区已经开始出现局部流行，在流行区域，人们因从小就接触到病毒，因此多数人对该病具有免疫力。奴隶贸易的出现，将黄热病从东非传播至西非，随后在 17 世纪，又将其传播到了南美洲和北美洲。由于美洲快速发展的新地区需要对黄热病具有免疫力的工人，而这样的人只能从东非找到，因此，黄热病可能促进了奴隶贸易的发展。黄热病在 20 世纪初以前，已经在北美造成了几次流行。陆军少校瓦尔特·里德证实，病毒是由蚊子传播的，这是人类第一次发现蚊传病毒。1905 年后，北美洲再没有出现黄热病的流行，但该病在非洲和拉丁美洲仍有流行，每年约造成 30000 人死亡。

黄热病病毒感染一般会导致相对温和的、类似流感的短暂疾病，但是在 15% 的感染人群中，会出现高死亡率的第二阶段。在这一阶段中，患者开始重新发烧，同时伴有腹部疼痛，以及严重的肝脏损伤，这会导致黄疸，或该疾病特征性的黄色皮肤，这也是黄热病名称的由来。在严重的疫情爆发中，黄热病的死亡率可高达 50%。

黄热病毒，由伊蚊属 *Aedes* 的蚊子（如黄热病蚊、亚洲虎蚊）传播。黄热病毒的生活周期，包括城市循环和森林循环。在城市循环中，病毒在人与蚊子之间传播；而在森林循环中，病毒在非人灵长类动物与蚊子之间传播。因此，根除黄热病病毒几乎是不可能的。1937 年，黄热病的减毒疫苗研制成功，并在第二次世界大战中得以广泛应用。2006 年，西非发起了大规模的黄热病疫苗接种运动，但近年来，埃博拉疫情可能对该运动造成了一定影响。

左图 黄热病毒颗粒（绿色显示）的透射电镜照片。该病毒与西尼罗病毒的结构非常相似，外层膜蛋白能形成几何图案。

A 横切面
1 E 蛋白二聚体
2 基质蛋白
3 脂膜
4 外壳蛋白
5 单链基因组 RNA
6 帽子结构

A

分组	IV
目	未分类
科	黄病毒科 Flaviviridae
属	黄病毒属 *Flavivirus*
基因组	线性、单组分、全长约 11000 核苷酸的单链 RNA，编码含 10 种蛋白质的多聚蛋白
地理分布	世界范围的热带及亚热带地区
宿主	人类，其他灵长类
相关疾病	轻度发烧及皮疹，可能与小头症及吉兰 – 巴雷综合征相关
传播	蚊子
疫苗	无

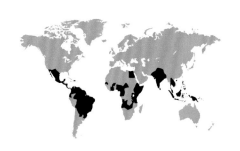

寨卡病毒
Zika virus
在全球各岛屿间跳跃的病毒

94

一种具有新手段的旧病毒？

早在 1947 年和 1948 年，科学家在对乌干达寨卡森林的常规监测中，就分别从恒河猴（Rhesus monkey）和蚊子体内最先发现了寨卡病毒。虽然直到 1952 年，才报道了第 1 例人感染寨卡病毒的病例，但是，该病毒很有可能在此之前就已经传播到人。在此之后的几十年间，寨卡病毒病例先是出现在非洲中部，随后在亚洲也有报道。对乌干达和尼日利亚的既往感染调查显示，当地几乎一半的人口都曾经被寨卡病毒感染。寨卡病毒在约 1/5 的患者中，引起轻度的、流感样疾病，但对多数患者不造成任何疾病。因此，以往关于寨卡病毒的研究并不多。因为在该病流行的区域，有一些更严重的病毒需要对付，如登革病毒和基孔肯雅病毒，这 3 种病毒均由黄热病蚊传播。

2007 年，密克罗尼西亚（Micronesia）爆发寨卡病毒疫情，引起了全球的关注。2013 年，法属波利尼西亚又发生一起疫情。该病毒于 2014 年抵达新喀里多尼亚、库克群岛和复活节群岛，并于 2015 年到达巴西。科学家可以通过观察基因组的变化，来分析病毒的传播途径。研究发现，寨卡病毒通过在多个岛屿间跳跃，最终播散至世界各地。尽管尚不清楚病毒是如何抵达巴西的，但 2014 年，有许多太平洋岛国参加的国际皮划艇赛事，可能是美洲寨卡病毒的来源。在巴西，寨卡病毒爆发导致了婴儿小头症病例增多，在美洲的其他地区，寨卡病毒感染则与一种称为"吉兰 – 巴雷综合征"（Guillain Barré syndrome）的麻痹性疾病的显著增加相关。

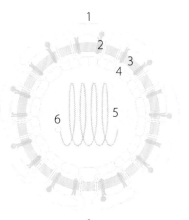

A 横切面
1 E 蛋白二聚体
2 基质蛋白
3 脂膜
4 外壳蛋白
5 单链基因组 RNA
6 帽子结构

右图 透射电镜下的感染细胞中的**寨卡病毒**颗粒。病毒粒子以蓝色显示，与其他类似的病毒一样，其膜蛋白形成一种几何结构。

A

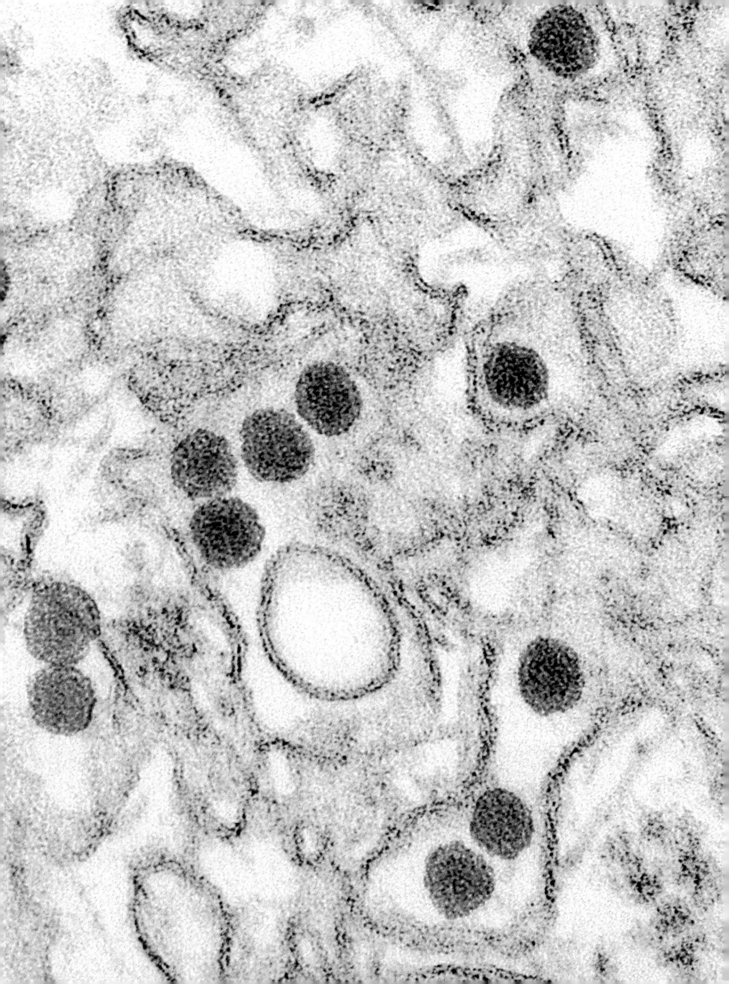

分组	V
目	未分类
科	布尼亚病毒科 Bunyaviridae
属	汉坦病毒属 Hantavirus
基因组	环状、三组分、总长约 12000 核苷酸的单链 RNA，编码 4 种蛋白质
地理分布	北美洲大部分地区
宿主	人类（终极宿主）及小鼠
相关疾病	汉坦病毒肺综合征
传播	鼠排泄物通过气溶胶传给人类
疫苗	无

辛诺柏病毒
Sin nombre virus
由小鼠传染给人类的病毒

96

造成人类终极感染的病毒

由汉坦病毒（Hantavirus）引发的肺部疾病，在韩国早有报道，但 1993 年，一种类似的疾病开始在美国西南部出现。这种疾病，最初发生在几个年轻的纳瓦霍（Navajo）人身上，在其中一个患者住所附近捕捉到的小鼠中，分离出了一株辛诺柏病毒，该病毒后来被确认为病原体。由于最初两名受害者在出现流感样症状后不久就死亡，加上该病的早期死亡率接近 70%，因而引发了极大的恐慌。虽然现在辛诺柏病毒比较罕见，但其感染仍能导致约 35% 的患者死亡。这种病毒，在农村地区，或者人能接触到干燥的小鼠排泄物的地区最为常见。起初，这种病毒被命名为"四角病毒"，指美国发现该病毒的 4 个州所连接的地区：犹他州、科罗拉多州、新墨西哥州和亚利桑那州。但是由于当地人的反对，所以将其更名为辛诺柏病毒（Sin nombre 在西班牙语中意为"无名"）。对历史记载的重新研究发现，该病以前就在人类中出现过，只是当初并不被认为是病毒性的。在纳瓦霍部落的传说中，老鼠意味着坏运气和疾病的来源。

辛诺柏病毒其实是鹿鼠的病毒，它不会造成人与人之间的传播，人的感染被称为终末感染。在北美许多地区的鹿鼠体内都能发现该病毒，并且，在其流行区域经常会有汉坦病毒肺综合征的散发病例。

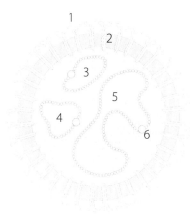

A 横切面
1 糖蛋白 Gn 和 Gc
2 脂膜

被核蛋白所包裹的单链 RNA
3 基因组 S 片段
4 基因组 M 片段
5 基因组 L 片段
6 多聚酶

A

分组	II
目	未分类
科	指环病毒科 Anelloviridae
属	甲型细环病毒属 Alphatorquevirus
基因组	环状、单组分、长约 3800 核苷酸的单链 DNA，编码 2 ~ 4 种蛋白质
地理分布	全世界分布
宿主	人类、黑猩猩以及非洲猴类
相关疾病	无
传播	体液，包括唾液
疫苗	无

细环病毒
Torque teno virus
一种不引起疾病的人类病毒

造成人类持续性和普遍性感染的病毒

90% 的人携带细环病毒，但并不会出现任何疾病症状。1997 年，该病毒首次发现于一名日本肝炎患者体内，却从未被证实与任何疾病相关。同一种病毒，或类似病毒，可以在灵长类动物和许多其他动物中发现。在猪体内，病毒的传播途径是母婴传播，所以，推测这也是人体中的传播途径，但目前还未证实。

在不同人群中进行过多次关于细环病毒的调查，结果显示，这是一种遍布世界各地，并感染各年龄段人群的病毒。是否携带病毒，与年龄、性别或者个人疾病史没有显著关联。但是，人体内的病毒含量，与其免疫系统抑制水平之间存在相关性，也就是说，在免疫抑制人体内，病毒的载量较高。因此，这可以作为免疫抑制的标志物，比如说，接受器官移植的病人，需要用药物抑制其免疫系统，因此，可以通过细环病毒的滴度，来检测药物的有效性。

可能世界上存在许多其他不引起疾病的病毒，过去，人们对寻找这类病毒没有太大的兴趣。但是最近，发现许多病毒对宿主有利，因此，寻找非致病性病毒的兴趣开始逐渐增加。未来，我们可能会认识到人体病毒组（人体中的所有病毒）的重要性，就如同现在，我们意识到微生物组（目前主要指细菌）的重要性一样。

A 横切面
B 外观
1 外壳蛋白
2 单链 DNA 基因组

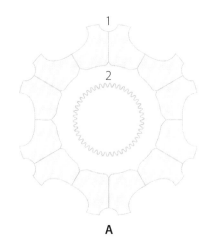

A

B

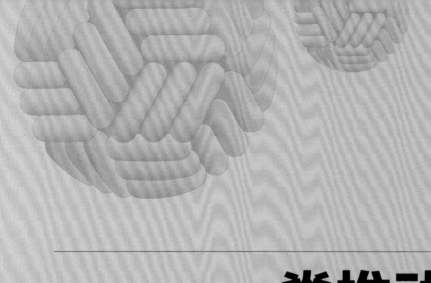

脊椎动物病毒

概　述

我们现在要介绍的病毒　与人类病毒有许多相似之处，它们中有些也确实能感染人类，但一般来讲，它们对非人类的动物宿主更为重要。在本书病毒分类中介绍的每一类病毒中都有许多动物病毒。一些养宠物的人可能会比较熟悉犬细小病毒、猫白血病病毒、狂犬病毒等，因为猫或狗都需要接种抗这些严重疾病的疫苗。另外一些病毒，可能养猎奇动物的人，如养蛇者比较熟悉。还有些病毒，可能钓鱼爱好者比较熟悉。本章中还有些病毒是感染家畜的，如几个世纪以来，对养牛业造成了毁灭性打击的牛瘟病毒，最近，该病毒被宣告根除了，这是病毒学的一个重要里程碑。

有许多病毒仅感染野生动物，一般来讲，人们对这类病毒研究得不深入，除非它们在对人类重要的动物中引起疾病，或者它们可以跨种传播到家畜上。虽然科学家们开展了一些关于植物病毒和细菌病毒的多样性研究，但关于动物病毒的多样性研究得不多。部分原因，是因为开展这类工作比较困难。新技术，如测序技术的发展，正在改变人们这方面的认知。最近，关于蝙蝠病毒的多样性研究揭示蝙蝠带有非常多的病毒种类。在蝙蝠中发现了许多导致人类和动物致病的病毒，但它们在蝙蝠中并不引起任何明显的疾病。不过狂犬病毒可能是最著名的蝙蝠病毒，还能在蝙蝠中造成疾病，该病毒感染的任何动物都会发病。一般来讲，许多动物病毒并不引起疾病，但当它们传播给新物种时，由于宿主与病毒之间还没有相互适应，就会导致宿主发病。

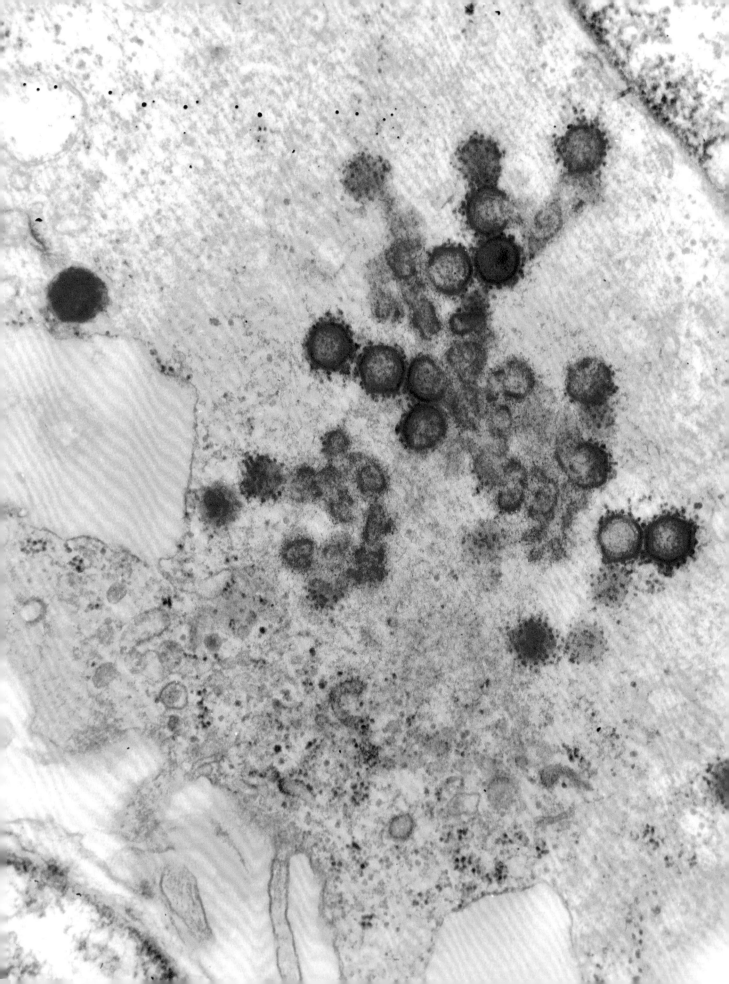

分组	I
目	未分类
科	非洲猪瘟病毒科 Asfarviridae
属	非洲猪瘟病毒属 Asfivirus
基因组	线性、单组分、长约 190000 核苷酸的双链 DNA，编码至少 150 种蛋白质
地理分布	在 20 世纪中叶以前仅局限于非洲，之后扩散到伊比利亚半岛；1971 年在古巴爆发；在东欧有零散爆发
宿主	家猪及野猪；蜱
相关疾病	在家猪上引起猪瘟，在其他宿主上无症状
传播	蜱
疫苗	无

非洲猪瘟病毒
African swine fever virus
一种导致严重猪病的虫媒病毒

一种严重影响养猪业的重要病原

自 20 世纪初以来，非洲猪瘟病毒已经在非洲地区导致了多次家猪的严重疫情。该病最早出现在肯尼亚，当时，牛瘟爆发导致牛的大批死亡，于是肯尼亚进口了大量家猪。在肯尼亚，非洲猪瘟病毒在很多野猪及其近缘种，如疣猪和丛林猪中存在，进口的家猪，为病毒提供了跨种传播的机会。这种病毒对家猪来说是致命的，从发烧、不舒服等症状开始，随后食欲不振，最终发展为出血热。尽管症状与"经典猪瘟"相同，但是非洲猪瘟病毒其实是一种与猪瘟病毒不相关的病毒。非洲猪瘟病毒感染野猪，不会造成任何疾病，这可能是因为，野猪是非洲猪瘟病毒的天然宿主，病毒已经适应了野猪。而若病毒跳跃到新的宿主，则可能导致严重疾病。不幸的是，非洲猪瘟病毒尚无有效的治疗方案，而且疫苗的研发也还没有成功，目前唯一有效的控制手段是捕杀所有被感染的动物。

一段独特的进化史

非洲猪瘟病毒，是虫媒病毒中唯一的双链 DNA 病毒，在组 I 中，大多数病毒的传播，是通过宿主与宿主之间的直接接触。事实上，非洲猪瘟病毒很有可能起源于蜱虫病毒。尽管该病毒有不同的变异株，但非洲猪瘟病毒是非洲猪瘟病毒科和非洲猪瘟病毒属中唯一的已知病毒。

A 横切面
B 内部衣壳的外观
1 囊膜蛋白
2 外层脂膜
3 外壳蛋白
4 内层脂膜
5 基质蛋白
6 双链 DNA 基因组

左图 被感染的肾细胞中的**非洲猪瘟病毒**颗粒。这些病毒颗粒的不同截面清楚展现了囊膜及内层蛋白的细微结构。

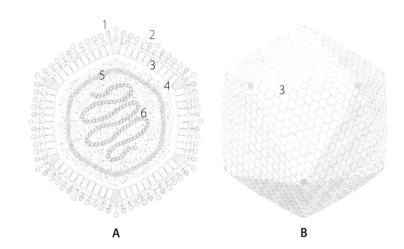

A B

分组	Ⅲ
目	未分类
科	呼肠孤病毒科 Reoviridae, 光滑呼肠孤病毒亚科 Sedoreovirinae
属	环状病毒属 Orbivirus
基因组	线性、10 组分、总长约 19000 核苷酸的双链 RNA，编码 12 种蛋白质
地理分布	除了高纬度地区外全世界分布
宿主	绵羊、山羊、牛及一些野生反刍动物
相关疾病	蓝舌病
传播	蠓
疫苗	有针对多种血清型的疫苗

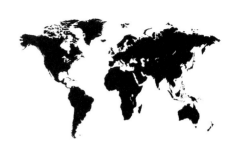

蓝舌病毒
Bluetongue virus
一种导致绵羊及其他反刍动物严重疾病的病毒

一种正在蔓延的非洲疾病

蓝舌病，最初于 18 世纪在非洲的野生以及家养反刍动物中被报道，直到 1905 年人们才发现导致这种病症的病毒。蓝舌病是一种严重的绵羊疾病，该病包括多种症状，但最显著的是患病羊肿胀变蓝的舌头。蓝舌病毒能够造成羔羊的高死亡率，一些毒株甚至会造成成年绵羊的高死亡率，还可使被感染的牛和羊流产。

气候变化可能正加速病毒的传播

过去很长一段时间，没有在非洲以外的地方发现蓝舌病。1924 年，在塞浦路斯首次报道发现蓝舌病，后来在 20 世纪 40 年代，又有几次爆发。此后，1948 年，在美国发现了该病，20 世纪 50 年代，在西班牙和葡萄牙也相继报道出现该病。现在，蓝舌病毒在北美洲、南美洲和欧洲南部，以及澳大利亚、以色列，还有东南亚都有流行。通过比较不同地区的病毒基因组序列，可以发现，来自同一地区的毒株都较相似，而来自不同地区的毒株则差别显著。这意味着，蓝舌病毒其实已经在这些地区存在了很长一段时间，直到很久以后才被发现。蓝舌病毒的传播受到其传播媒介——叮咬蠓的活动范围限制，而这个范围，可能会随着气候变化扩张到更高纬度。

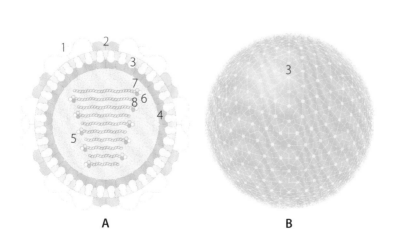

A 横切面
B 中间衣壳的外观
外层衣壳
1 病毒蛋白 VP2 三聚体
2 病毒蛋白 VP5 三聚体
中间衣壳
3 病毒蛋白 VP7
内层衣壳
4 病毒蛋白 VP3
5 双链 RNA 基因组（10 节段）
6 衣壳
7 病毒蛋白 VP4
8 多聚酶

右图 纯化的**蓝舌病毒**颗粒为洋红色背景上的橙色。

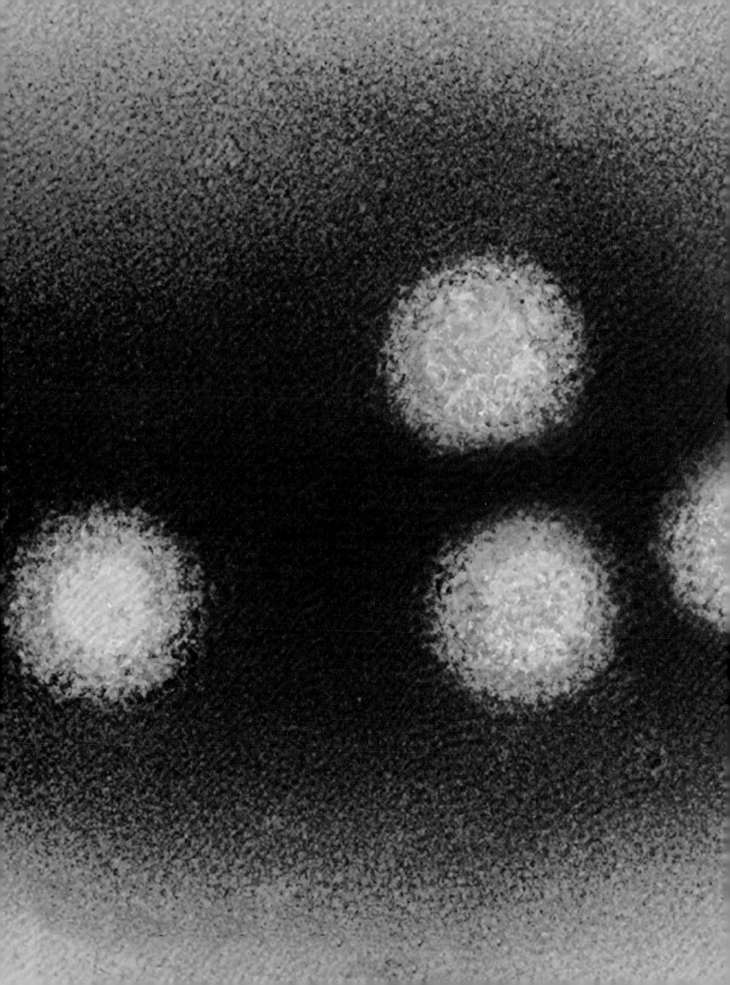

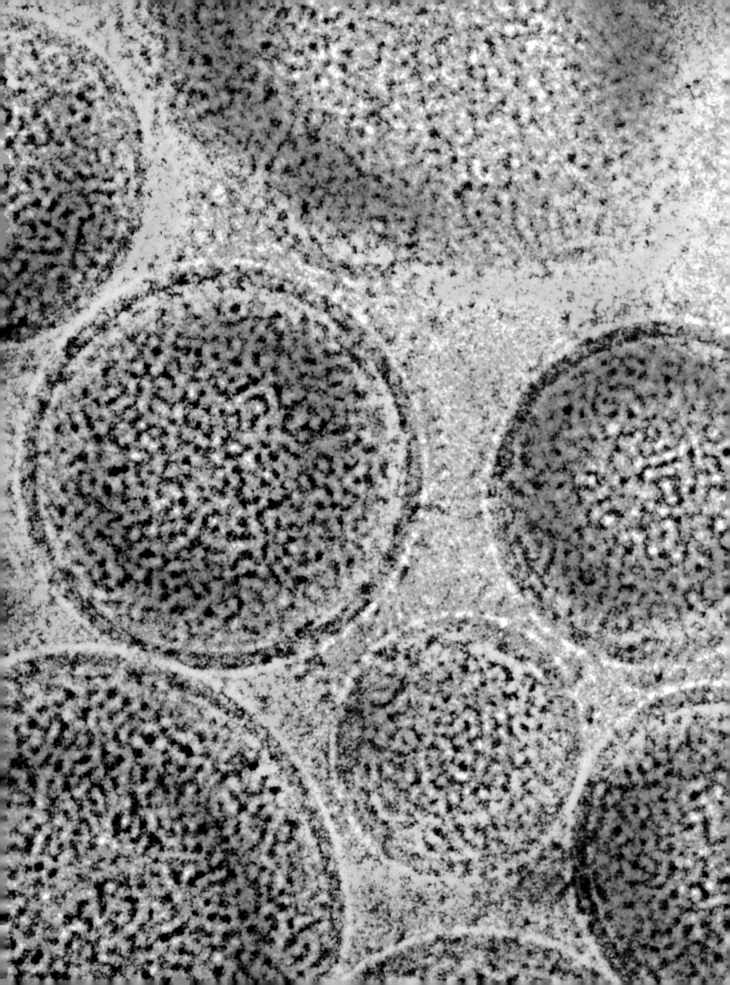

分组	V
目	未分类
科	沙粒病毒科 Arenaviridae
属	沙粒病毒属 *Arenavirus*
基因组	线性、双组分、总长约 10300 核苷酸的单链 RNA，编码 4 种蛋白质
地理分布	欧洲、亚洲、美洲
宿主	蚺蛇（圈养的蟒蛇类）
相关疾病	蟒蛇包涵体病
传播	未知，也许螨
疫苗	无

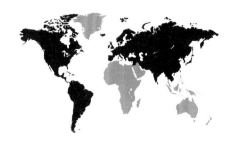

蟒蛇包涵体病病毒
Boid inclusion body disease virus
揭秘一种严重的蛇类疾病

一种在圈养蛇类中发现的疾病

20 世纪 70 年代发现一种严重疾病，首先在圈养的蟒蛇种群中发现，这种疾病会引起蛇的神经性改变以及厌食症，多数蛇因继发性感染死亡。在被感染的蛇的细胞中，发现了特异性的包涵体，因此，该病毒被命名为蟒蛇包涵体病病毒。这种病毒显然具有感染性，因为它可以导致整个蟒蛇种群消亡，但是，并不清楚病毒是否可以直接传播。螨虫被怀疑是病毒的载体，但目前尚未证实。该病被认为是一种病毒病，科研人员从患病蛇体内分离出了几种不同病毒。但是直到最近，才有确凿的证据证明，这一特定病毒确实是该病的病因。

科赫定律被部分验证，揭示了该病的病毒病原

著名的德国微生物学家罗伯特·科赫（Robert Koch），在 19 世纪末研究了许多细菌疾病。由他提出的科赫定律，至今仍然是验证微生物是某种疾病病原的标准：该微生物必须存在于所有的感病个体中，但不存在于未受感染的个体中；必须能从患病个体中分离出这种微生物；将此微生物引入健康个体一定会导致该疾病；从新感染的个体中一定能重新分离出这种微生物。蟒蛇包涵体病病毒，是从患病蛇的细胞培养物中分离出的，并在引入健康蛇体内后诱发疾病，但是，从这些患病蛇的细胞培养物中，却没能重新分离出该病毒。除非这种病毒可以从实验室感染的患病蛇的细胞培养物中分离出来，不然，就没有完全满足科赫定律的要求。可见，科赫定律的要求非常严格，但并不总是与现代微生物学接轨。

左图 蟒蛇包涵体病病毒颗粒（蓝色），可见不同的横切面。这是一张冷冻电镜拍摄的图像。冷冻电镜的制样过程是将病毒在溶液状态下冷冻，对于一些结构脆弱的病毒而言，这种方法可以保留更多的结构细节。

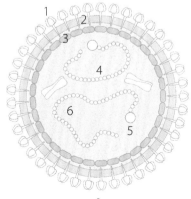

A 横切面
1 糖蛋白
2 脂膜
3 外壳蛋白
4 单链 RNA 基因组片段 S，被核蛋白包裹
5 多聚酶
6 单链 RNA 基因组片段 L，被核蛋白包裹

A

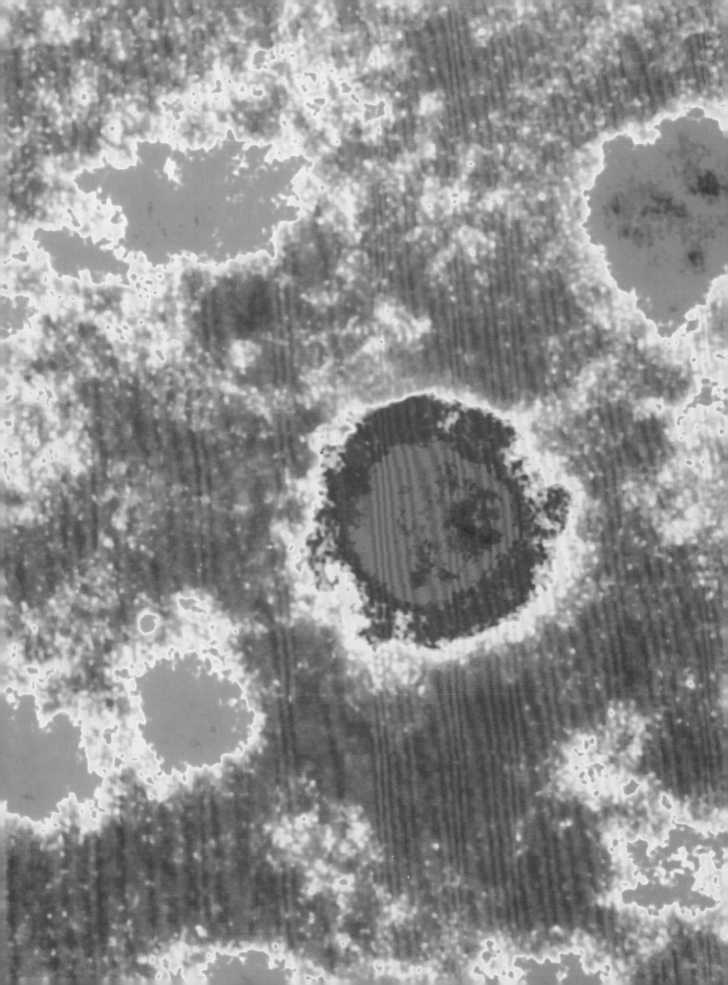

分组	V
目	单股负链 RNA 病毒目 Mononegavirales
科	博尔纳病毒科 Bornaviridae
属	博尔纳病毒属 *Bornavirus*
基因组	线性、单组分、长约 8900 核苷酸的单链 RNA，编码 6 种蛋白质
地理分布	欧洲、亚洲、非洲、北美洲
宿主	马、牛、绵羊、狗、狐狸、猫、鸟类、鼠类及灵长类
相关疾病	博尔纳病
传播	鼻分泌物，唾液
疫苗	在实验阶段

博尔纳病毒
Bornadisease virus
一种改变宿主行为的病毒

一种严重的神经系统疾病

18 世纪的德国兽医课本首次描述了在马中出现的博尔纳病。尽管在 1900 年左右已经知道这是一种病毒病，并且对该病的研究持续了整个 19 世纪和 20 世纪，但直到 20 世纪后期，人们才开始了解该病毒的细节。这种病毒能在马和绵羊中造成严重疾病，并使它们迅速死亡。但是，近几十年来，这类疾病变得非常罕见。人们尚不清楚博尔纳病发病率变化的原因，但是，鼩（Shrew）可能是博尔纳病毒的自然宿主。它们种群的变化，或者家畜与它们接触情况的变化，可能是导致发病率波动的原因。大鼠实验性感染表明博尔纳病毒使啮齿动物更具攻击性，使它们表现出撕咬行为，从而促进病毒的传播。该病毒传播的一个有趣特征是，在免疫系统受损的动物体内不会出现博尔纳病。有未经证实的观点认为，这种病毒有可能导致了人类神经系统的部分疾病，但最近的证据基本上否定了这个假设。

在人类 DNA 中发现的第一个非逆转录 RNA 病毒

在 21 世纪初期，DNA 测序的成本由于技术革新而降低了许多。第一个人类基因组测序完成于 2001 年，此后完成了更多基因组的测序工作。因为逆转录病毒可以将 RNA 转化为 DNA，并在复制过程中整合到宿主的基因组中，所以，在基因组中发现了许多逆转录病毒序列。但是，在人类和其他灵长类动物、啮齿类动物，以及蝙蝠、大象、鱼、狐猴的基因组中，都能找到博尔纳病毒的序列。它们是如何到达那些基因组中的呢？一种（未证实的）假设是，博尔纳病毒得到了一种可以将其 RNA 基因组转化为 DNA 的逆转录病毒的帮助。

A 横切面

1 糖蛋白

2 脂膜

3 衣壳蛋白

4 由核蛋白包裹的单链 RNA 基因组

5 多聚酶

6 磷蛋白

左图 博尔纳病毒颗粒。囊膜为蓝色，内部颗粒为洋红色。

A

分组	IV
目	未分类
科	黄病毒科 Flaviviridae
属	瘟病毒属 Pestivirus
基因组	线性、单组分、长约 12000 核苷酸的单链 RNA，通过一个多聚蛋白编码 12 种蛋白质
地理分布	全世界分布
宿主	牛
相关疾病	腹泻，黏膜病变，流产
传播	直接传播，性传播，母婴传播
疫苗	减毒活疫苗及热灭活疫苗

牛病毒性腹泻病毒 1 型
Bovine viral diarrhea virus 1
一种家养牛的病毒

多种疾病临床症状

被牛病毒性腹泻病毒感染的成年非怀孕牛一般具有轻微症状，包括部分呼吸道疾病、牛奶产量减少、嗜睡、咳嗽。疾病的症状可以因感染毒株的不同、患病牛的年龄不同、感染途径的不同而产生差异，发病严重的一般是小于两岁的小牛。

母婴传播方式可使病毒在牛群中长期存在

母牛在妊娠期某些阶段的感染可能会导致胎儿流产。但如果没有流产，生出的犊牛虽然被病毒感染，却不会出现任何疾病症状。这样的犊牛会终身排放病毒感染牛群中的其他牛，但犊牛自身会对病毒产生一定的耐受力。因此，需要对犊牛进行该病毒的常规性检测，目前已经建立了多种检测方法。被感染的犊牛一般发育缓慢，并且更容易患其他疾病。有时，患病的小牛会发展出黏膜病。这是一种非常严重，而且通常致命的疾病，症状包括严重腹泻，以及黏膜组织的溃疡和损伤。致病原因现在尚不明确，可能因为病毒的某些突变增加了它的致病性，也可能是因为犊牛被与牛病毒性腹泻病毒非常相似的另一种病毒感染了。

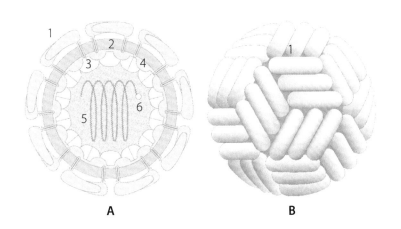

A 横切面
B 外观
1 E 蛋白二聚体
2 脂膜
3 外壳蛋白
4 基质蛋白
5 单链 RNA 基因组
6 帽子结构

右图 被**牛病毒性腹泻**病毒感染的细胞，病毒颗粒是细胞内质网（蓝色和红色）中小的、球形的红色颗粒。

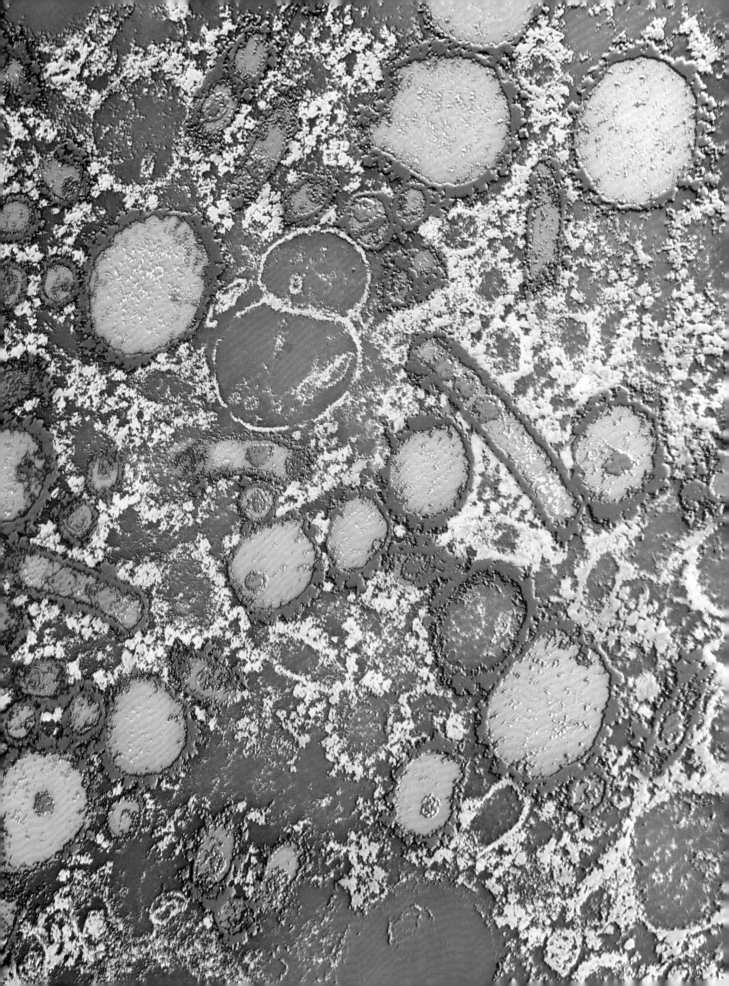

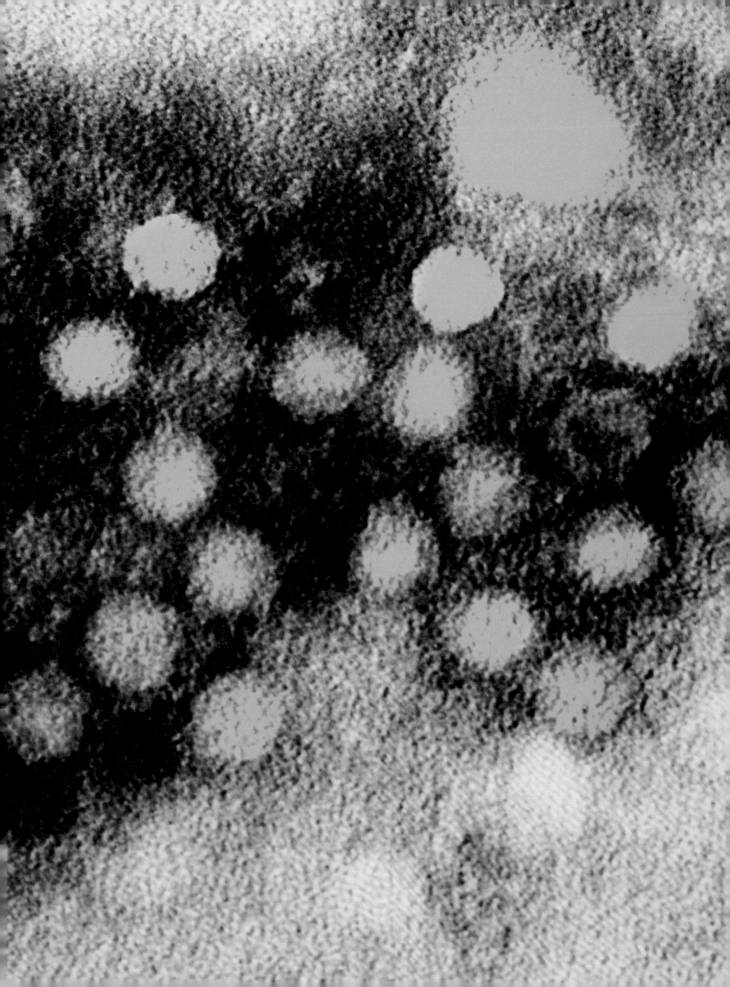

分组	II
目	未分类
科	细小病毒科 Parvoviridae，细小病毒亚科 Parvovirinae
属	细小病毒属 *Parvovirus*
基因组	环状、单组分、长约 5000 核苷酸的单链 DNA，编码 3 种主要蛋白质
地理分布	全世界分布
宿主	家养及野生狗
相关疾病	肠道系统疾病
传播	经口接触到感染的土壤、粪便或污染物
疫苗	改良的活病毒

犬细小病毒
Canine parvovirus
从猫"跳跃"到犬

幼犬的严重疾病

在成年犬中，犬细小病毒感染的症状非常轻微或者无症状。但是，在幼犬中，会产生严重疾病并常导致死亡，一般需要兽医治疗才能够保证存活。虽然有一种有效的疫苗，但是，当幼犬还在哺乳期及后几周内都不能施用，因为母乳中的抗体会使疫苗失活，这意味着，幼犬有一段时间会对该病毒非常易感。犬细小病毒非常稳定，可以在土壤中停留一年或更长时间，而且要从污染物表面将其清除也非常困难。犬一旦被感染后，在出现症状前就开始排放病毒，而且在康复后数天也仍然会排放病毒，因此，病毒的检测非常重要。犬舍的工作人员，必须非常小心地防止犬细小病毒在设施内出现，而且一旦检测出病毒阳性犬，就必须采取严格的隔离措施，防止感染的扩散。

一种来自猫的病毒

犬细小病毒与在 20 世纪 20 年代发现的一种猫病毒 —— 猫泛白细胞减少症病毒（Feline panleukopenia virus），几乎完全相同。而与之非常相似的细小病毒，也在许多其他食肉动物的体内被发现。该病毒在 20 世纪 70 年代末出现在了犬的身上。几乎可以肯定，这种病毒是从猫"跳跃"到犬的。因为与猫泛白细胞减少症病毒基因组相比，最开始出现的犬细小病毒的基因组只有两处小改变。当犬细小病毒适应了犬，就立刻开始在世界范围的犬种群中迅速传播。这是一个说明病毒如何快速转变宿主的非常好的例子。它说明，病毒一旦适应宿主后，其传播将会非常迅速。

A 横切面
B 外观
1 外壳蛋白
2 单链 DNA 基因组

左图 纯化的**犬细小病毒**颗粒为绿色。有时可以看到这种非常小的病毒颗粒的单个切面。

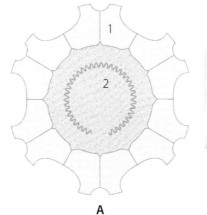

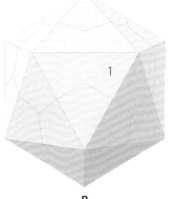

A   B

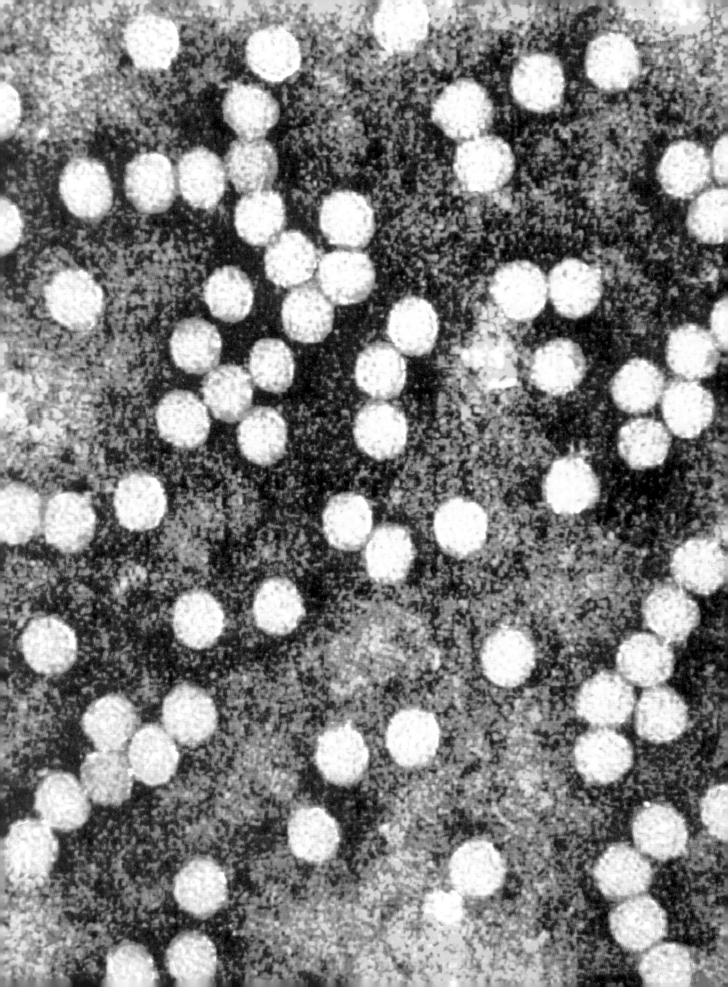

分组	Ⅳ
目	小 RNA 病毒目 Picornavirales
科	小 RNA 病毒科 Picornaviridae
属	口蹄疫病毒属 *Aphthovirus*
基因组	线性、单组分、长约 8100 核苷酸的单链 RNA，由一条多聚蛋白编码 9 种蛋白质
地理分布	中东、欧洲东南部、亚洲部分地区、撒哈拉以南非洲，其他地区也偶有发生
宿主	家养及野生的偶蹄类动物
相关疾病	口蹄疫（发热，口、蹄上出水泡）
传播	高度传染性，空气传播及各种体液传播
疫苗	灭活疫苗

口蹄疫病毒
Foot and mouth disease virus
发现的第一个动物病毒

一种古老却依然流行的家畜瘟疫

口蹄疫是一种极其古老的疾病。早在 16 世纪，意大利就有关于牛群发生瘟疫的记载，但直到 19 世纪末，人们才知道口蹄疫的病因。研究人员证明，像烟草花叶病毒一样，口蹄疫的感染因子可以通过非常精细的除菌的过滤器，因此，口蹄疫病毒成为继烟草花叶病毒之后，第二个被人类发现的病毒。

因为口蹄疫病毒极强的传染性和极快的传播速度，疫情一旦爆发便会十分严重，而目前唯一的控制方法是杀死所有被感染动物。一些疫情发现得早并被迅速遏制，但是 2001 年在英国爆发的口蹄疫，导致最终杀灭了 400 多万头动物。非洲是口蹄疫的流行地，在野生动物和家养动物中都常会出现疫情。美国在 19 世纪初期根除了口蹄疫病毒，但是，对口蹄疫的相关研究，仍然在纽约市长岛东北部的一个小岛 —— 普拉姆岛（Plum Island）上进行，该岛上有一个生物安全保护三级（最高级别为四级）的动物疾病研究站。由于该病毒有多种变异株，因此，依靠接种疫苗预防口蹄疫并不一定总是有效，但是在南美洲，接种疫苗对口蹄疫的防控起到了至关重要的作用。

A 横切面
B 外观
外壳蛋白
1 病毒蛋白 VP1
2 病毒蛋白 VP2
3 病毒蛋白 VP3
4 病毒蛋白 VP4
5 单链 RNA 基因组
6 末端结合蛋白 VPg
7 多聚腺苷酸尾

左图 在该电镜照片中，纯化的口**蹄疫病毒**颗粒被染为黄色。

A   B

分组	I
目	未分类
科	虹彩病毒科 Iridoviridae
属	蛙病毒属 *Ranavirus*
基因组	线性、单组分、长约 106000 核苷酸的双链 DNA，编码 97 种蛋白质
地理分布	北美洲和南美洲、欧洲、亚洲
宿主	青蛙、蟾蜍、蝾螈、水蜥、蛇、蜥蜴、乌龟、鱼
相关疾病	两栖动物种类的下降及灭绝
传播	水、消化系统、直接接触
疫苗	无

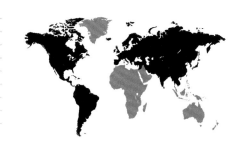

蛙病毒 3 型
Frog virus 3
压死青蛙的最后一根稻草？

114

濒临灭绝种属的潜在病原体

近几十年来，全世界蛙的种群数量大规模衰减，绝大部分是由于一种传染性真菌——壶菌（chytrid）的传播。壶菌，可能直接或间接地由人类携带至世界各地并迅速传播。蛙病毒 3 型，最初于 20 世纪 60 年代在一只患癌症的豹蛙身上发现，初衷是想把它作为人类癌症可能的模型来进行研究的，但后来发现，该病毒不是诱发癌症的原因。在 20 世纪 80 年代中期以前，并没有关于蛙病毒导致两栖类动物疾病的报道，但 20 世纪 90 年代以来，全世界各地都出现了有关蛙病毒 3 型导致两栖类动物种群下降的报道。被影响的动物不仅有青蛙，还包括蟾蜍、水蜥和蝾螈。现在，已知蛙病毒遍布全球，并且能在多种两栖类动物体内引起疾病，导致多种蛙种群数量的下降。全球两栖动物贸易，也加剧了这种病毒的扩散，并影响了 100 多种两栖类动物。蛙病毒 3 型对日本和美国水产养殖业造成了重要影响。许多保护生物学家致力于控制这种可能造成濒危动物感染的病毒。

蛙病毒属虹彩病毒科，由于许多这类病毒在纯化后呈现有紫色、蓝色或绿松石彩虹色，因此取名虹彩病毒。这些颜色不是来自色素，而是由结构非常复杂的病毒颗粒折射光线形成的。

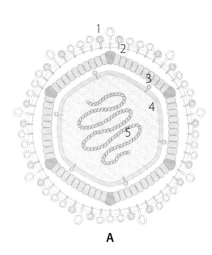

A

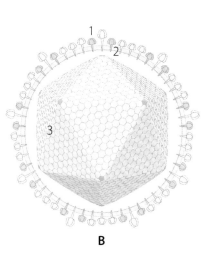

B

A 横切面
B 衣壳的外观
1 囊膜蛋白
2 外层脂膜
3 外壳蛋白
4 内层脂膜
5 双链基因组 DNA

右图 被感染细胞中的**蛙病毒 3 型**为深蓝色，其中一个病毒正穿过囊膜出芽。

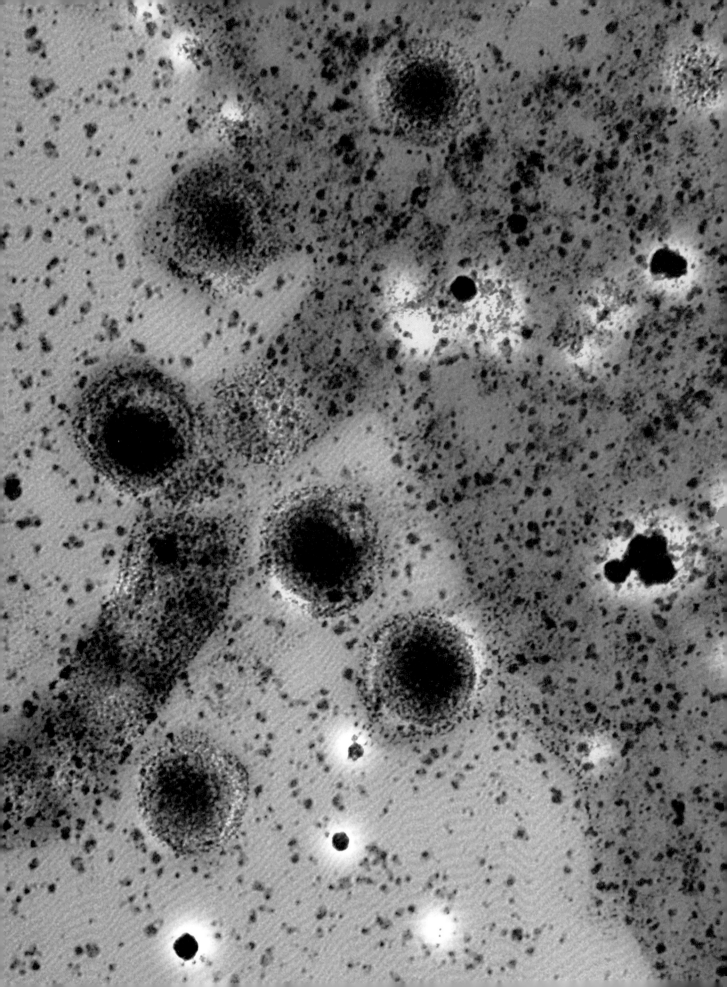

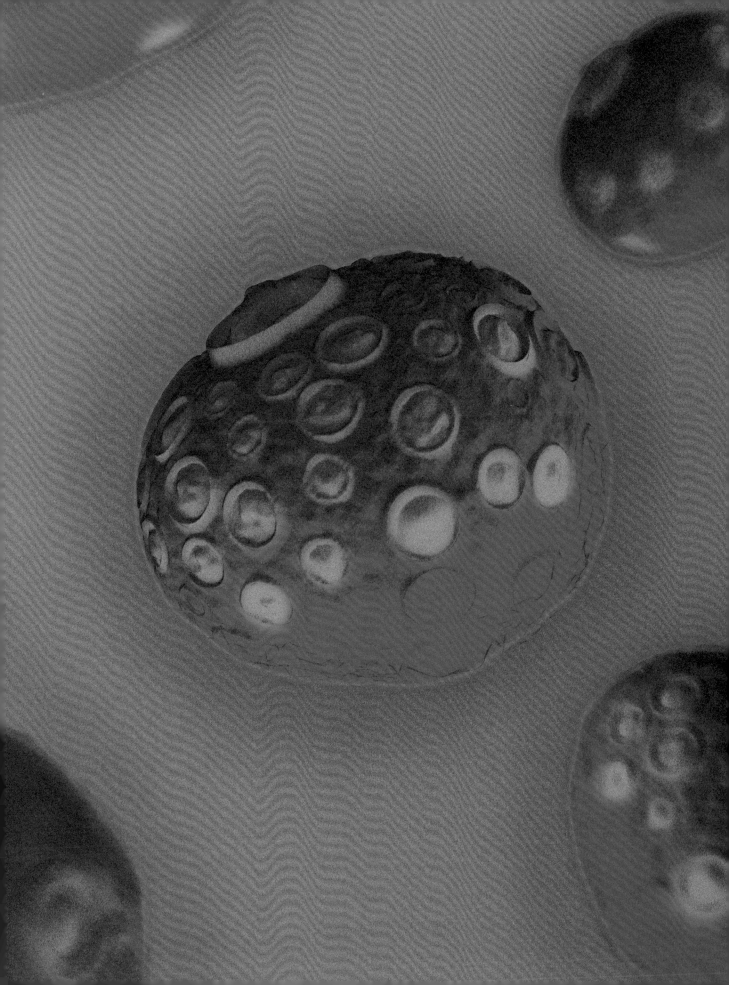

分组	I
目	未分类
科	正粘病毒科 Orthomyxoviridae
属	鲑传贫病毒属 Isavirus
基因组	线性、8 组分、总长约 13500 核苷酸的单链 RNA，编码 8 种蛋白质
地理分布	挪威、英国、美国，加拿大、智利，以及丹麦的法罗群岛（Faroe Islands）
宿主	大西洋鲑鱼、其他的大马哈鱼、其他海鱼
相关疾病	贫血病，一种红细胞疾病
传播	接触海水携带的分泌物
疫苗	灭活病毒以及基因工程改造的病毒

传染性鲑鱼贫血症病毒
Infectious salmon anemia virus
在不消除病毒的情况下控制疾病

鲑鱼养殖业的一种威胁

大西洋鲑鱼被大规模养殖，而传染性鲑鱼贫血症病毒是养殖业的主要威胁。哺乳动物的成熟红细胞不含有任何 DNA，一般不会被该病毒感染；但鱼类的红细胞仍保留有细胞核和 DNA，因此该病毒会感染鲑鱼的红细胞。有些被感染的鲑鱼不会出现任何症状，然后突然死亡，而其他鲑鱼的鳃会逐渐变白，并可能有在水面附近吞咽空气等症状。

太平洋鲑鱼可以通过实验感染病毒，但不会出现任何疾病；有些鳟鱼也可以无症状感染，这些鱼可能是传染性鲑鱼贫血症病毒的携带者。20 世纪 80 年代后期，在挪威的养殖鱼类中，该病首次出现，随后在 20 世纪 90 年代中期，病毒出现在大西洋沿岸的加拿大和美国的养殖鱼类中。20 世纪 90 年代后期，在苏格兰也发现了这种疾病，与此同时，在加拿大，该病爆发造成了数百万条鱼的死亡。在智利，2007 年至 2009 年病毒爆发，摧毁了鲑鱼养殖产业。在野生鱼类中的传染性鲑鱼贫血症病毒弱毒株，在养殖鱼类中发展成为强毒株。虽然病毒依然存在，但在苏格兰和法罗群岛，极其严格的控制措施已经成功消除了这种疾病。

A 横切面
1 血凝素
2 神经氨酸酶
3 脂膜
4 基质蛋白
5 被核蛋白所包裹的单链 RNA 基因组（8 节段）
6 多聚酶复合体

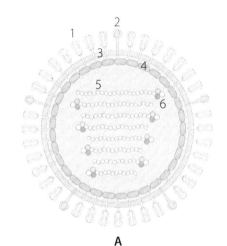

左图 根据 X- 射线衍射及电镜信息制作的**传染性鲑鱼贫血症病毒**模型为蓝色。

A

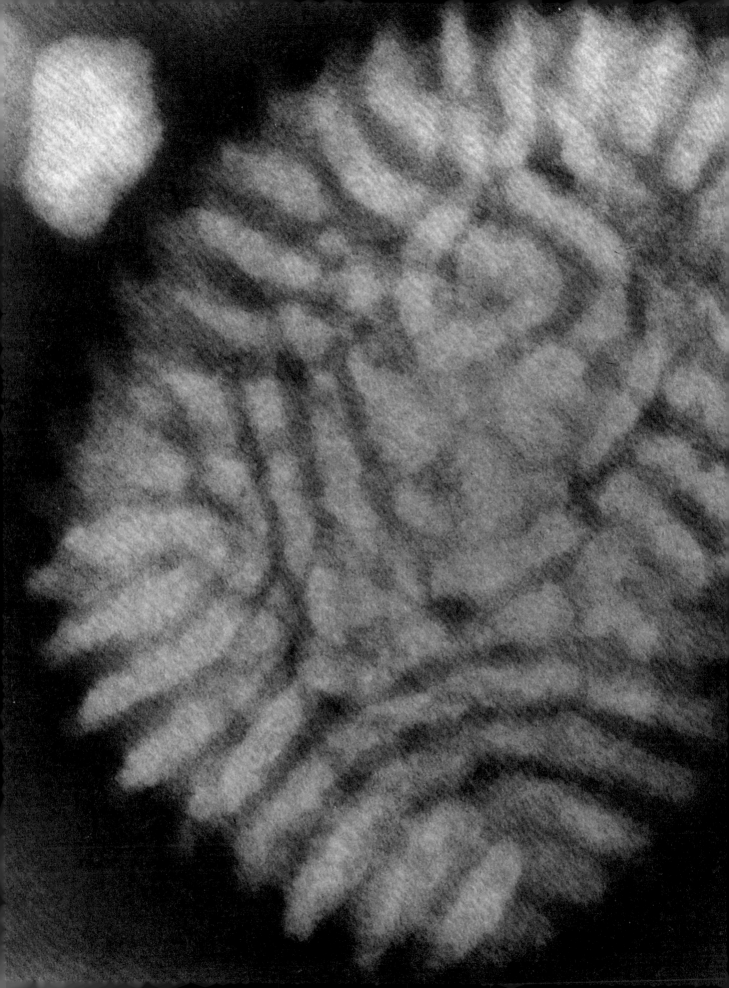

分组	I
目	未分类
科	痘病毒科 Poxviridae 脊索动物痘病毒亚科 Cordopoxvirinae
属	兔痘病毒属 Leporipoxvirus
基因组	线性、单组分、长约 160000 核苷酸的双链 DNA，编码约 158 种蛋白质
地理分布	中美洲、南美洲、北美洲、欧洲，以及澳大利亚
宿主	兔子
相关疾病	在家兔中造成兔黏液瘤病，在野兔中为温和型感染
传播	蚊子和跳蚤，在实验中可通过直接接触传播
疫苗	减毒疫苗、相近病毒制备的疫苗、基因工程病毒疫苗

黏液瘤病毒
Myxoma virus
澳大利亚野兔的生物防治尝试

新发病毒的经典案例

18世纪，英国移民将欧洲家兔带到澳大利亚，19世纪中期，为了打猎，他们又引进了24只野兔。在此后大约60年的时间里，这些兔子大量繁殖，并基本上覆盖了澳大利亚的大多数地区，有时人们用"灰色地毯"来形容密密麻麻的兔子群。截至1950年，澳大利亚的兔子繁殖到了几亿只。这些入侵的兔子摧毁了当地的天然栖息地和农作物，给澳大利亚带来了经济灾难。

黏液瘤病毒，最初从野兔传到了南美实验室的兔子（这些兔子最初来源于欧洲）身上，这些在野兔身上不会导致任何症状的病毒，在家兔身上通常可引发致死性疾病。1910年左右，有人首次提出将黏液瘤病毒引进澳大利亚，以控制入侵兔子，最初的几次尝试失败了，可能是因为缺少传播病毒的载体。但是，在20世纪50年代一个潮湿的夏天里释放的病毒，进入了蚊子体内，并最终导致了兔子的大量死亡，在有些地方，兔子的死亡率达到了99%。然而有些被毒性较弱的病毒株感染的兔子存活了下来，最终，自然选择筛选出了允许宿主存活的减毒株，以及耐受性更强的兔子。因此，虽然兔子的数量比引进病毒前降低了许多，但是此次生物防治实验不能算完全成功。从这个巨大的实验中，人们了解到许多关于病毒是如何演化并适应它们的宿主的知识。一般来讲，由于病毒的存活完全依靠其宿主，所以对病毒而言，使宿主产生严重疾病并不是一种优势，尤其当这种疾病阻碍了病毒传播时更是如此。

A 横切面
1 外部囊膜蛋白
2 外层脂膜
3 带有蛋白质的成熟病毒粒子囊膜
4 侧体
5 栅栏层
6 核衣壳
7 双链 DNA 基因组

左图 黏液瘤病毒的单个颗粒，在病毒颗粒上有不规则排列的管状结构。

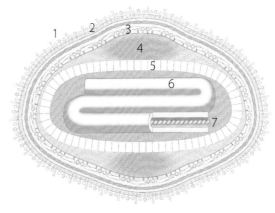

A

分组	II
目	未分类
科	圆环病毒科 Circoviridae
属	圆环病毒属 *Circovirus*
基因组	环状、单组分、长约 1770 核苷酸的单链 DNA，编码 3 种蛋白质
地理分布	全世界分布
宿主	家猪和野猪
相关疾病	猪圆环病毒相关疾病
传播	直接接触
疫苗	灭活疫苗、基因工程亚单位疫苗

猪圆环病毒
Porcine circovirus
已知最小的动物病毒

120

具有致病性的温和病毒

全世界的猪，都感染有这种极小且简单的猪圆环病毒。该病毒的第一个分离是对猪进行检测的时候在培养的细胞系中发现的。全世界的猪都携带有这种病毒，并且没有发现任何相关疾病。后来发现了该病毒的第 2 种类型，现称为猪圆环病毒 2 型，以区别于之前发现的病毒。猪圆环病毒 2 型确实会导致疾病，尤其在仔猪身上会导致其消瘦、呼吸困难以及腹泻。猪圆环病毒 2 型在世界多数养猪地区都有发现，并对养猪业造成了严重损失。由于多数感染猪圆环病毒的病猪一般同时也感染其他病毒，因此，目前尚不知该病毒是否能单独致病。

在轮状病毒疫苗中发现的病毒

2010 年，在两种常见防止儿童腹泻的轮状病毒疫苗中，发现存在猪圆环病毒污染。目前尚不清楚猪圆环病毒是如何混入轮状病毒疫苗的，但是，暂时没有发现圆环病毒与人类疾病的相关性，人类可能常常在吃猪肉时，暴露在这种病毒之下。

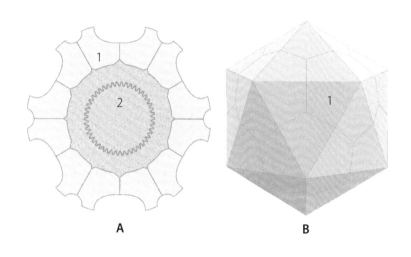

A 横切面
B 外观
1 衣壳蛋白
2 单链 DNA 基因组

右图 感染细胞的包涵体为蓝色，其中排列着大量的**猪圆环病毒**颗粒。

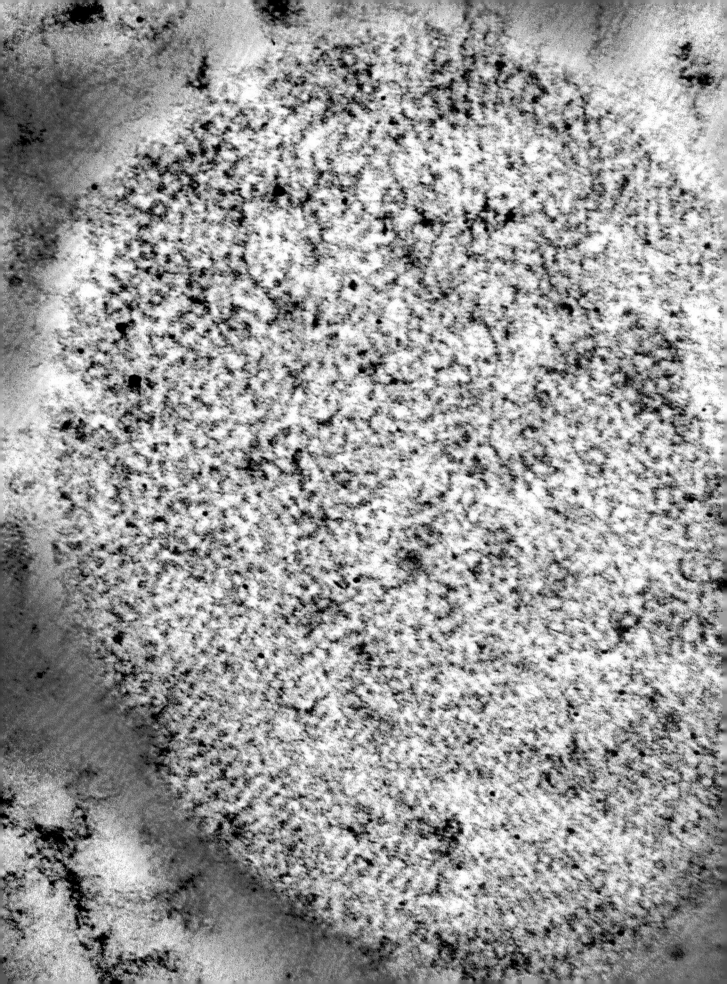

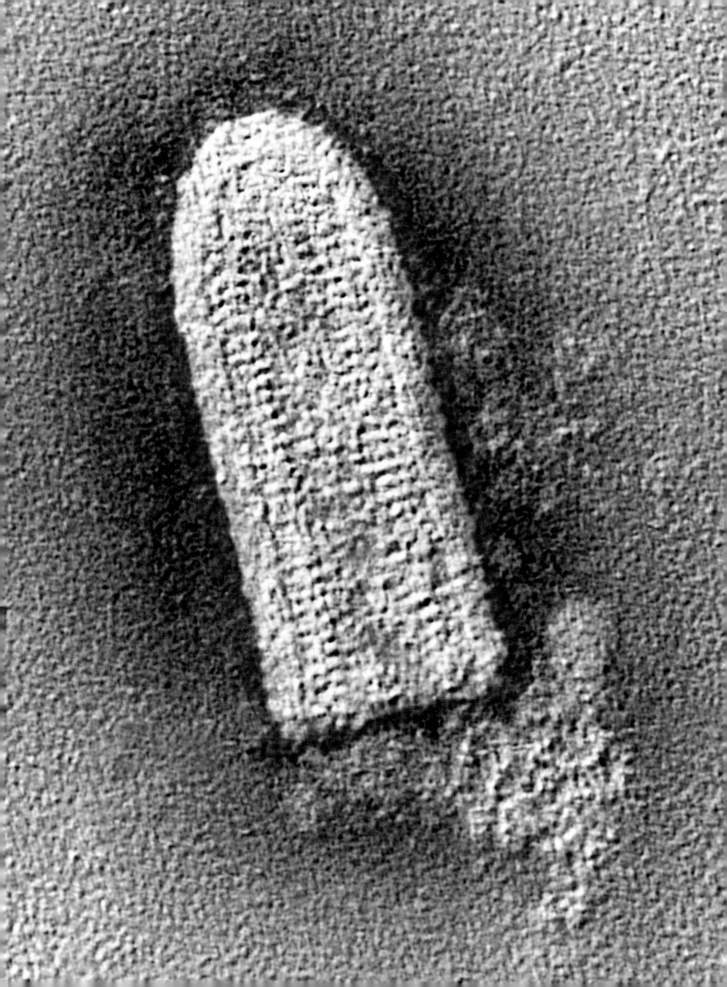

分组	V
目	单股负链 RNA 病毒目 Mononegavirales
科	弹状病毒科 Rabdoviridae
属	狂犬病毒属 *Lyssavirus*
基因组	线性、单组分、长约 12000 核苷酸的单链 RNA，编码 5 种蛋白质
地理分布	全世界分布
宿主	许多哺乳动物
相关疾病	狂犬病
传播	咬伤
疫苗	减毒疫苗、灭活疫苗

狂犬病毒
Rabies virus
有时感染人类的可怕动物疾病

无法治愈，但即使暴露在病毒之下，仍能通过疫苗有效防御

　　狂犬病毒感染一般会造成致死性的可怕疾病。由于患者具有明显的害怕水的症状，所以该病曾被称作恐水症（hydrophobia）。在各种野生动物中都可能发现狂犬病毒，它们是家畜感染狂犬病的病源。狂犬病毒在不同地区的主要野生动物宿主有所不同，可能是浣熊、臭鼬、狐狸、豺狼或猫鼬，蝙蝠也是众所周知的狂犬病毒携带者。在欧洲、美洲，以及澳大利亚，由于家养动物普遍接种疫苗，狂犬病毒在人类中极为罕见。但在非洲和亚洲的农村地区，人类感染较为常见。多数感染源来自不为宠物接种狂犬病毒疫苗地区的患病狗。在美洲，偶尔发生的狂犬病毒感染人的状况，一般是因为蝙蝠，这可能是由于蝙蝠叮咬不引人注意导致的。

　　该病毒会导致多数被感染的宿主出现攻击性行为，病毒在宿主的唾液腺中含量很高，通过咬伤，病毒会被传给新的宿主。暴露于狂犬病毒之下，病毒感染发生的速度很慢，因此，暴露后立马注射疫苗，可以有效预防狂犬病，特别当暴露范围有限时。在疫苗接种的同时，一般也会同时注射抗病毒的中和血清。在暴露后使用的狂犬疫苗，全世界每年大约有 150 万支，据世界卫生组织估算，这些疫苗使成百上千人预防了狂犬病。

A 横切面
1 糖蛋白
2 脂膜
3 基质蛋白
4 核糖核衣壳（衣壳蛋白所包裹
　的单链 RNA 基因组）
5 多聚酶
6 磷蛋白

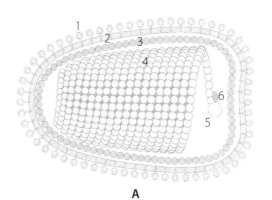

左图 呈子弹状的**狂犬病毒**颗粒，囊膜为红色，病毒的内部结构为黄色。

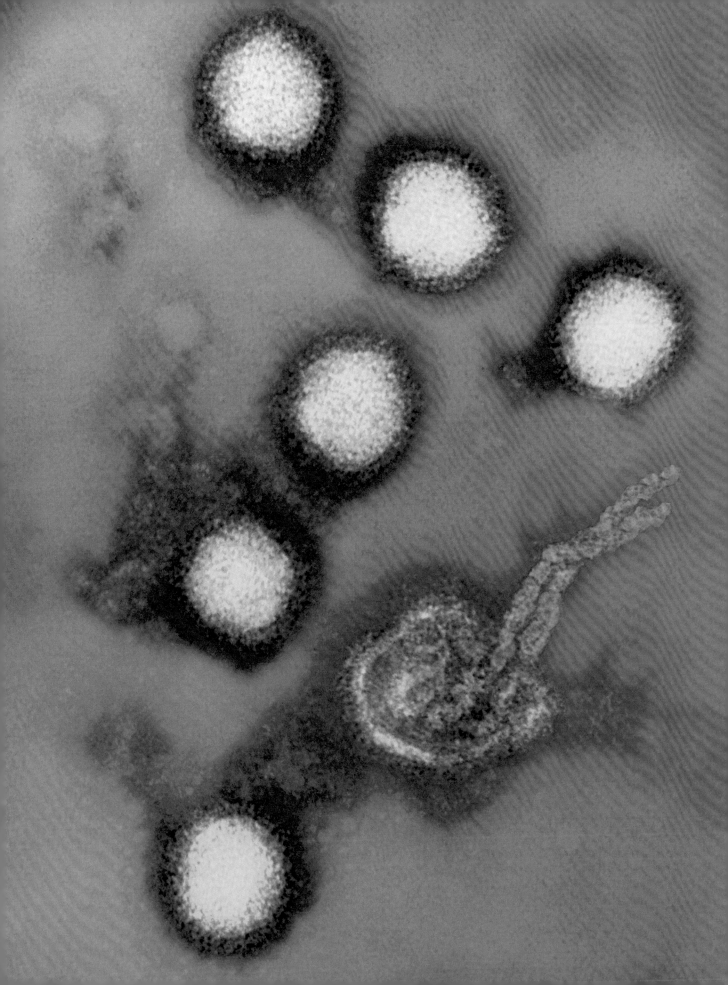

分组	V
目	未分类
科	布尼亚病毒科 Bunyaviridae
属	白蛉病毒属 *Phlebovirus*
基因组	环状、三节段、总长约 11500 核苷酸的单链 RNA，编码 6 种蛋白质
地理分布	非洲大陆和马达加斯加、中东
宿主	牲畜及野生反刍动物
相关疾病	裂谷热
传播	蚊子，直接接触
疫苗	热灭活疫苗、减毒疫苗（仅用于牲畜，无人用疫苗）

裂谷热病毒
Rift valley fever virus
偶尔会传染给人类的牲畜疾病

一种非洲牲畜的毁灭性疾病

裂谷热病毒在非洲引起了无数起牲畜疾病的爆发，并造成了严重的经济损失。疫情爆发通常与反常大雨有关，因为大雨会导致携带病毒的蚊子滋生，进而传播病毒。最大的爆发出现在20世纪50年代初期的肯尼亚，大约导致了10万只绵羊的死亡。目前尚不清楚在爆发间歇期裂谷热病毒储存在何处，但它可以在蚊子中垂直传播（从母蚊子传到后代），它也可能储存于野生反刍动物身上。该病毒感染早期通常没有非常特异性的症状，所以经常会误诊。这种病毒对羔羊和犊牛往往是致命的，并且可能导致成年动物流产。虽然疫苗有效，但不能使用在怀孕动物身上。

裂谷热也可以发生在人身上，病毒一般是从感染的牲畜，通过蚊子传给人，或人通过屠宰染病牲畜获得。一般来说，人类感染裂谷热的症状比较轻微，包括发烧、虚弱和可迅速缓解的背部疼痛，但是，也可能发展为更严重的形式，包括眼病、脑炎、出血热和死亡。尽管裂谷热感染人类的案例并不常见，但在20世纪70年代，埃及的一次严重疫情爆发，导致了约600人死亡。该病在牲畜和人类中的爆发，往往与降雨导致的蚊子种群增加有关。

A 横切面
1 糖蛋白 Gn 和 Gc
2 脂膜
被核蛋白所包裹的单链 RNA 基因组
3 基因组 S 片段
4 基因组 M 片段
5 基因组 L 片段
6 多聚酶

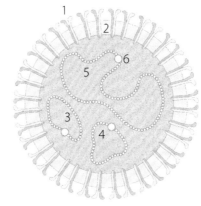

左图 裂谷热病毒颗粒为绿色。有一个病毒颗粒打开了，其基因组从颗粒中溢出来，看上去呈长链状。

A

分组	IV
目	单股负链 RNA 病毒目 Mononegavirales
科	副粘病毒科 Paramyxoviridae
属	麻疹病毒属 Morbilivirus
基因组	线性、单组分、长约 16000 核苷酸的单链 RNA，编码 8 种蛋白质
地理分布	以前主要存在于非洲、亚洲和欧洲，现在已根除
宿主	偶蹄类动物，特别是牛
相关疾病	牛瘟
传播	直接接触、污染的水
疫苗	减毒疫苗

牛瘟病毒
Rinderpest virus
第一种被根除的动物病毒

最严重的牛病，于 2011 年被根除

牛的瘟疫，据记载已有数百年的历史，估计其主要病原为牛瘟病毒。牛瘟病毒（德语的"牛瘟疫"），普遍被认为发源于亚洲，随后通过牛群的迁徙进入非洲和欧洲。18 世纪和 19 世纪，在欧洲爆发了多起牛瘟疫情，19 世纪后期，在非洲爆发了大规模牛瘟，据估计杀死了非洲南部 80%～90% 的牛。牛瘟免疫接种实验始于 18 世纪，并在此后断断续续地进行。1762 年，为了传授如何控制牛瘟，法国成立了世界上第一家兽医学校。1918 年，防治该病的早期疫苗诞生了，其采用了感染动物的失活组织。20 世纪初，牛瘟愈演愈烈，并引发了世界动物卫生组织的成立。一般都会通过杀死大量的动物来控制疫情，直到 1957 年开发出了可靠的疫苗，才使真正控制牛瘟成为可能。然而，直到 20 世纪 90 年代中期，世界根除牛瘟计划才启动。该行动无疑十分成功：牛瘟最后一次出现于 2001 年，2011 年牛瘟病毒被宣布为第二种被根除的病毒（第一种是导致天花的天花病毒）。

牛瘟病毒与感染人类的麻疹病毒非常相似，并被认为是麻疹病毒的祖先。牛瘟病毒的根除给通过接种疫苗消灭麻疹病毒带来希望。

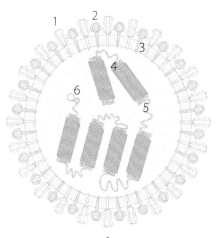

A 横切面
1 血凝素
2 融合蛋白
3 脂膜
4 基质蛋白
5 核蛋白，包裹着单链 RNA 基因组
6 多聚酶

右图 被**牛瘟病毒**感染的细胞。可以看到病毒成分在组装过程中的不同阶段，最典型的是，长的核衣壳结构最终被含有病毒蛋白的宿主膜所包裹。

A

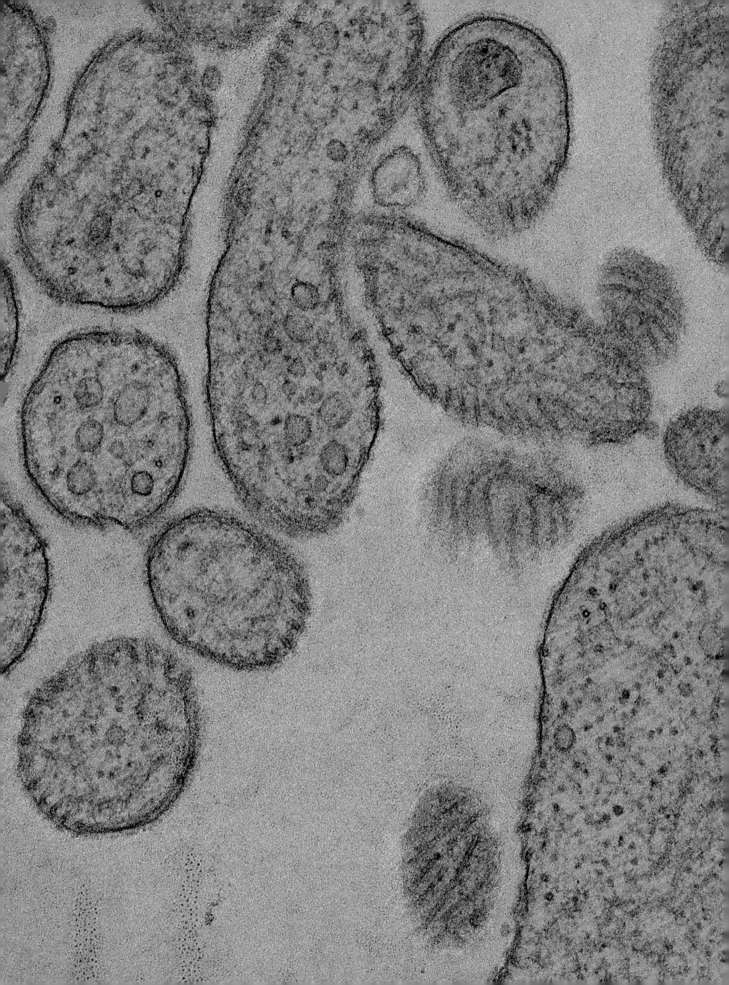

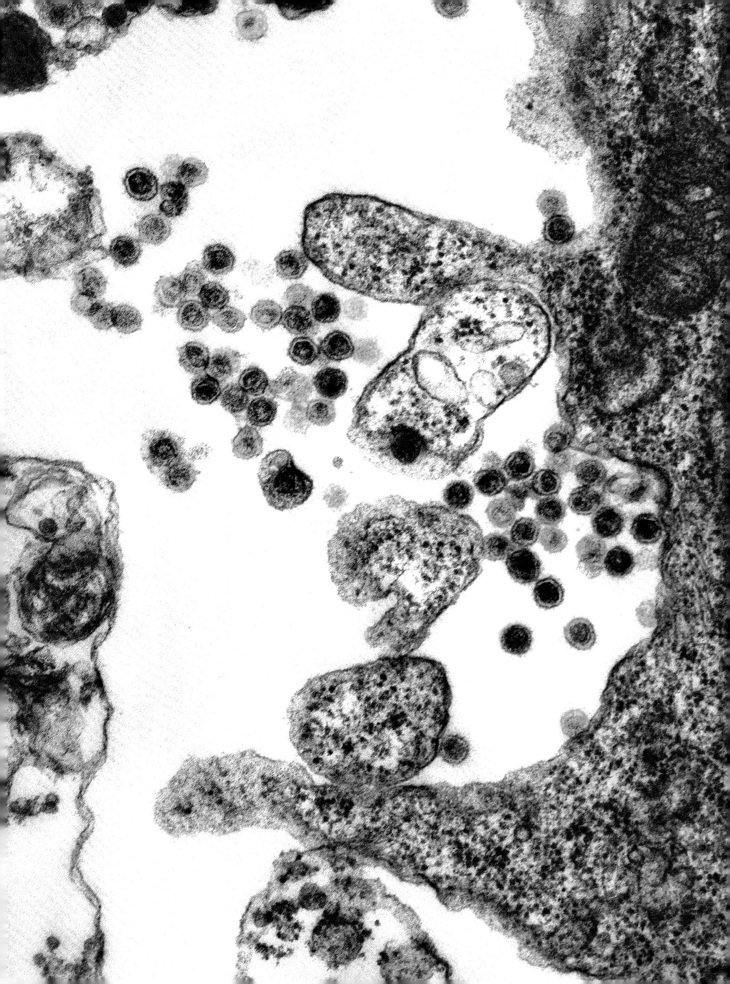

分组	VI
目	未分类
科	逆转录病毒科 Retroviridae，正逆转录病毒亚科 Orthoretrovirinae
属	α 反转录病毒属 *Alpharetrovirus*
基因组	线性、单组分、长约 10000 核苷酸的单链 RNA，通过一条多聚蛋白编码 10 种蛋白质
地理分布	全世界分布
宿主	鸡
相关疾病	肉瘤，一种结缔组织肿瘤
传播	垂直传播（从亲本到子代），接触病禽的粪便
疫苗	实验阶段疫苗

劳氏肉瘤病毒
Rous sarcoma virus
首个被发现的致癌病毒

带来三个诺贝尔奖的病毒

当佩顿·劳斯发现一种可以在鸡体内传播癌症的病毒时，科学界并没有接受这个想法，癌症当时被视为没有传染性的疾病。此后，劳斯继续尝试分离该病毒，并研究它的致癌能力。该研究的重要性，直到很晚才得到科学界的认可。1966 年，劳斯凭借自己 55 年前的发现获得了诺贝尔奖。1970 年，霍华德·特明和大卫·巴尔的摩同时发现了劳氏肉瘤病毒用于基因组复制的酶——逆转录酶——一种可以通过 RNA 逆转录出 DNA 的酶。这完全推翻了当时认为 DNA 只能转录为 RNA，并且转录是一个无法逆转过程的中心法则。特明和巴尔的摩凭借这一发现分享了 1975 年的诺贝尔奖。劳氏肉瘤病毒携带一个来自鸡宿主的基因，该基因使病毒具有致癌能力。这种潜在的致癌基因，被称为原癌基因，存在于包括人类在内的所有高等生物体内。1989 年，哈罗德·瓦穆斯（Harold Varmus）和迈克尔·毕肖普（Michael Bishop）因发现了原癌基因，获得了第三个与劳氏肉瘤病毒有关的诺贝尔奖。

鸡经常被劳氏肉瘤病毒或相关病毒所感染，这些病毒大多数时候不会使鸡患病，但它们可以引发肿瘤。肿瘤在患病母鸡生下来的蛋孵出的患病仔鸡中更为常见，但这些病毒不会传染给人类。正常细胞的癌变可以通过多种途径发生，病毒只是其中一个途径，但在所有途径中，病毒致癌是罕见的。

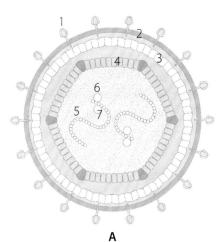

A 横切面
1 囊膜糖蛋白
2 脂膜
3 基质蛋白
4 外壳蛋白
5 单链 RNA 基因组（2 个）
6 整合酶
7 逆转录酶

左图 劳氏肉瘤病毒颗粒为绿色，正在从被感染的鸡成纤维细胞中释放出来。

A

分组	I
目	未分类
科	多瘤病毒科 Polyomaviridae
属	多瘤病毒属 *Polyomavirus*
基因组	环状、单组分、长约 5000 核苷酸的双链 DNA，编码 7 种蛋白质
地理分布	全世界分布
宿主	灵长类
相关疾病	肿瘤
传播	未知，也许接触
疫苗	无

猴病毒 40
Simian virus 40
一种在细胞培养过程中发现的猴病毒

130

在许多脊髓灰质炎病毒疫苗中的病毒

猴病毒 40，是一种在特定条件下能引发肿瘤的小 DNA 病毒。病毒在宿主体内通常处于休眠状态，只有当宿主的免疫系统由于某些原因被抑制时，才会变得活跃。1960 年，该病毒在部分批次的脊髓灰质炎减毒活疫苗（Live attenuated vaccine for polio）中被发现。减毒活疫苗是通过培养猴细胞制备的，后来发现，在缺少辅助病毒的猴细胞中，脊髓灰质炎病毒无法复制。在 1961 年之前接种索尔克脊髓灰质炎疫苗（Salk vaccine for polio）的大多数人，可能同时也接种了猴病毒 40，此外，萨宾疫苗（Sabin vaccine）也可能被该病毒所污染。现在，猴病毒 40 经常在人类中被发现，虽然其看似是潜伏着的，但是，有人认为它可能与某些人类的癌症肿瘤有关联。

在 20 世纪五六十年代，细胞培养用于实验研究的方法逐渐成熟。由于猴细胞与人细胞相似，所以，当时流行用猴细胞建立细胞系。在建立猴细胞系的过程中，经常会发现处于潜伏状态的新病毒，这些病毒按照被发现的时间依次编号。这个过程总共发现了大约 80 种猴病毒，但只有少数几种猴病毒被深入研究，其中关于猴病毒 40 的研究最为深入。这可能是因为这种病毒注射到仓鼠体内会导致肿瘤，而其他的多数猴病毒并不产生可见的病理变化。这同时也说明了病毒学研究中的偏见：对致病性病毒研究得较多，而忽略了对可能作为自然界中最常见的病毒种类——非致病性病毒的研究。猴病毒 40 是研究分子生物学基本原理的重要工具，以它为研究体系，揭示了哺乳动物细胞中许多基因的功能。

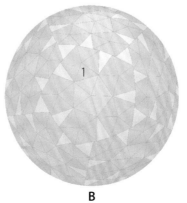

A 横切面
B 外观
1 外壳蛋白 VP1
2 外壳蛋白 VP2
3 外壳蛋白 VP3
4 宿主组蛋白
5 双链基因组 DNA

右图 猴病毒 40 的颗粒为洋红色，可以看到外部结构的许多细节。

A   B

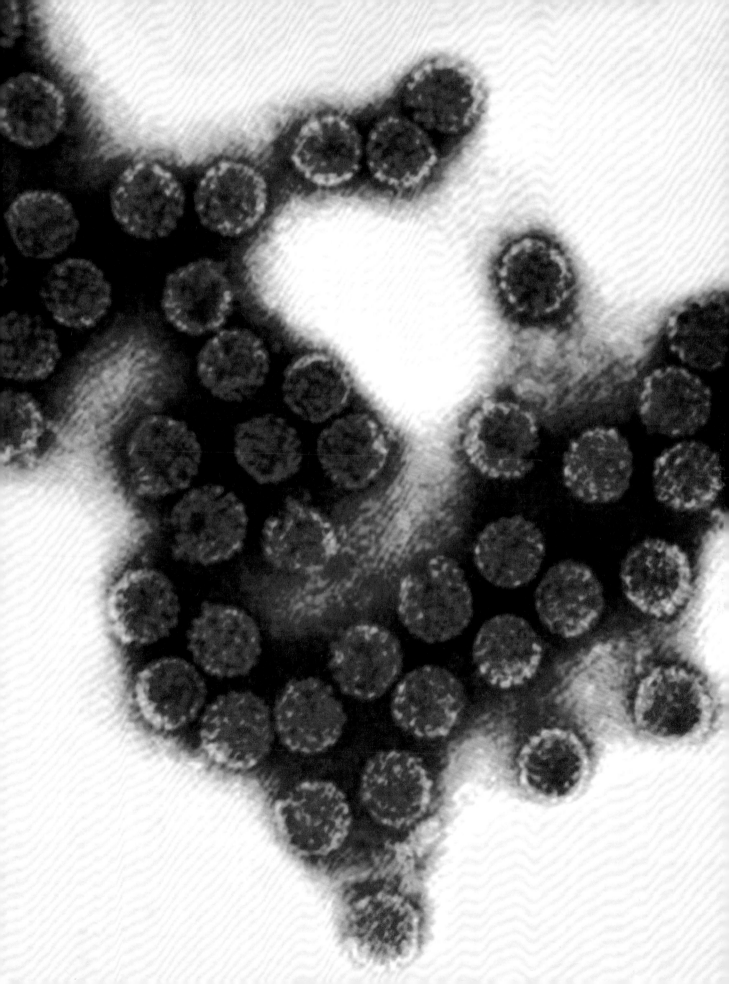

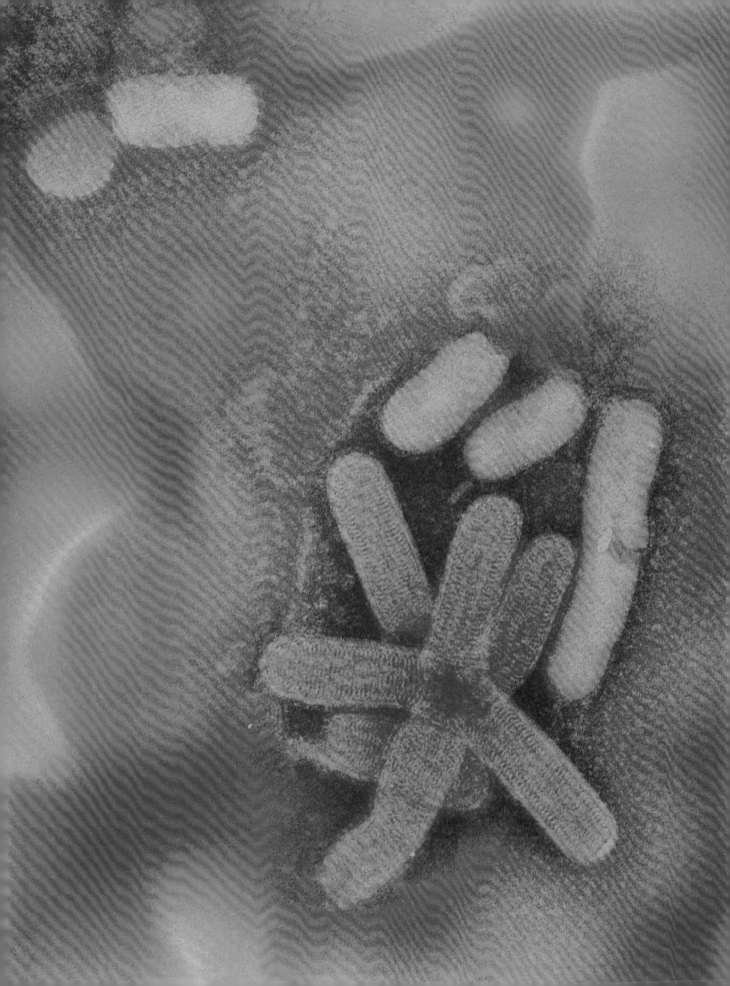

分组	V
目	单股负链 RNA 病毒目 Mononegavirale
科	弹状病毒科 Rhabdoviridae
属	粒外弹状病毒属 *Novirhabdovirus*
基因组	线性、单组分、长约 11000 核苷酸的单链 RNA，编码 6 种蛋白质
地理分布	北半球水域
宿主	多种鱼类，包括鲑鱼、鲱鱼、比目鱼等
相关疾病	出血性败血症
传播	水传、卵传，污染的鱼钩、鱼饲料传播
疫苗	研制中

病毒性出血性败血症病毒
Viral hemorrhagic septicemia virus
新发的鱼类致命疾病

133

一种始于养殖鱼类，但在越来越多的鱼类种群中发现的病毒

20 世纪 50 年代，传染性造血系统坏死症被首次报道，这是一种严重的鱼类病毒病，对欧洲的养殖鳟鱼造成了极大影响。随后，在洄游到繁殖水域的太平洋鲑鱼体内发现了这种病毒，但是并没有引发任何疾病。对野生鱼类的调查显示，该病毒广泛存在于海洋鱼类中，通常并不致病。但在过去的几十年中，在斯堪的纳维亚半岛、不列颠群岛、韩国和日本，以及美国五大湖地区的北半球养殖鱼类中，出现了该病毒的许多致病株。患病的鱼会变得昏昏欲睡毫无生气，但也可能出现间歇性的狂躁症状。患病鱼眼睛突出，腹部肿胀。野生鱼类自然感染的外溢，很可能导致了病毒的蔓延，以至于病毒不断地在新的地区被发现。一些人类活动，包括人为地移动患病鱼，以及给养殖鱼类喂食生鱼，都可能会加速疾病的传播。

由于该病爆发的严重性，渔场采取了非常严格的卫生措施，避免病毒在天然鱼类种群中传播，这些预防措施包括：使用干净的鱼饵，彻底清洗在不同淡水湖上使用的船只和捕捞设备。

A 横切面
1 糖蛋白
2 脂膜
3 基质蛋白
4 核糖核衣壳（核蛋白包裹的单链 RNA 基因组）
5 多聚酶
6 磷蛋白

左图 病毒性出血性败血症病毒颗粒为粉色。这些病毒具有弹状病毒科病毒典型的弹状结构，其结构细节清晰可见。

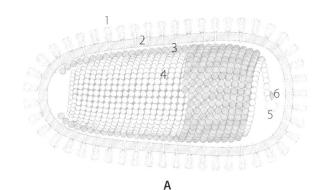

A

分组	VI
目	未分类
科	逆转录病毒科 Retroviridae，正逆转录病毒亚科 Orthoretrovirinae
属	γ 逆转录病毒属 *Gammaretrovirus*
基因组	线性、单组分、长约 8400 核苷酸的单链 RNA，编码 3 种蛋白质
地理分布	全世界分布
宿主	家猫及野猫
相关疾病	贫血、白血病、免疫抑制
传播	口腔或鼻腔接触唾液或尿液，垂直传播（从亲本到子代）
疫苗	灭活疫苗或基因工程疫苗

猫白血病病毒
Feline leukemia virus
导致猫罹患血癌的病毒

134

一种致病差异很大、有时甚至不引发症状的病毒

猫白血病病毒感染的症状极其多变：初始感染后，有些猫可能完全没有症状，但它们作为病毒携带者，会将病毒传播给其他的猫。有很多猫被感染后，一开始的症状是嗜睡和轻微发热，如果这时没有刺激起其自身充分的免疫反应，就会发展成致命的病症。作为一个逆转录病毒（与普通细胞基因将 DNA 转录为 RNA 不同，逆转录病毒将自己的 RNA 基因组逆转录为 DNA），猫白血病病毒将自己整合到宿主细胞的基因组中进行复制。如果病毒整合在某些特定的基因附近，那就可能会导致猫白血病。有时病毒会从宿主处获得癌基因，从而使病毒变成能在其他细胞中致癌的新病毒亚型，其中一种罕见的病毒亚型能引发致死性贫血症。

通过血液检测，可以知道猫白血病病毒的感染率，该病毒在欧洲和北美的患病率约为 3%～4%，但在泰国则高达 25%。在某些地区，可以通过疫苗接种控制病毒的感染。建议在给猫注射疫苗前进行病毒检验，这对于新来的猫或者在户外活动过的猫尤为重要。之前注射的疫苗不会影响实际病毒感染的检测结果。

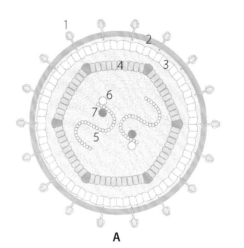

A 横切面
1 囊膜糖蛋白
2 脂膜
3 基质蛋白
4 外壳蛋白
5 单链 RNA 基因组（2 个）
6 整合酶
7 逆转录酶

A

分组	I
目	疱疹病毒目 Herpesvirales
科	疱疹病毒科 Hepesviridae，γ 疱疹病毒亚科 Gammaherpesvirinae
属	猴疱疹病毒属 *Rhadinovirus*
基因组	线性、单组分、长约 118000 核苷酸的双链 DNA，编码大约 80 种蛋白质
地理分布	从东欧分离，在世界各地的啮齿类动物中都有发现
宿主	小鼠、田鼠，及其他类型的鼠科啮齿动物
相关疾病	淋巴瘤
传播	不清楚，可能通过鼻腔分泌物、性交或哺乳传播
疫苗	无

小鼠疱疹病毒 68
Mouse herpesvirus 68
人类疱疹病毒感染的研究模型

既可能是致病的，也可能是共生的长期感染

疱疹病毒在哺乳动物体内十分常见，并且多数会建立起潜伏的长期感染。γ 疱疹病毒科中有些病毒是人类的病原体，其中最有名的如爱泼斯坦 – 巴尔病毒，它会导致传染性单核细胞增多症，而且可能与淋巴瘤相关；还有在艾滋病相关癌症中发现的卡波西肉瘤相关疱疹病毒。由于小鼠疱疹病毒 68 与这些人类病原体紧密相关，所以被用作人类疱疹病毒感染的研究模型。虽然该病毒是从田鼠体内分离出来的，但它可以很轻易地感染实验室小鼠。尽管该病毒在小鼠体内可以引起疾病，但感染通常没有症状，而且有时与宿主是互利共生关系。被该病毒感染的小鼠，会对细菌病原体产生抗性，比如说人类常见的食物源病菌 —— 李斯特菌 *Listeria*，以及导致黑死病的鼠疫杆菌 *Yersinia pestis*。小鼠疱疹病毒 68 能够激活重要的免疫细胞 —— 自然杀伤细胞（NK 细胞），该细胞不仅可以杀死癌症细胞，还可以击退病原体。病毒也可能有益，小鼠疱疹病毒 68 即是重要一例，虽然目前尚不知道人类疱疹病毒是否具有同样的效果，但这很有可能。

A 横切面
B 显示衣壳外观的切面
1 囊膜蛋白
2 脂膜
3 外层间质
4 内层间质
5 衣壳三角剖分面
6 主要的衣壳蛋白
7 双链基因组 DNA
8 顶点

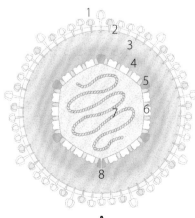

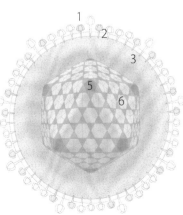

A

B

植物病毒

概　述

　　植物与动物宿主在许多方面都不同，这使得植物病毒很独特。动物细胞有细胞膜，植物细胞除了细胞膜外，还有细胞壁。许多动物病毒利用细胞膜来包裹它们的病毒粒子，这会方便它们侵入宿主细胞。植物病毒很少有细胞膜，即使少数病毒有囊膜，它们可能也只是能在植物中复制的昆虫病毒。植物病毒面临另一种挑战，即如何穿透细胞壁。它们需要在最初入侵时，以及在植物体内移动时穿透细胞壁。在入侵时，它们经常利用在植物上取食的昆虫，有时也利用其他生物，例如食草动物、在植物根部定植的线虫，甚至真菌。这些生物都可以作为病毒在植物间传播的媒介，因为植物除了种子外，自身是无法移动的。此外，对植物的修剪、机械除草等物理操作也可能造成植物病毒的传播。

　　如果媒介解决了入侵的问题，那么病毒又是如何在植物体内传播的呢？许多植物病毒都编码一种蛋白质，名为运动蛋白。这种蛋白能使连接植物细胞的小孔孔径变大，从而让病毒得以通过。有些病毒以完整的病毒粒子穿过孔径，而有些病毒则以裸露的基因组通过。植物自身也编码一些蛋白质帮助物质在细胞间移动，因此病毒的运动蛋白可能是从植物中获取的。但一般来讲，病毒与植物中的基因交换多是病毒将基因传给植物宿主。

　　有一大类植物病毒不在植物细胞间移动，它们仅在细胞分裂时进行传播。这些病毒被称为持续性感染病毒，因为它们会通过植物种子的传播在植物中持续感染很多代。对这类病毒的研究相对较少，因为它们一般不引起任何病症，但它们在植物中普遍存在，与感染真菌的病毒有相似之处。我们会介绍两种这类病毒，水稻内源 RNA 病毒（Oryza sativa endornavirus）和白三叶草隐潜病毒（White clover cryptic virus）。

　　植物病毒的另外一个在动物病毒中从未见过的特征，是其基因组的包装方式。许多有分段基因组的植物病毒，将其基因组的每个片段分别包装在病毒颗粒中，这就意味着，它们可以利用简单的颗粒，包装更加复杂的基因组，不过也意味着当它们感染时，需要把所有的基因组组分，同时运到宿主中的同一位置。

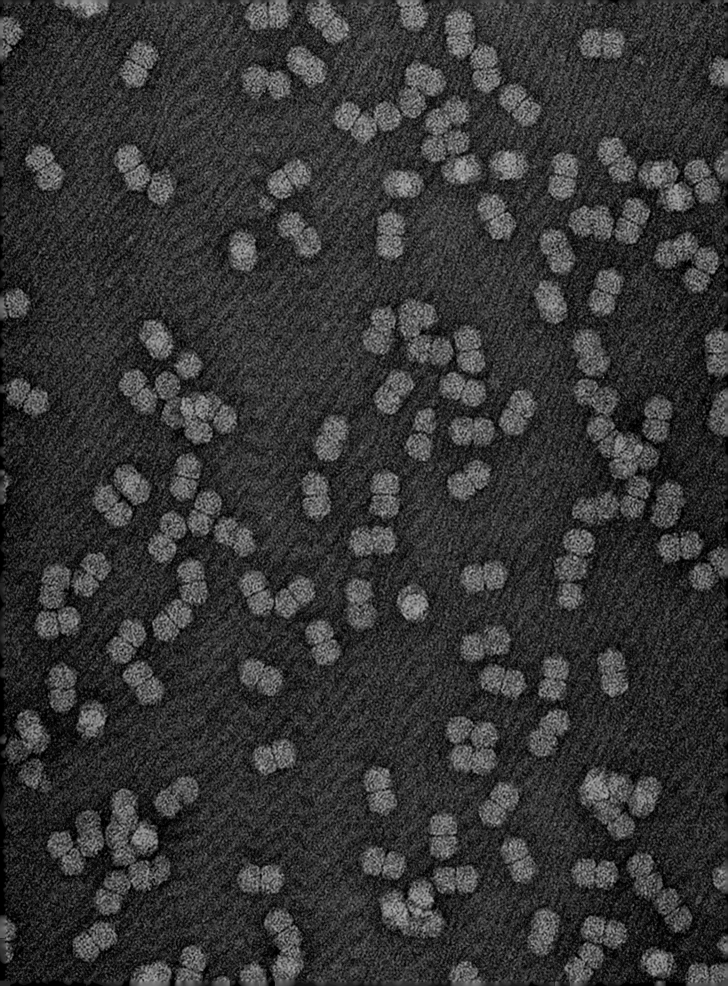

分组	II
目	未分类
科	双生病毒科 Geminiviridae
属	菜豆金色花叶病毒属 Begomovirus
基因组	环状、双组分、长约 5200 核苷酸的单链 DNA，编码 8 种蛋白质
地理分布	撒哈拉以南非洲
宿主	木薯
相关疾病	木薯花叶病毒
传播	白粉虱

非洲木薯花叶病毒
African cassava mosaic virus
非洲的一种主要粮食正遭毁灭

非洲引进了一种新的粮食作物，同时也引发了一种新发病毒病

　　木薯原产于南美，16 世纪被葡萄牙人引入非洲。一开始只有零星种植，直到 20 世纪初，被作为大宗粮食作物强力推广。20 世纪 20 年代，一种严重的木薯花叶病开始在非洲中部大量出现，并在 20 世纪二三十年代呈流行性爆发。20 世纪 30 年代，已经证实该病由病毒引起，且经白粉虱传播。刚开始，抗性品种的选育是成功的，但后来病毒又占了上风，并且一直在非洲中部流行。利用分子生物学手段对病毒进行鉴定发现，非洲木薯花叶病毒，只是引起木薯花叶病的一系列相关病毒中的一种。此病毒为双生病毒科，该科病毒的病毒颗粒均为两个"孪生"的二十面体，因此而得名。控制非洲木薯花叶病毒，面临多重挑战：首先，白粉虱的数量繁多，而且随着病毒的流行，其数量还在上升；其次，当两种不同的病毒感染同一宿主时，会产生混合有两种病毒基因的新病毒，人们研究病毒的基因组时发现，很多病毒是通过两种不同的病毒重组后产生的，这种新病毒可能比原来病毒的毒力更强，而且有时会逃逸宿主的抗性；最后，挑战源自一个名为卫星 DNA 的新的小 DNA 分子，作为这种病毒的寄生物，这种卫星 DNA，可以增加亲本病毒的复制率，而且在相关的病毒中，可以引发植物基因的表达，而这类植物基因能增加媒介昆虫的繁殖。现在国际上正集中力量对付非洲木薯花叶病，因为这种病害对非洲最重要的粮食作物之一产生了严重影响。

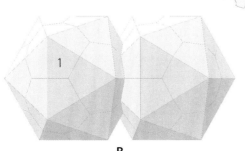

左图 纯化的**非洲木薯花叶病毒**的病毒粒子为蓝色，两个二十面体的病毒颗粒连在一起，形成"孪生"结构。

A 横切面
B 外观
1 外壳蛋白
2 单链 DNA 基因组片段 A
3 单链 DNA 基因组片段 B

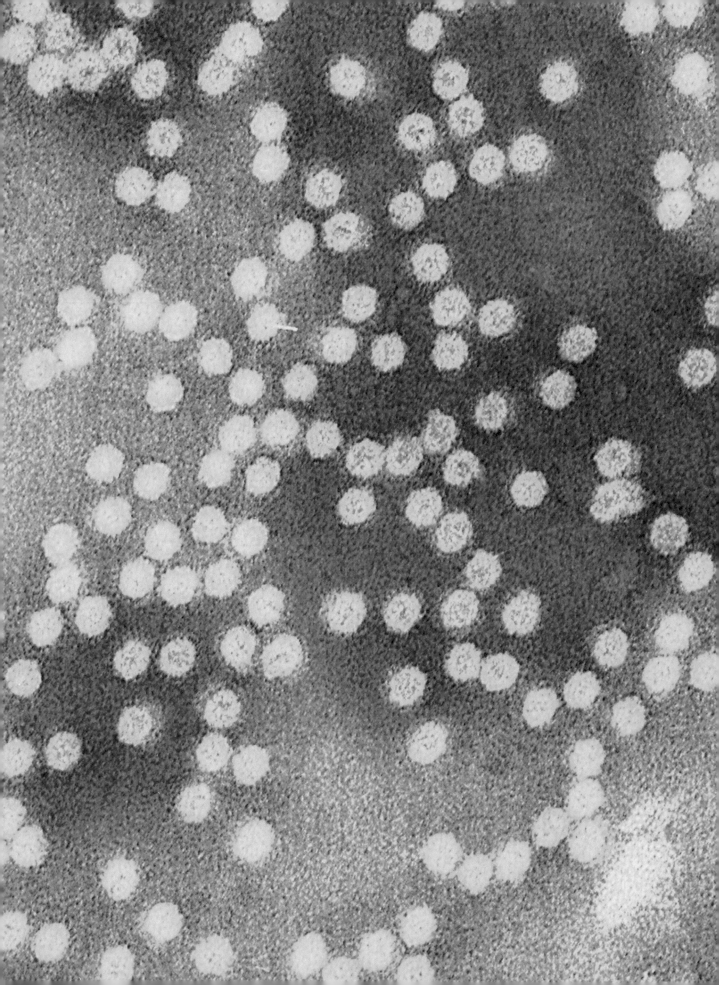

分组	II
目	未分类
科	矮缩病毒科 Nanoviridae
属	香蕉束顶病毒属 *Babuvirus*
基因组	六组分、环状、总长约 7000 核苷酸的单链 DNA，编码至少 6 种蛋白质
地理分布	亚洲和非洲，澳大利亚，美国夏威夷地区
宿主	香蕉、芭蕉
相关疾病	束顶病
传播	香蕉蚜虫

香蕉束顶病毒
Banana bunchy top virus
一种对全世界香蕉造成威胁的病毒

从斐济到全世界

香蕉束顶病，是对香蕉和芭蕉最严重的病害，它的危害覆盖了几乎全世界的香蕉种植地。这种病害，最早于 1889 年在斐济（Fiji）被报道，但当时并不知道是由病毒所引起的。直到 1940 年，该病害的病毒性被报道；而真正的致病病毒，到 1990 年才被确认。该病毒在感染地区由蚜虫传播，也随被感染植物的移动传播。对于香蕉这种通过母本的吸芽而不是种子进行繁殖的植物而言，清除病毒是比较困难的。该病被传播到世界各地，但美洲中部和南部不存在该病毒的媒介——香蕉蚜虫，这也是为什么这些地方至今还没有发现该病。

这种奇特的病毒有一些独特的地方：它的一生都是在植物的韧皮部度过。韧皮部是植物体内将光合作用合成的糖及其他有机物输送到植物全身的运输管。也就是说，病毒要被传播，蚜虫就必须探入韧皮部吸食，而只有当蚜虫在植物上长时间进食时，这种情况才会发生。存在于植物叶子细胞中的病毒，则可以被蚜虫的短期吸食所获取和传播。这种病毒的每个基因组片段，都被单独包裹在衣壳中，这样一来，病毒可能只需要一个简单的衣壳蛋白来包装，但是要感染一株新的植物，得运输至少 6 种不同的病毒颗粒到植物中，而对于这个机制，目前还不是很清楚。

A 横切面
B 外观
1 外壳蛋白
2 单链 DNA 基因组，6 个片段被
  分别包装在病毒颗粒中

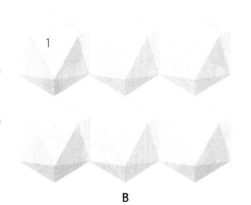

左图 香蕉束顶病毒为绿色，一个完整的病毒会有 6 种不同的病毒颗粒，在电镜下看起来都一样。

A

B

分组	IV
目	未分类
科	黄症病毒科 Luteoviridae
属	黄症病毒属 *Luteovirus*
基因组	线性、单组分、总长约 6000 核苷酸的单链 RNA，编码 6 种蛋白质
地理分布	全世界分布
宿主	大麦、燕麦、小麦、玉米、水稻，以及许多栽培植物和野草
相关疾病	谷物叶片黄化、植株矮化，燕麦红叶病，感染也可不引起病症
传播	蚜虫

大麦黄矮病毒
Barley yellow dwarf virus
一种促进外来野草入侵的病毒

142

一种重要的谷物病毒病

　　大麦黄矮病毒，是根据它最初分离的宿主命名的，但后来发现，它能感染全世界的多种粮食类作物。在 19 世纪末 20 世纪初，它造成了"燕麦红叶病"的流行。这种病毒还能感染栽培的和野生的草类，农田里被感染的燕麦变成了红色，而且谷子的产量大幅度降低。许多被感染的杂草并没有症状，而且可能作为传染源感染农作物。在美国西部，大麦黄矮病毒帮助外来野草入侵，对当地草种造成了极大的威胁。外来野草被严重感染并吸引来蚜虫，蚜虫将病毒进一步传给当地草种，而后者对该病毒更敏感，受到的影响更大。

　　大麦黄矮病毒，是一种被研究得比较多的病毒，它与蚜虫有着密切的关系。特定的病毒株由特定的蚜虫传播，而蚜虫只有通过取食植物，而不仅仅是刺穿植物，才能获取和传播病毒。实验室研究显示，携带病毒的蚜虫倾向于取食未感染的植物，而不携带病毒的蚜虫则倾向于取食已被感染的植物。病毒能够调控植物，产生吸引蚜虫的化学分子，从而进一步提升自身的传播。

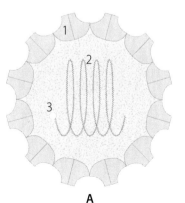

A 横切面
B 外观
1 外壳蛋白
2 单链 RNA 基因组
3 末端结合蛋白 VPg

右图 大麦黄矮病毒纯化的病毒粒子为红色，大部分显示的是病毒粒子的表面，但也有少部分是横切面。

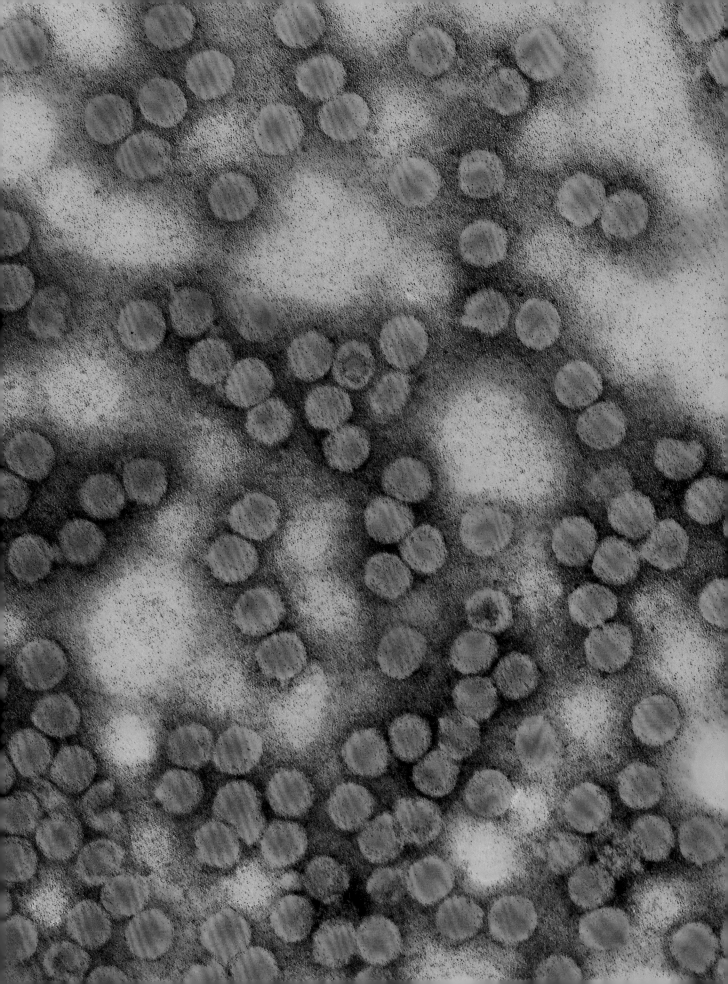

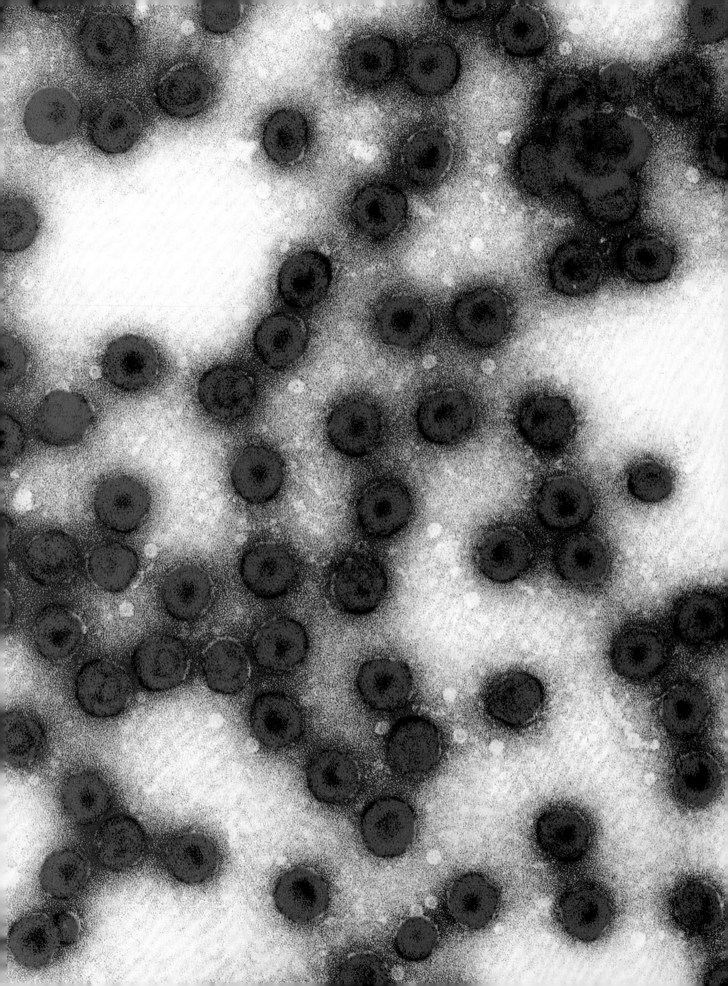

分组	VII
目	未分类
科	花椰菜花叶病毒科 Caulimoviridae
属	花椰菜花叶病毒科 *Caulimovirus*
基因组	环状、单组分、长约 8000 核苷酸的双链 DNA，编码 7 种蛋白质
地理分布	全世界分布，特别是温带地区
宿主	甘蓝类的多种成员，有时也包括一些茄科植物的成员
相关疾病	花叶，明脉
传播	蚜虫

花椰菜花叶病毒
Cauliflower mosaic virus
一种开创了植物生物技术的病毒

拥有多项"第一"的病毒

花椰菜花叶病毒，最早于 1937 年被发现，它是第一个被发现的 DNA 植物病毒、第一个被测序的植物病毒，也是第一个被克隆的植物病毒，该克隆体可以用来感染植物并产生子代病毒。另外，它也是第一个被发现的利用逆转录酶进行复制的植物病毒，即将 RNA 逆转录为 DNA。这一发现很让人意外，因为，一般用逆转录酶的都是 RNA 病毒。花椰菜花叶病毒及其相关病毒，会将其 DNA 复制为一个全长的 RNA 拷贝，然后再把它逆转录为 DNA。在这类病毒的基因组中，有一个启动子（promoter），它能被植物中合成 RNA 的酶识别，进而引导 RNA 的合成。启动子的这一特性被用于植物基因工程，能使一个外源基因附着在启动子上，并被导入植物 DNA 中，此时外源基因表达就可以被激活。大多数转基因植物（GMO 植物），都用到了花椰菜花叶病毒的这个启动子。这导致了人们对转基因植物的一些疑虑，实际上，人们吃蔬菜的时候，就常常接触到这种病毒，换句话说，这在我们日常所吃的植物中，并不是什么新东西。最近植物基因组学研究显示，自然界中古老的花椰菜花叶病毒，大约在一百万年前就被整合到植物的基因组中了。

花椰菜花叶病毒还有一些其他的特性。最近的研究显示，这种病毒能够感知蚜虫对其宿主植物的取食，并很快形成一种新的病毒形式，以便被蚜虫获取，从而使得传播更为高效。该病毒的另一个特征是发展出了一种独特的逃逸宿主免疫反应的机制。植物一般会用一种与病毒核酸相似的小分子 RNA，来靶向并清除病毒核酸。而花椰菜花叶病毒会产生大量的小分子 RNA 做诱饵，来吸收宿主植物所有的小分子 RNA，从而保护自己的基因组不受降解。

左图 纯化的**花椰菜花叶病毒**的病毒粒子。这张电镜照片显示了其多个视角下的样子。

A 横切面
1 外壳蛋白
2 吸附蛋白 VAP
3 部分双链 DNA 基因组

A

分组	IV
目	未分类
科	长线型病毒科 Closteroviridae
属	长线型病毒 Closterovirus
基因组	单组分、线性、长约19000核苷酸的单链RNA，编码17～19种蛋白质，其中一部分来自同一多聚蛋白
地理分布	全世界分布
宿主	柑橘中的多个种
相关疾病	茎上出现的茎陷点，苗黄，柑橘速衰
传播	蚜虫

柑橘衰退病毒
Citrus tristeza virus
全世界柑橘种植业面临的难题

146

一种有多个变异株的复杂病毒

柑橘衰退病毒，是20世纪当柑橘苗木在世界范围内调运时被关注到的。在此之前，柑橘的长途运输一般调运的是种子，而病毒不感染种子。20世纪30年代，在巴西出现了一种严重的柑橘病，造成了大量的树木死亡。这种病毒被称为 *tristeza*，在葡萄牙语中意为"悲伤"，指由这个病毒所引发的悲剧。该病毒在全世界造成了大约1亿株柑橘树的死亡。但总的来讲，病毒感染会造成多种结果，有时没有症状，有时症状各式各样。另外，在农田里，被感染的柑橘一般同时携带多种病毒株，目前还不知道这对感染的结果是否有影响。有些柑橘品种是具有抗性的，即病毒不能感染它们；或者是耐受的，即病毒可以感染它们，但不致病。

传播方式，是病毒扩散的一个重要因素。柑橘衰退病毒可以被多种蚜虫所传播，棕色柑橘蚜虫，是其中最有效的传播媒介。20世纪90年代，这种蚜虫被从古巴引进到美国的佛罗里达州，极大地加速了病毒的传播。棕色柑橘蚜虫，在亚洲，南美洲及加勒比海地区，非洲的撒哈拉地区，新西兰、澳大利亚，以及太平洋群岛都存在，但不存在于地中海，也不存在于美国除佛罗里达州以外的地区，虽然在这些地方，可能有其他种类的蚜虫传播该病毒。

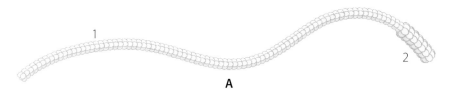

A

A 外观
1 外壳蛋白
2 响尾蛇样的结构

右图 柑橘衰退病毒，弯曲杆状的病毒粒子为粉红色背景下的金色结构。有时杆状的一头变宽，看上去像是响尾蛇。长短不一说明病毒粒子比较脆弱，在纯化和染色过程中可能发生断裂。

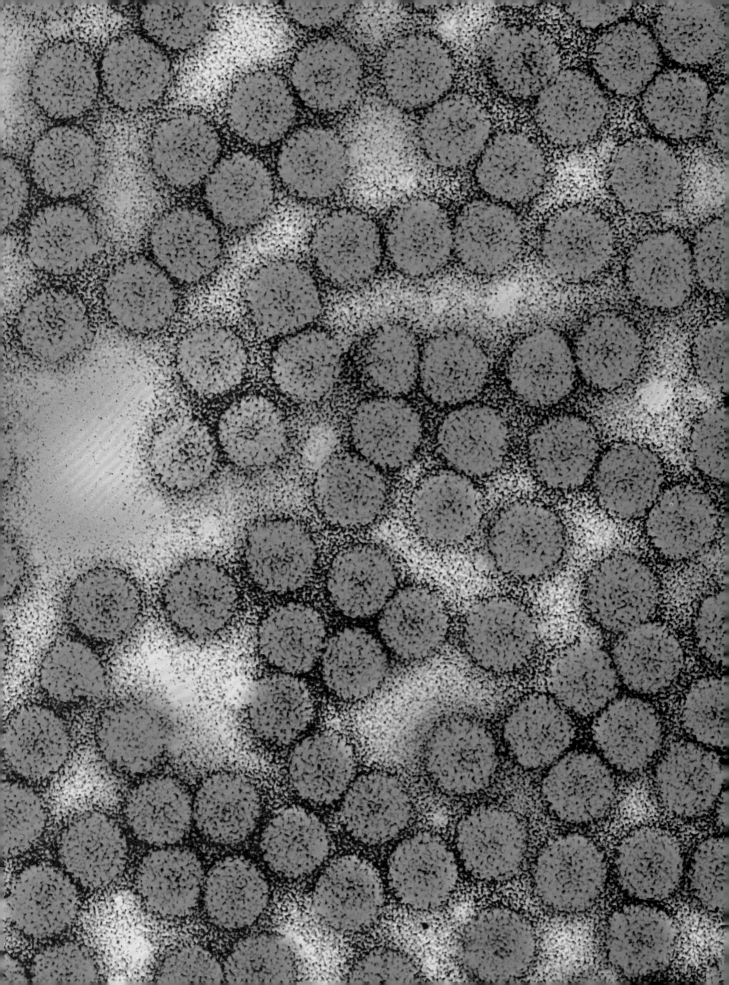

分组	III
目	未分类
科	雀麦花叶病毒科 Bromoviridae
属	黄瓜花叶病毒属 *Cucumovirus*
基因组	3 节段、线性、总长约 8500 核苷酸的单链 RNA，编码 5 种蛋白质
地理分布	全世界分布
宿主	许多植物
相关疾病	花叶病，生长不良，叶片畸形
传播	蚜虫

黄瓜花叶病毒
Cucumber mosaic virus
有 1200 多种宿主的病毒

用于研究进化和基础病学的病毒模型

　　黄瓜花叶病毒，最早于 1916 年在美国密歇根州的黄瓜上被发现，后来在西葫芦和甜瓜上也发现了这种病毒。在植物病毒研究的早期阶段，病毒是依据其宿主，以及其所引发的症状来命名的，由于当时还没有分子生物学手段鉴别某种病毒与以前发现的病毒是否为同种病毒，因此，从一种新的宿主上分离出的病毒一般会给它一个新名字。后来，当具备了分子生物学手段后，人们发现以往被命名的 40 种植物病毒，实际上都是黄瓜花叶病毒。研究发现，黄瓜花叶病毒可以感染 1200 种植物，是目前已知的宿主范围最广的病毒。它感染多种作物和花园植物，在世界上造成了一些重要病害。这种病毒可以被 300 多种蚜虫传播。有意思的是，目前栽培最为广泛的黄瓜品种，却对这种病毒具有抗性。虽然黄瓜花叶病毒能使很多作物患病，但它也能使植物具有耐旱抗寒的能力，因此，它对生活在恶劣环境中的植物是有益的。

　　黄瓜花叶病毒是第一个被用于进化研究的病毒。早在人们知道遗传物质或突变之前，这种病毒已在植物中连续传代，并显示出其改变症状的能力，也即随时间进化的能力。20 世纪 80 年代，科学家们揭示了导致这种变化的特异性突变。随着该病毒被克隆，它成了研究病毒与宿主相互作用的重要工具，用来揭示病毒如何引发病症，以及病毒的基因组如何进化。

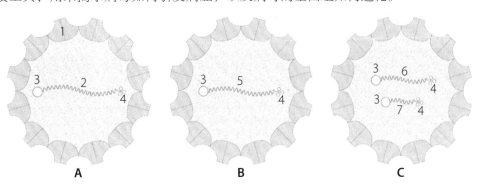

左图 黄瓜花叶病毒 纯化的病毒粒子为蓝色。这里有 3 种不同的病毒粒子，每种所包裹的 RNA 都不同，但从它们外表上区别不出来。

A 包装 RNA1 的病毒粒子的横切面
B 包装 RNA2 的病毒粒子的横切面
C 包装 RNA3 和 RNA4 的病毒粒子的横切面

1 外壳蛋白
2 单链基因组 RNA1
3 帽子结构
4 tRNA 样结构
5 单链基因组 RNA2
6 单链基因组 RNA3
7 单链基因组 RNA4

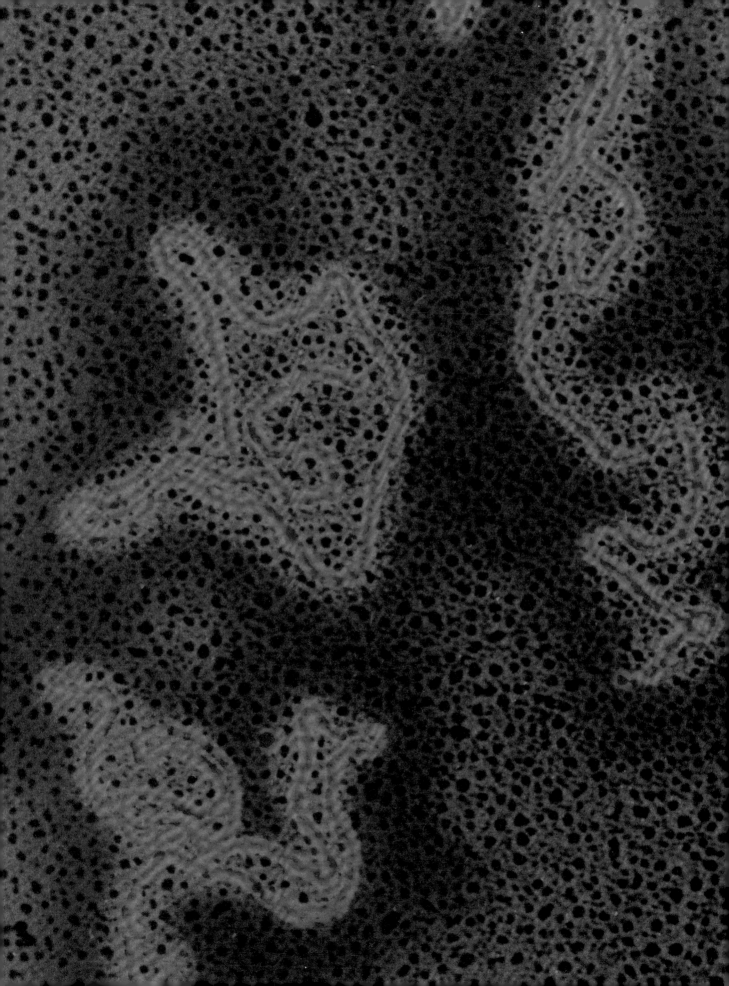

分组	Ⅳ
目	未分类
科	内源 RNA 病毒科 Endornaviridae
属	内源 RNA 病毒属 *Endornavirus*
基因组	单组分、线性、长约 13000 核苷酸的单链 RNA，编码 1 个大的多聚蛋白
地理分布	全世界所有水稻栽培地区
宿主	粳稻（Japonica cultivars of rice）
相关疾病	无
传播	种子

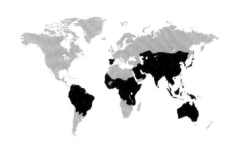

水稻内源 RNA 病毒
Oryza sativa endornavirus
存在了一万年的水稻病毒

151

几乎成为宿主植物一部分的神秘病毒

内源 RNA 病毒，是一类特别有意思的病毒，它们感染多种植物和真菌，以及至少一种与真菌类似但在遗传上并不相似的卵菌。内源 RNA 病毒似乎没有衣壳，在宿主体内主要是以大的双链 RNA 形式存在，但它们真正的基因组，可能是单链的 RNA。它们属于植物的持续感染病毒，仅由种子传播。持续性病毒，一般会在一个植物品系的所有个体中都存在，而且它们会与宿主共存相当长的一段时间。世界上所有的粳稻作物都感染了水稻内源 RNA 病毒。

水稻内源 RNA 病毒存在于所有的粳稻品种中，在栽培稻的祖先——野生稻中存在另外一种类似的内源 RNA 病毒，但是，在籼稻中却没有发现。粳稻与籼稻，是在大约 1 万年前人类开始种植水稻的时候分化的，因此，内源 RNA 病毒应该至少有 1 万年的历史。该病毒能编码一个大的蛋白质，其中的某些部分，与一些已知的蛋白质有相似之处，如用于病毒 RNA 复制的依赖于 RNA 的 RNA 多聚酶。目前没有发现该病毒对宿主植物有何影响，还没有定论，因为现在找不到没有感染的粳稻进行比较。

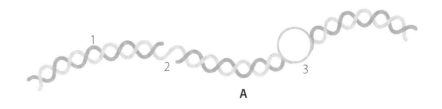

A

左图 水稻内源 RNA 病毒这张电镜图片展现的是它的双链 RNA 基因组，为亮蓝色。

A 横切面
1 双链的可复制的 RNA 中间体
2 在编码链 RNA 上的缺刻
3 多聚酶

分组	IV
目	未分类
科	未分类
属	欧尔密病毒属 *Ourmiavirus*
基因组	线性、三组份、长约 4800 核苷酸的单链 RNA，编码 3 种蛋白质
地理分布	伊朗西北部
宿主	甜瓜及相关的植物
相关疾病	甜瓜花叶
传播	未知

欧尔密甜瓜病毒
Ourmia melon virus
一种来源于植物病毒和真菌病毒的嵌合病毒

152

一种结构不同寻常的病毒

欧尔密甜瓜病毒有两个独有的特征：一是它们的形状细长，二是它们的长短不一。之所以会这样，是因为该病毒的外壳蛋白会先形成一个盘状的基本结构，然后通过不同的堆积方式，形成不同的衣壳。在电子显微镜下，可以观察到多达五种不同形态的衣壳，但其中的两种最常见。

有着惊人的进化历史

研究显示，欧尔密甜瓜病毒的基因组，来源于两个不同的病毒种类：感染真菌的裸露 RNA 病毒和感染植物的番茄丛矮病毒（tombusviruses）。它甚至还可能有第三个祖先，但是因为进化关系太远，以至于目前还不知道这第三个祖先是什么。在植物病毒中，某病毒来源于其他两种不同的病毒不足为奇，但是，来源于真菌病毒就不同寻常了。在自然界中，植物和真菌有着非常密切的互作关系，大多数野生植物都会有定植的真菌，它们给植物提供重要的帮助。很可能，欧尔密甜瓜病毒就是在这样一种互作关系下产生的。该病毒的依赖于 RNA 的 RNA 多聚酶来源于真菌病毒，负责复制病毒的 RNA。由于真菌病毒不具有帮助自身在细胞间移动的运动蛋白，因此，这个病毒在能感染植物细胞之前，很可能就已经获得了运动蛋白。

A

A 外观
1 外壳蛋白，病毒根据组装的外壳蛋白底盘数目的不同而形成不同的形态。

右图 欧尔密甜瓜病毒 纯化的病毒粒子为绿色和黄色。这张图中展现了至少 3 种不同的病毒颗粒结构，代表着不同的衣壳蛋白底盘装配方式。

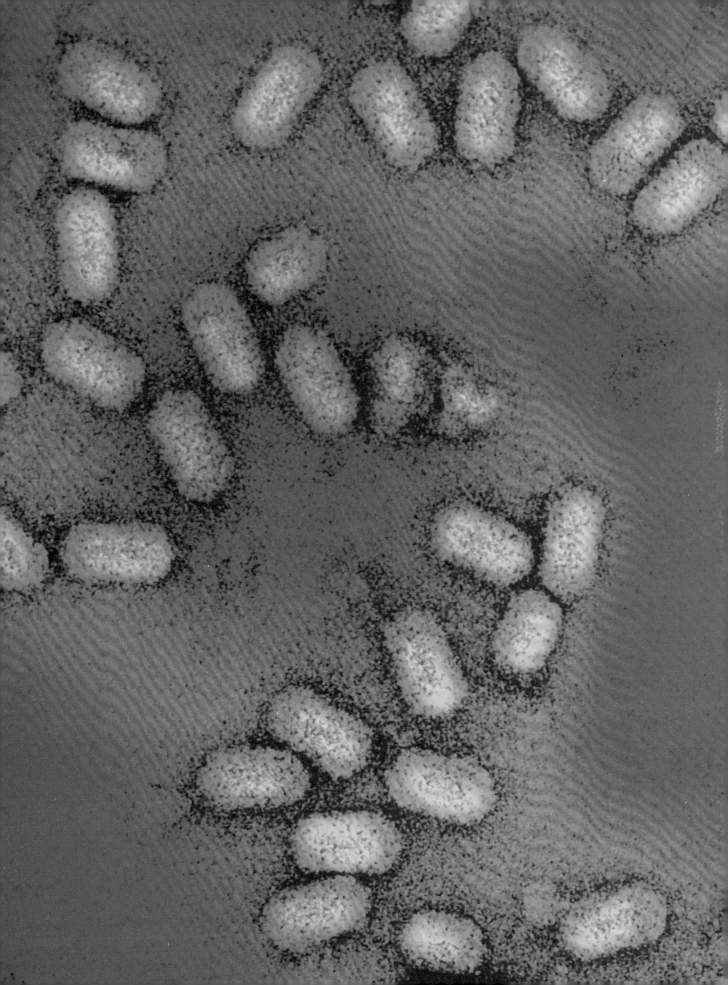

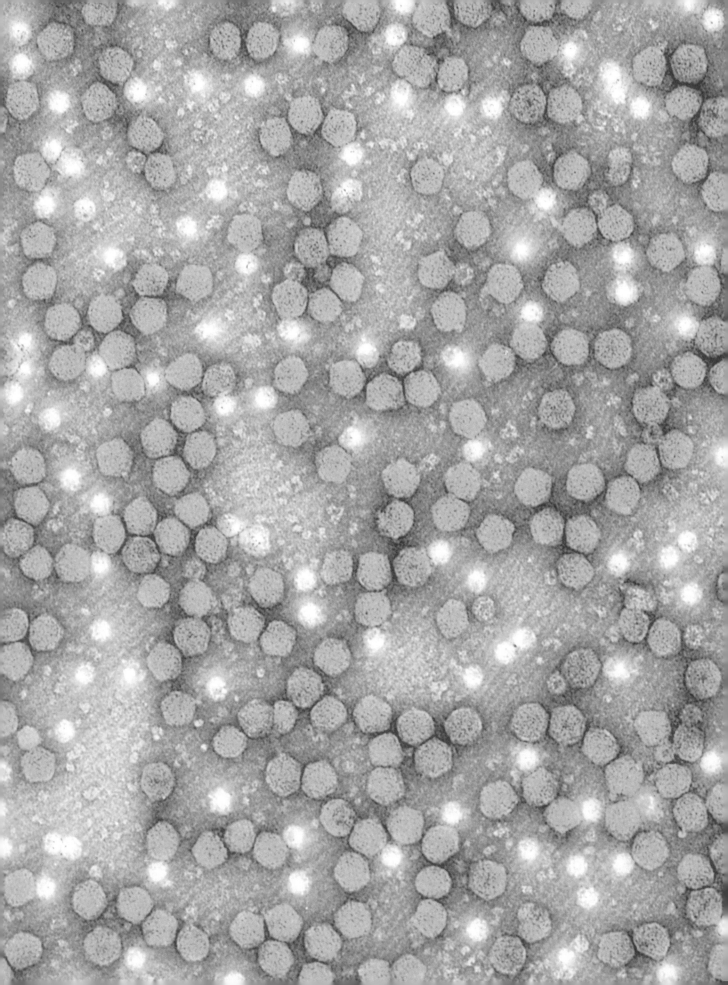

分组	IV
目	未分类
科	黄症病毒科 Luteoviridae
属	豌豆耳突花叶病毒属 *Enamovirus* / 幽影病毒属 *Umbravirus*
基因组	两种病毒，每种都是单组分、线性单链 RNA，其中一种长约 5700 核苷酸，编码 5 种蛋白质；另一种长约 4300 核苷酸，编码 4 种蛋白质
地理分布	全世界分布
宿主	豌豆及其他豆科植物
相关疾病	耳突，花叶病
传播	蚜虫

豌豆耳突花叶病毒
Pea enation mosaic virus
由两种病毒组成的病毒

病毒相互依赖的例子

　　豌豆耳突花叶病毒，实际上是由两种互不可分的病毒所组成。每种病毒都编码自己的依赖于 RNA 的 RNA 多聚酶，这种酶会在自身复制过程中复制 RNA。豌豆耳突花叶病毒 1 编码衣壳蛋白，供两种病毒形成衣壳；豌豆耳突花叶病毒 2 编码运动蛋白，供两种病毒在植物细胞间移动或离开韧皮部。韧皮部，是植物用来将光合作用的产物传输到各个部位的管状组织，大多数黄症病毒（luteoviruses）都无法离开韧皮部。病毒 2 对于病毒的机械传播也是必需的，机械传播，是指任何可以损伤植物、破坏植物细胞壁，使病毒接触到植物细胞的传播。大多数黄症病毒只能在韧皮部生活，而简单的叶片损伤到达不了韧皮部，因此，这类病毒需要蚜虫探入吸食植物才能传播。这种由两种病毒组成的复杂病毒，是专性共生关系的绝佳例子，它呈现了两种不同个体之间亲密的相互依赖关系。这种病毒可能是进化历程中的中间体，也许随着时间的推移，其中一个病毒的复制酶会丢失，从而成为一种新的病毒。

A 黄症病毒的横切面
B 幽影病毒的横切面
1 外壳蛋白
2 黄症病毒的单链 RNA 基因组
3 末端结合蛋白 VPg
4 幽影病毒的单链 RNA 基因组

左图 豌豆耳突花叶病毒 病毒粒子为绿色，这种病毒是两个不同种病毒的混合体，它们必须同时存在才能形成感染。虽然在这张电镜图上不容易区分，但这两种不同的病毒可以用纯化方法分离。

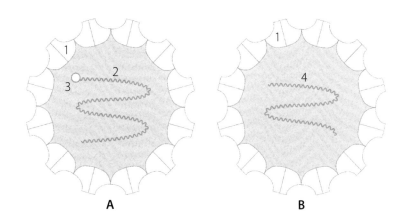

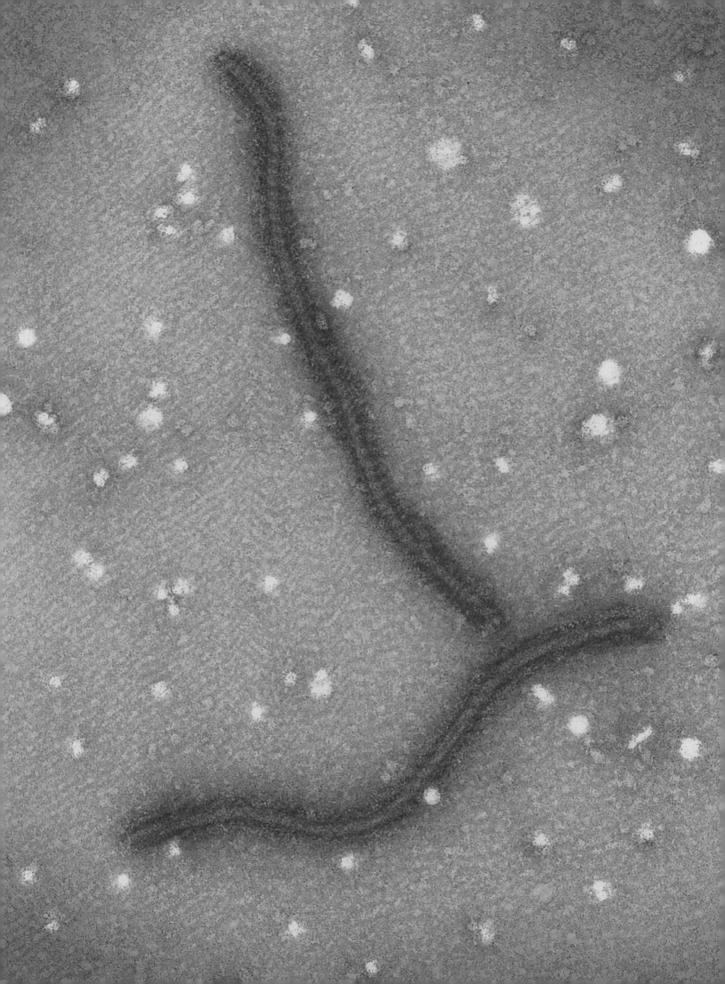

分组	Ⅳ
目	未分类
科	马铃薯 Y 病毒科 Potyviridae
属	马铃薯 Y 病毒属 *Potyvirus*
基因组	线性、单组分、长约 9800 核苷酸的单链 RNA 基因组，编码含 11 种蛋白质的多聚蛋白
地理分布	欧洲大部分地区，加拿大，南美的局部地区，也出现在埃及，亚洲
宿主	核果树
相关疾病	痘病
传播	蚜虫

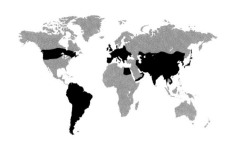

梅痘病毒
Plum pox virus
核果树的毁灭性病毒

一种不断扩散的病害

梅痘病毒，会在植物的果实上产生痘状的损伤，它所感染的对象包括梅、桃、李、杏、樱桃和其他相关植物，导致人们几乎无法利用这些植物的果实。控制这种病害唯一的有效措施，是一旦发现了染病的树，就赶紧将其移走并销毁。1999 年，当美国宾夕法尼亚州发现该病毒时，这种方法成功地控制并消除了病害。虽然美国目前没有了关于该病的报道，但由于该病存在于接壤的加拿大，因此，有必要对其进行长期监测。

1917 年，最早在保加利亚发现了染病的桃树，20 世纪 30 年代，得知这种病害是一种病毒病。病毒传播覆盖了欧洲大陆和地中海地区，而且不断在更多的国家被发现。这种病的短距离传播主要靠蚜虫，而长距离传播则靠植物苗木。很多国家通过对苗圃进行严格的病毒筛查和对外来物质进行检疫，控制该病的传播。

梅痘病毒对果树业具有重要影响，因此被研究得很深入。由于该病毒感染长年生植物，因此，已被用来研究病毒在一段相对较长的时间内的进化。有趣的是，在感染数年以后，同一株树的不同树枝上的病毒种群可能会不一样。这意味着，虽然植物的感染最开始是由同一株病毒所引起的，在树木的生长过程中，树枝中不同位置的病毒，发生了不同的变化。对多数生物而言，这样短时间内的进化一般不容易被检测到，因此，病毒的快速进化，使它们成为研究进化机理的绝佳工具。

A

左图 两个纯化的**梅痘病毒**颗粒为洋红色。该病毒具有长的、柔顺的、杆状结构。

A 外观和两端的截面
1 外壳蛋白
2 单链基因组 RNA
3 末端结合蛋白 VPg
4 多聚腺苷酸尾

分组	IV
目	未分类
科	马铃薯 Y 病毒科 Potyviridae
属	马铃薯 Y 病毒属 *Potyvirus*
基因组	线性、单组分、长约 9700 核苷酸的单链 RNA 基因组，编码含 11 种蛋白质的多聚蛋白
地理分布	全世界分布
宿主	茄科的许多植物
相关疾病	花叶，皱缩花叶，萎缩植物，块茎的坏死斑
传播	蚜虫

马铃薯 Y 病毒
Potato virus Y
马铃薯的克星

158

马铃薯爱招惹病毒

　　马铃薯是世界上重要的粮食作物，它是靠块茎繁殖而不是靠种子繁殖，这类靠块茎繁殖（也称无性繁殖）的植物，容易受到慢性病毒的侵染。大多数植物病毒都不靠种子传播，因为种子具有纯化效应，可使下一代植物免受病毒的感染。传统的"种用马铃薯"，在许多国家需经过专门认证，即马铃薯必须经过检测不携带马铃薯 Y 病毒及其他病毒，才能用来生产小块茎种苗，用于马铃薯农庄或家庭种植。以往在马铃薯生长季节中，农民会监测其是否出现任何病症。这套方法以前一直运行得不错，但 21 世纪以来，病毒对马铃薯种植业产生了重要影响。由于产生了新的病毒株，而有些马铃薯品种对这种病毒有耐受性，即它们可以被感染，而不表现出任何症状，于是在不被察觉的情况下，作为感染源，感染下一栽培季的易感品种。在北美，这一问题，因为引进了一种新蚜虫而更加恶化，这种大豆蚜虫（Soybean aphid），能高效地传播病毒。该病毒也对西班牙、法国、意大利的马铃薯种植业造成了严重影响，同时还在全世界造成了辣椒和番茄的病害。

　　马铃薯 Y 病毒，最初于 20 世纪 20 年代发现，是马铃薯 Y 病毒科的第一个成员，该科就是根据这个病毒命名的。现在，马铃薯 Y 病毒科，已经有几百种不同的病毒被发现，是已经发现的致病性植物病毒中最大的一科，所造成的植物病害也最为严重。

A

A 外观以及两端的截面
1 外壳蛋白
2 单链基因组 RNA
3 末端结合蛋白 VPg
4 多聚腺苷酸尾

右图 这张电镜图中几个纯化的**马铃薯 Y 病毒**为红色。

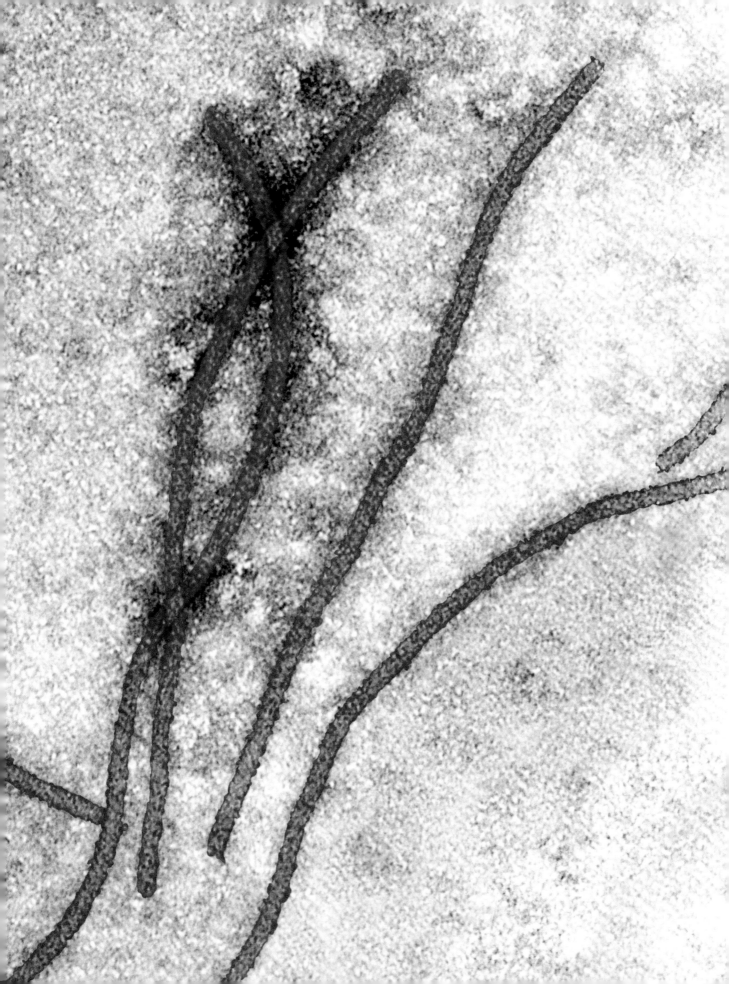

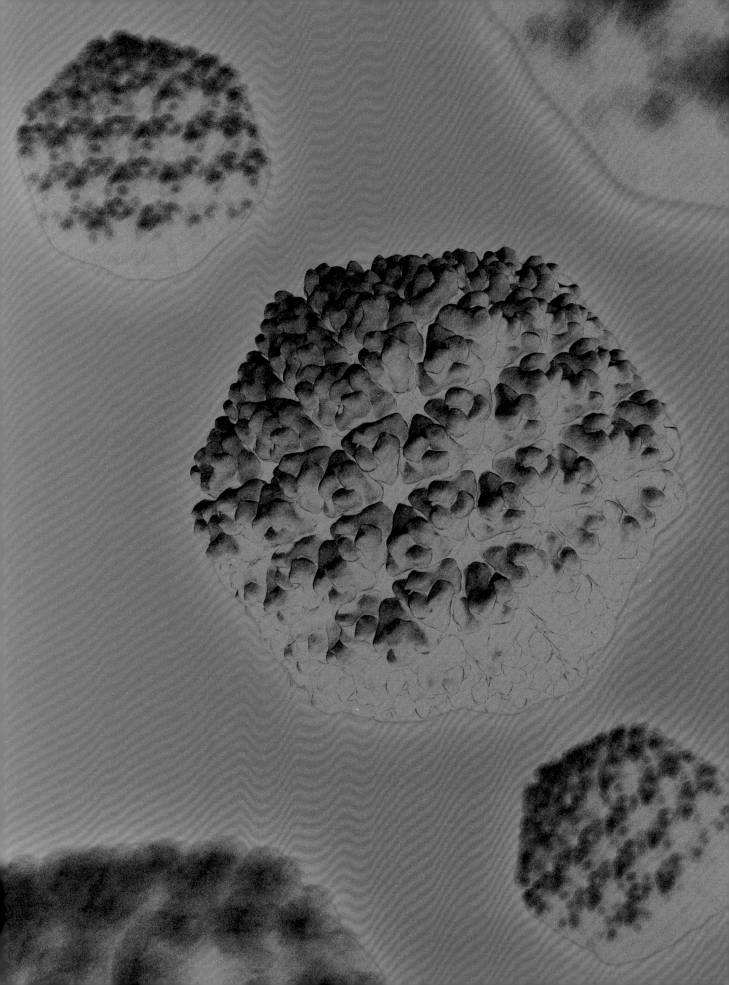

分组	Ⅲ
目	未分类
科	呼肠孤病毒科 Reoviridae
属	植物呼肠孤病毒属 Phytoreovirus
基因组	线性、12组分、总长约26000核苷酸的双链RNA基因组，编码15种蛋白质
地理分布	中国、日本、韩国、尼泊尔
宿主	水稻及相近的草类、叶蝉
相关疾病	发育不良
传播	叶蝉

水稻矮缩病毒
Rice dwarf virus
一种对植物宿主致病，但不对昆虫宿主致病的病毒

农耕方式改变导致的病毒性疾病

　　水稻矮缩病，最早于1896在日本被报道，虽然当时并不知道它是一种病毒病。这是一种非常严重的水稻疾病，会造成感染植株生长不良并严重减产。与其他的水稻病毒病一样，刚开始只是零星发生，直到后来耕作方式变为现代大面积单一栽培方式（仅种植一种品种），加剧了病毒病的传播。在一片高密度农田中，因为有成千上万的植株可供病毒感染，而很少或完全没有非宿主植物，使得病毒能够快速扩散。水稻矮缩病毒也能感染它的媒介昆虫，但在媒介昆虫中没有任何疾病被报道。冬天，感染了病毒的媒介昆虫在野草或麦类植物如小麦上越冬，当种植季到来时，它们就会移动到水稻上。在同一季节种植了多轮水稻的农田里，病害在第二轮作物上出现的概率会更大。一年两作的栽培方式，出现在20世纪六七十年代，它是水稻品种改良的结果，但也给媒介昆虫提供了更持续的食物来源，导致虫口密度增加，因而也保持了高病毒水平。用杀虫剂可减少水稻萎缩病毒的发生，但杀虫剂比较昂贵，也会在杀死害虫的同时，杀死一些有益昆虫。

A 横切面
B 中层衣壳的外观
1 P2，外衣壳
2 P8，中层衣壳
3 P3，内层衣壳
4 双链RNA基因组（12个片段）
5 多聚酶

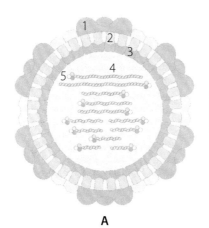
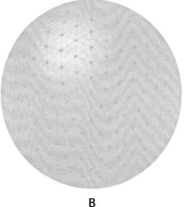

左图 利用X射线衍射信息建立的**水稻矮缩病毒**的模型为蓝色。

A　　　**B**

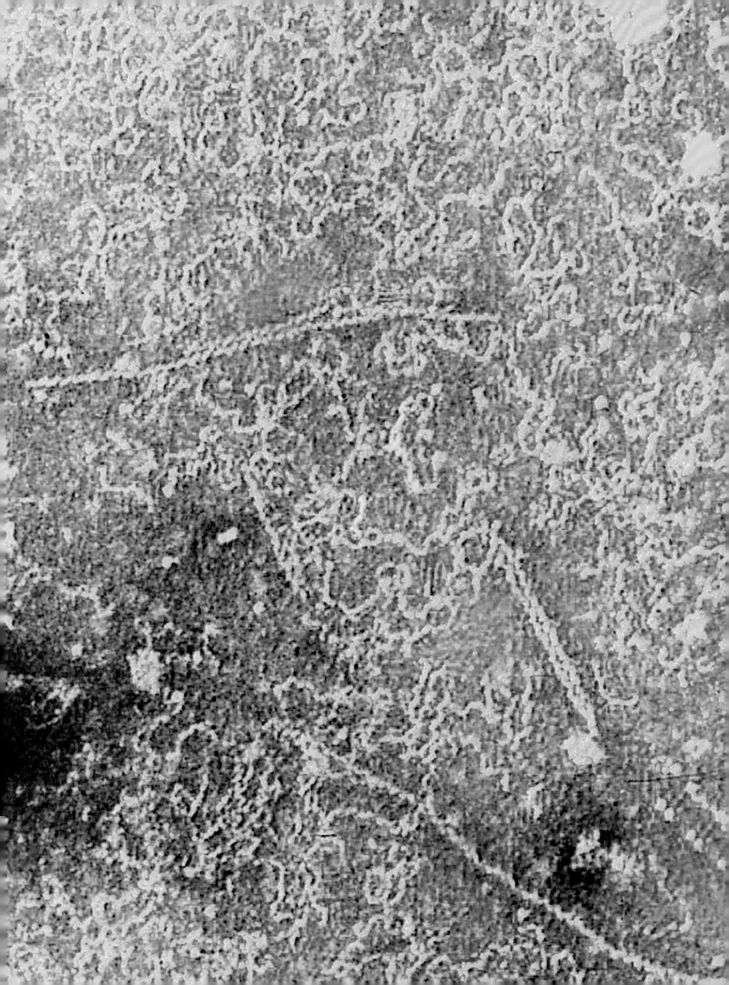

分组	V
目	未分类
科	未分类
属	纤细病毒属 *Tenuivirus*
基因组	线性、4组分、总长约17600核苷酸的单链RNA基因组，编码7种蛋白质
地理分布	拉丁美洲，北美洲南部
宿主	水稻
相关疾病	水稻白叶
传播	稻飞虱

水稻白叶病毒
Rice hoja blanca virus
一种既感染昆虫也感染植物的病毒

在水稻种植中反复出现的问题

水稻白叶病，最早于20世纪30年代在哥伦比亚被发现，后来在南美洲的其他地方也被发现，然后蔓延到美洲中部和古巴。这种病会连续出现几年，接着消失十来年或更久，然后又在其他地方重新出现。病害发生的时候，水稻产量急剧下降。刚开始，在其媒介昆虫没有明确之前，这种反复爆发和长距离传播很令人费解。后来发现，稻飞虱（rice planthopper）实际上是该病毒的宿主，该病毒可以在其体内繁殖并传给其后代，因此，该病毒可以在长达几年的时间里，作为昆虫病毒存在，而不需要感染植物。病毒对昆虫的感染，会导致昆虫产卵量的下降，因此，在水稻种植地，当流行病结束的时候，昆虫的种群数量会变得很低。稻飞虱的生活周期，还受环境状况的影响，它需要很高的湿度，这在灌溉的水稻田中比较容易满足。这种惊人的小昆虫，还可以不停歇地行进非常远的距离，长达600英里（约966千米），这就解释了为什么该病能长距离传播。目前，对水稻白叶病的防治方式，主要是选育对病毒或媒介昆虫具有抗性的水稻品种，但还没有非常有效的解决方式。有些水稻品种对该病毒有部分抗性，但主要是一些粳稻品种，而不是拉美人所喜欢的籼稻品种。

1　被核蛋白所包裹的单链RNA1
2　被核蛋白所包裹的单链RNA2
3　被核蛋白所包裹的单链RNA3
4　被核蛋白所包裹的单链RNA4

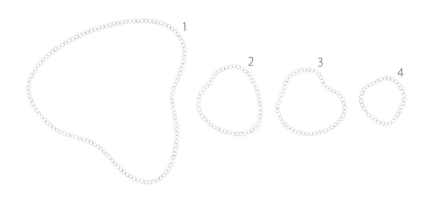

左图 水稻白叶病毒并不形成高度结构化的病毒颗粒，而是形成弯曲的线状结构，如这张电镜图中的被核蛋白所包裹的RNA（黄色）。

分组	IV
目	未分类
科	未分类
属	未分类
基因组	线性、单组分、长约 1100 核苷酸的单链 RNA 基因组，编码 2 种蛋白质
地理分布	美国加利福尼亚州南部，墨西哥西北部
宿主	野生烟草树
相关疾病	无
传播	在自然界中的传播方式尚不清楚，在实验室中可以机械传播

卫星烟草花叶病毒
Satellite tobacco mosaic virus
一种病毒的病毒

164

一种进化之谜

病毒，有时也有它们自己的寄生物，尤其在植物病毒中最为常见，它们被称为卫星。有些卫星是小的 RNA 或 DNA，它们靠辅助病毒来完成自身的复制、包装和胞间运动；另一些卫星以病毒的方式存在，被称为卫星病毒，最早发现于 20 世纪 60 年代，至今只发现了 4 种植物卫星病毒。卫星病毒编码一个衣壳蛋白，但不编码用于复制或胞间运动的蛋白质，它们完全依赖于辅助病毒完成在植物体内的复制和胞间运动，但生产自己的衣壳。

卫星烟草花叶病毒，是烟草轻型绿斑驳病毒的寄生物，后者与烟草花叶病毒很相近。在实验室中，烟草花叶病毒也能支持卫星烟草花叶病毒的复制，但在自然界中，没有发现其伴随有卫星烟草花叶病毒。卫星病毒，最初在筛查加利福尼亚州南部野生烟草树的病毒时被发现，虽然在世界上其他地方也存在有从美洲引进的宿主和辅助病毒，但卫星病毒并没有在其他地方被发现。烟草轻型绿斑驳病毒和卫星烟草花叶病毒，在实验室条件下可以感染其他一些植物，但在自然界中，它们从来没有在野生烟草树以外的物种上被发现过。在大多数情况下，卫星病毒的存在，对辅助病毒所引起的症状没有什么影响，但在辣椒中，卫星病毒会极大地降低辅助病毒在宿主中的数量，并且能够根据辣椒品种的不同，增强或减弱症状。

令人不解的是，这些卫星或卫星病毒从何而来？它们与其辅助病毒没有遗传相关性。难道它们是丢失了大多数基因的退化病毒吗？它们代表生命早期的更古老的生命形式吗？目前，这些问题还没有答案。

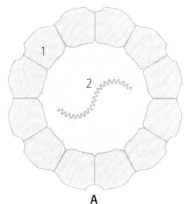

A 横切面
1 外壳蛋白
2 单链 RNA 基因组

右图 这张电镜照片中小的球形的颗粒是**卫星烟草花叶病毒**，几个长的杆状颗粒是其帮助自身复制的烟草轻型绿斑驳病毒。

A

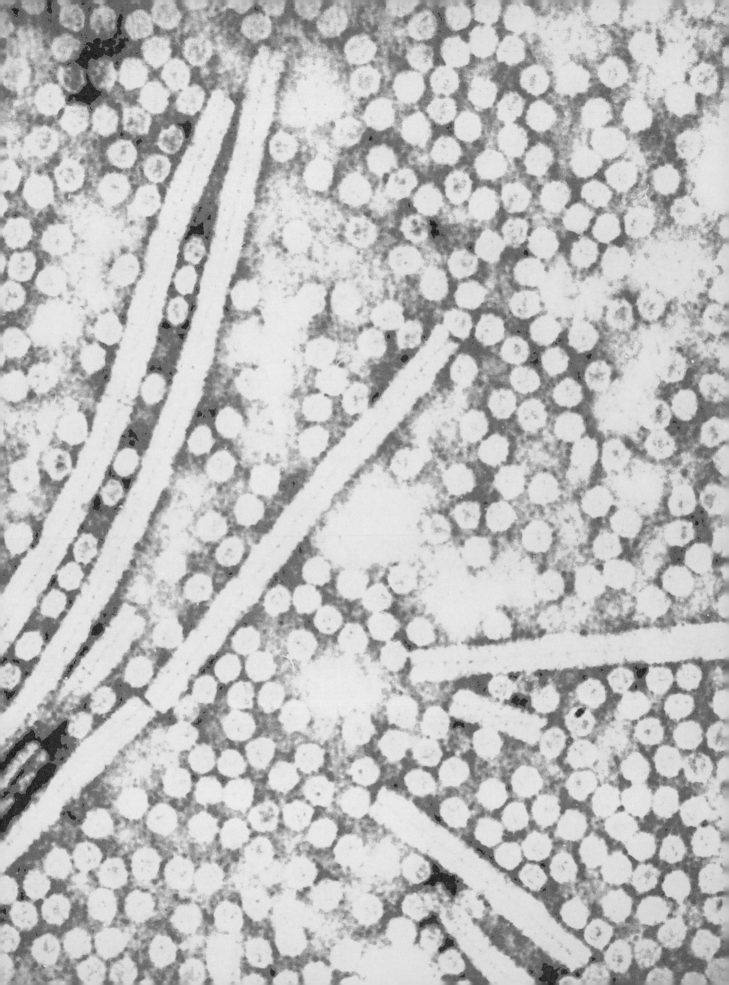

分组	IV
目	未分类
科	马铃薯 Y 病毒科 Potyviridae
属	马铃薯 Y 病毒属 *Potyvirus*
基因组	线性、单组分、长约 9500 核苷酸的单链 RNA 基因组，由 1 条多肽编码 11 种蛋白质
地理分布	整个美洲，包括夏威夷
宿主	茄科植物及其他杂草
相关疾病	叶片蚀纹，发育不良，明脉，斑点
传播	蚜虫

烟草蚀纹病毒
Tobacco etch virus
一种揭示了植物获得性免疫体系的病毒

167

一种重要的分子生物学工具

　　植物病毒学家很早就知道，如果植物感染了一种病毒的温和株，它就会产生对烈性毒株的免疫力，这与给人和动物接种减毒疫苗的情形很类似。在分子生物学鉴定手段出现之前，这种方法被用来鉴定一种病毒与以前报道的病毒是否为同种病毒。但是直到 1992 年，这种现象的分子机制才得以揭示：研究显示，仅用烟草蚀纹病毒的核酸，而不是整个病毒，甚至不需要病毒蛋白，就可以刺激这种免疫反应。进而导致发现了 RNA 沉默的分子机制，这一机制在许多生物中都存在。RNA 沉默特异性地靶向和降解 RNA 分子，是一种重要的抗病毒免疫，类似的机制在其他基因的调控中也发挥着重要作用。

　　除了在已发现植物中的 RNA 沉默机制中起了作用外，烟草蚀纹病毒还在植物病毒学研究的多个方面发挥了模式作用：如蚜虫如何传播植物病毒，病毒如何感染植物细胞，病毒的多聚蛋白是如何被切割成多个小的蛋白，进而在感染周期中发挥作用，以及近期关于病毒是如何演化的，等等。

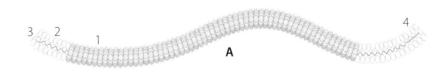

左图 烟草蚀纹病毒在被感染的植物细胞中形成这种令人惊讶的结构，被称为风轮状包涵体（粉色背景上的黑色结构）。

A 外观，尾部以截面显示

1 外壳蛋白

2 单链 RNA 基因组

3 末端结合蛋白 VPg

4 多聚腺苷酸尾

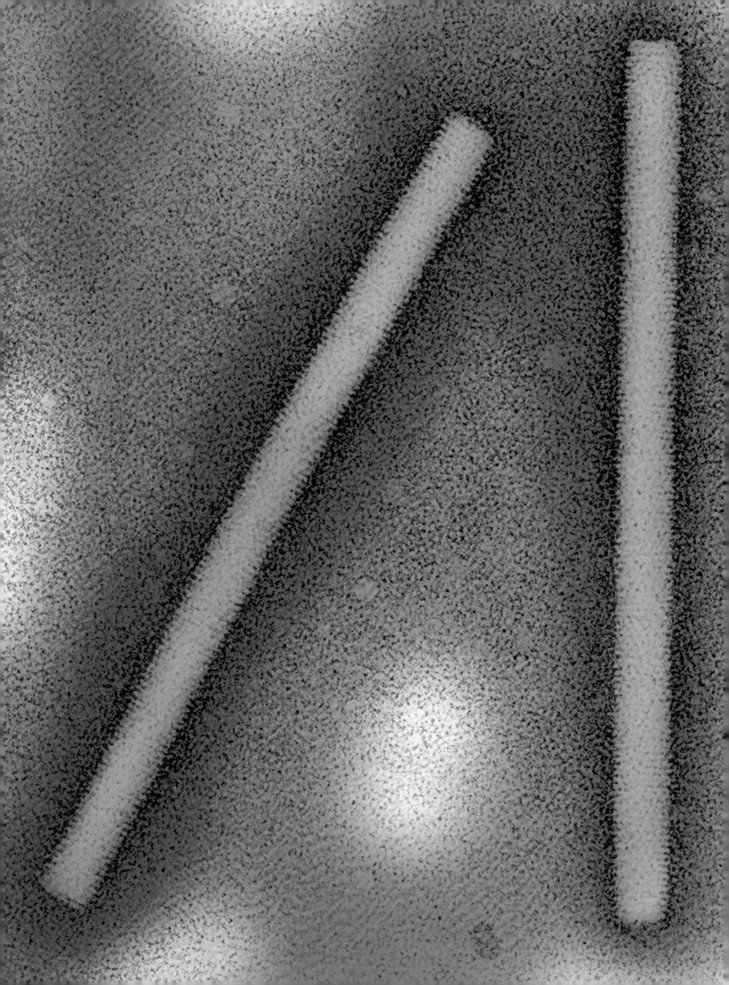

分组	IV
目	未分类
科	帚状病毒科 Vigaviridae
属	烟草花叶病毒属 Tobamovirus
基因组	线性、单组分、长约 6400 核苷酸的单链 RNA 基因组，编码 4 种蛋白质
地理分布	全世界分布
宿主	多种植物
相关疾病	花叶，严重发育不良，对某些宿主致死
传播	机械

烟草花叶病毒
Tobacco mosaic virus
奠基病毒学学科的病毒

分子生物学的许多发现来源于对一种病毒的研究

在 19 世纪末期，荷兰学者报道烟草中出现了一种新的花叶病，可以通过染病植物的汁液传播。俄国和荷兰的科学家发现，这种致病因子可以通过非常细的过滤器，这种过滤器当时被用于清除细菌。这位荷兰的科学家认为，这是一种新的感染因子，并将其命名为病毒。许多的"第一次"有赖于烟草花叶病毒：第一次发现 RNA 是遗传物质，第一次发现遗传密码（RNA 如何编码蛋白质），第一次揭示大分子如何进入植物细胞，等等。烟草花叶病毒是第一个被解析了结构的病毒。当时，因研究 DNA 结构而著名的罗莎琳德·富兰克林，在 1958 年的布鲁塞尔世界博览会上，展现了一个烟草花叶病毒的结构模型。烟草花叶病毒也是第一个被用于转基因植物的，转入了烟草花叶病毒衣壳蛋白的植物，被证明对该病毒具有抗性，因而这种转基因方法可以用于培育抗病植物。

烟草花叶病毒可以感染多种作物和花园植物，包括番茄，并且可能致死。这种病毒在烟草制品中比较常见，并且很稳定，可以在通过人类肠道后仍然保有感染性。吸烟者在接触植物的时候，可以很轻易将病毒传给植物。好在现在的大多数栽培的烟草品种具有病毒抗性，但大多数祖传的品系并不具备。

A

左图 烟草花叶病毒的精细结构。在这两个彩色的病毒颗粒上，可以清楚地看到单个外壳蛋白的亚单位。

A 外观
B 横切面
1 外壳蛋白
2 围绕在衣壳蛋白螺旋内部的单链 RNA 基因组

B

分组	IV
目	未分类
科	番茄丛矮病毒科 Tombusviridae
属	番茄丛矮病毒属 *Tombusvirus*
基因组	线性、单组分、长约 4800 核苷酸的单链 RNA 基因组，编码 5 种蛋白质
地理分布	美洲北部和南部，欧洲包括地中海
宿主	番茄及其相关物种
相关疾病	发育不良，植物畸形，发黄
传播	种子、机械

番茄丛矮病毒
Tomato bushy stunt virus
一种具有多种用途的工具

170

一种具有重要影响的、小而简单的病毒

20 世纪 30 年代，在英国最早发现被番茄丛矮病毒感染的番茄，后来在世界其他地方也发现了。这种病毒还可能感染辣椒、茄子及相关的植物。实验室显示该病毒可以感染多种植物。

番茄丛矮病毒，是已知的植物病毒中最小的病毒之一。1978 年，它成为第一个获得高分辨率结构的病毒，这种结构分析揭示了以前方法所未能展示的精细结构。番茄丛矮病毒的基因组小且简单，因此，它被深入研究用于揭示病毒与宿主的相互作用关系，以及病毒的演化。在实验室条件下，该病毒还能感染酵母细胞，此为研究病毒生命周期中的遗传及细胞生物学现象提供了重要平台。酵母作为具有成千上万种基因缺陷的模型系统，可用于实验室研究。酵母是简单的真核细胞（即它们与植物和动物细胞一样，具有细胞核），利用这个模型系统，人们获得了病毒与其宿主如何一起生存的许多新知识。

材料学家认识到，植物病毒有时可以用来制作非常有效的纳米颗粒。目前，番茄丛矮病毒正在被用于材料科学。

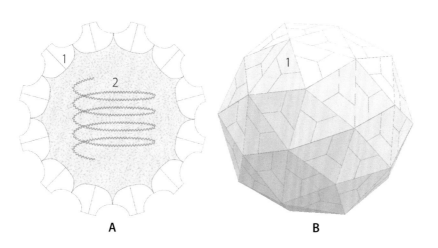

A 横切面
B 外观
1 外壳蛋白
2 单链 RNA 基因组

右图 番茄丛矮病毒颗粒为蓝绿色。在这张高倍放大的电镜图中，可以看到病毒颗粒表面的单个蛋白。

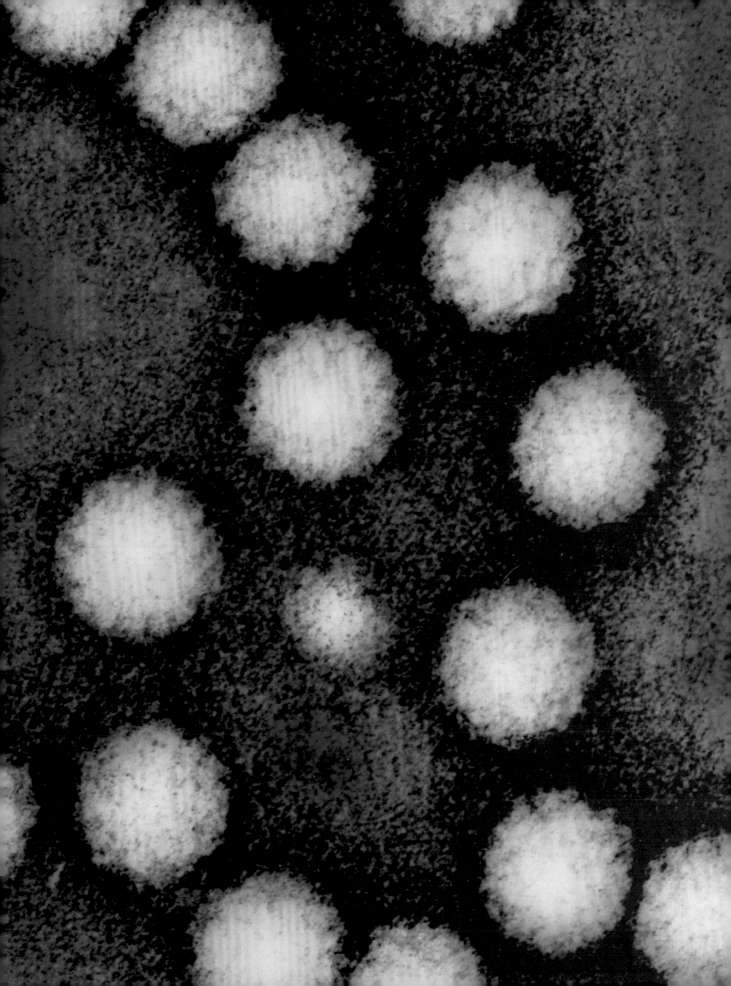

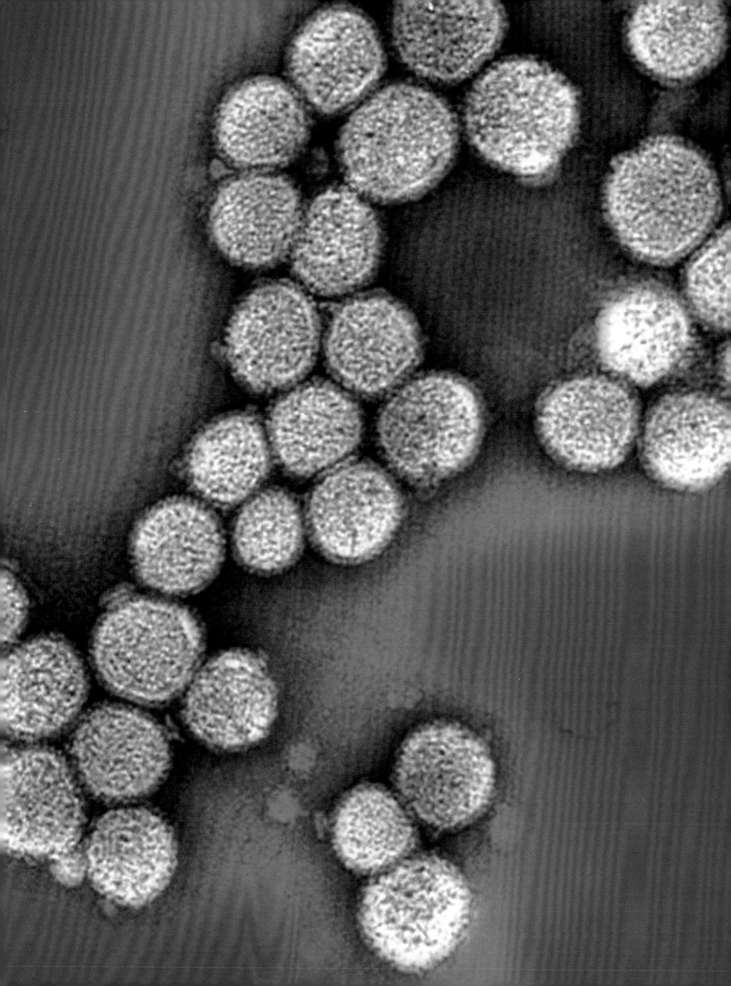

分组	V
目	未分类
科	布尼亚病毒科 Bunyaviridae
属	番茄斑萎病毒属 *Tospovirus*
基因组	环状、三组分、总长约 16600 核苷酸的单链 RNA 基因组，编码 6 种蛋白质
地理分布	全世界分布
宿主	超过 1000 种植物，以及蓟马
相关疾病	在番茄上引起萎蔫及斑点，发育不良、坏死
传播	蓟马

番茄斑萎病毒
Tomato spotted wilt virus
在一个动物病毒科中的植物病毒

昆虫也是宿主

番茄斑萎病毒，最早于 1915 年在澳大利亚被发现，在之后相当长的一段时间内，没有在植物中发现与其类似的病毒，但现在发现了十几种与之类似的病毒，该病毒使许多重要作物患病和减产。布尼亚病毒科的成员多感染昆虫和动物，番茄斑萎病毒也能感染昆虫，它还是少有的具有囊膜的植物病毒。动物病毒的脂质囊膜在病毒入侵细胞时发挥着重要作用，但在植物中就没有什么价值，因为植物细胞被细胞壁所包裹。番茄斑萎病毒与蓟马有着非常复杂的关系，蓟马是一种取食植物的小虫，它介导病毒对植物的感染。通常，被蓟马损害的植物会产生抵抗昆虫取食的化合物，变成蓟马幼虫不爱吃的，但是，如果这株植物同时也被番茄斑萎病毒感染，它就会成为蓟马幼虫比较爱吃的植物。也就是说，病毒通过调控植物，来帮助它的媒介昆虫。雄性蓟马，相对于雌性蓟马来讲，是更好的病毒载体。感染了番茄斑萎病毒的雄性蓟马，在番茄上取食会更加频繁，增加了病毒在植物中的传播。布尼亚病毒科的其他动物病毒，也可以影响其媒介昆虫或宿主的行为。例如，拉克罗斯病毒（La Crosse virus）是一种由蚊子传播的人类病原体，它能诱导蚊子更频繁地吸血，从而增加病毒的传播。

A 横切面
1 糖蛋白 Gn 和 Gc
2 脂质囊膜
被核蛋白所包裹的单链基因组 RNA
3 基因组 S 片段
4 基因组 M 片段
5 基因组 L 片段
6 多聚酶

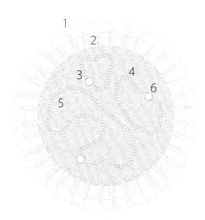

左图 番茄斑萎病毒颗粒为蓝色，糖蛋白刺突插在病毒囊膜上。

A

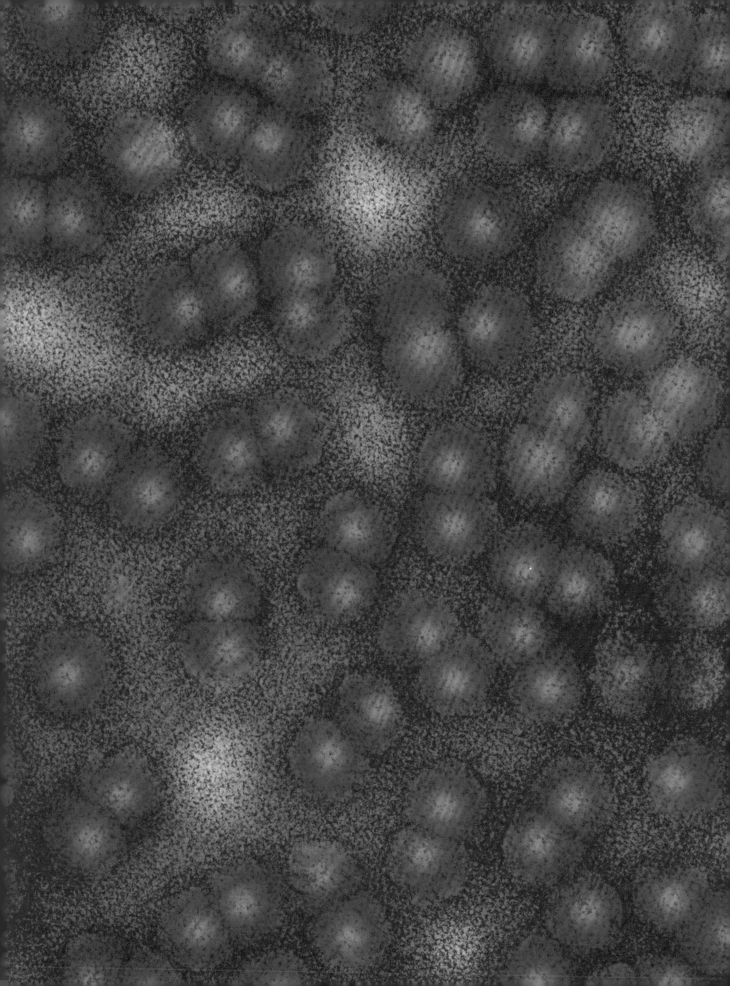

分组	II
目	未分类
科	双生病毒科 Geminiviridae
属	菜豆金色花叶病毒属 *Begomovirus*
基因组	环状、单组分、长约 2800 核苷酸的单链 DNA 基因组，编码 6 种蛋白质
地理分布	中东，全世界的番茄种植地区
宿主	番茄
相关疾病	黄化，花叶，发育不良及畸形叶片，产量下降
传播	白粉虱

番茄黄化曲叶病毒
Tomato yellow leaf curl virus
迁移一种作物，获得了一种新病毒

一种生长于"新世界"作物上的"旧世界"病毒

双生病毒科的大多数病毒，具有两个 DNA 分子，但有些只有一个 DNA 分子。这类只有一个 DNA 分子的双生病毒，被称为"旧世界"病毒，因为它们一般不存在于西半球。那么，一个"旧世界"病毒是如何跑到"新世界"的作物上去的呢？有两种原因导致了这一现象。原因之一是在几个世纪前的番茄种植推广运动，将番茄从其发源地南美洲，推广至世界各地，这使得原来只能在中东地区感染野生植物的病毒，得以感染番茄。该病最初是在 20 世纪 30 年代，现在以色列的所在地被发现的，彼时仅在当地发生。第二个原因，是 20 世纪 90 年代 B 型白粉虱在全世界热带及亚热带地区的传播。B 型白粉虱，比其他类型的白粉虱具有更广的植物食谱，因此加剧了病毒从野生植物到番茄的传播。20 世纪 90 年代，B 型白粉虱在许多地方的出现，使得番茄黄化曲叶病毒迅速扩散到许多番茄种植地区，包括西半球的番茄起源地。近年来，在 B 型白粉虱发生的地方，除了番茄黄化曲叶病毒，还发现了很多与之类似的病毒。在有些被感染的植物中存在多种病毒的复合侵染，这为不同来源的新病毒的产生提供了机会。有时，感染了病毒的植物对 B 型白粉虱是更好的宿主，能提高其产卵量和孵化率。上述因素加剧了病毒的进一步扩散，也导致了 B 型白粉虱的入侵。

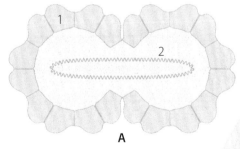

A 横切面
B 外观
1 衣壳蛋白
2 单链 DNA 基因组

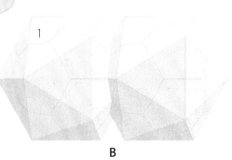

左图 番茄黄化曲叶病毒颗粒为红色。这些病毒颗粒都是两两在一起的，这也是双生病毒的名称来源。

分组	Ⅲ
目	未分类
科	双分病毒科 Partitiviridae
属	α 双分病毒属 *Alphapartitivirus*
基因组	线性、双组分、长约 3700 核苷酸的双链 RNA 基因组，编码 2 种蛋白质
地理分布	全世界的三叶草
宿主	三叶草
相关疾病	无
传播	完全靠种子传播

白三叶草隐潜病毒
White clover cryptic virus
一种对三叶草有利的病毒

176

一种持续性感染的植物病毒

持续性感染的植物病毒在作物和野生植物中都很常见。这些病毒存在于在被感染植物的每个细胞中，并且随着植物种子一代代地传给后代，也许传了几千年。由于它们似乎不引起任何疾病，关于它们的研究也不多。在所研究的野生植物病毒中，双分病毒科的病毒成员最为常见，这科病毒如此命名，是因为它们的核酸为双组分的 RNA 分子。

白三叶草隐潜病毒是一种非常简单的病毒，它仅编码一个外壳蛋白和一个用于复制 RNA 的多聚酶。白三叶草，与所有的豆科植物一样，基根部会因共生细菌的寄生产生根瘤，这些根瘤可以固氮，即把大气中的氮转化成植物可以利用的形式。这对植物而言是非常重要的，但同时也占用了大量的资源。白三叶草隐潜病毒的外壳蛋白，除了包装病毒外，当土壤中有足够的氮源时，还可以抑制根瘤的形成。目前尚不清楚外壳蛋白是如何做到这一点的，但对植物而言非常有用，因为它可以在不需要的时候，不再形成根瘤。也许其他持续性感染的病毒对其宿主也会产生有利的作用，但目前，对这类病毒的研究还太少。

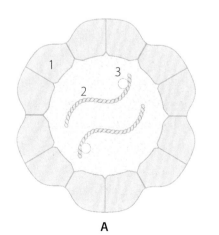

A 横切面
1 外壳蛋白
2 双链 RNA 基因组（2 个片段）
3 多聚酶

右图 白三叶草隐潜病毒颗粒为蓝绿色背景上的棕褐色。虽然在电镜下无法区分，该病毒其实具有两种不同的病毒颗粒，每种颗粒中包裹着不同的基因组 RNA。

A

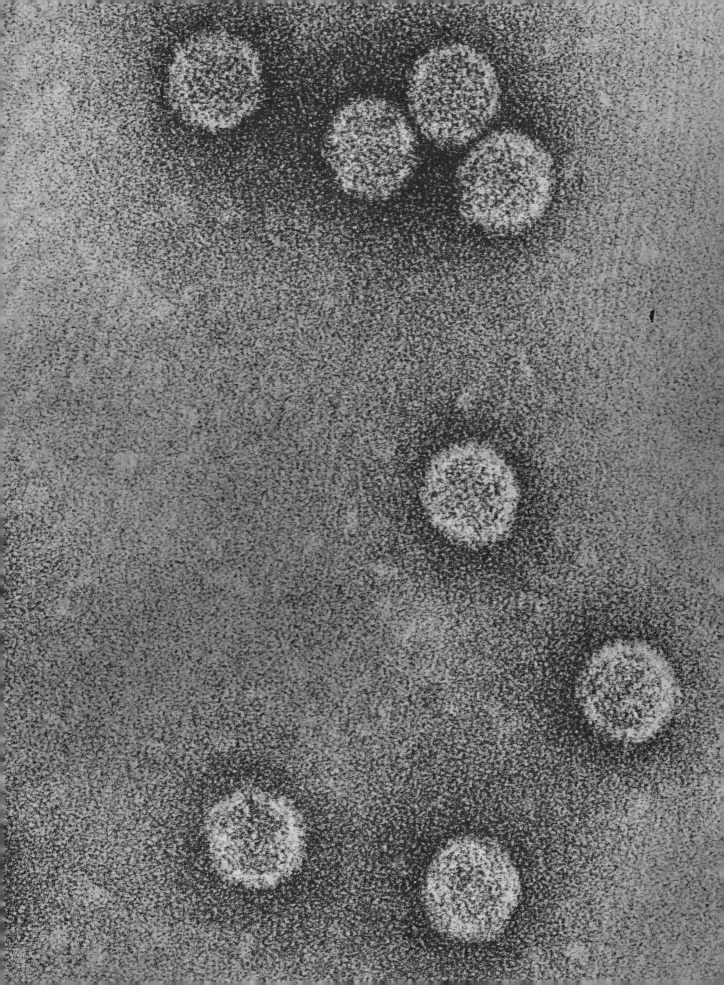

分组	II
目	未分类
科	双生病毒科 Geminiviridae
属	菜豆金色花叶病毒属 Begomovirus
基因组	环状、双组分、长约 5200 核苷酸的单链 DNA 基因组，编码 8 种蛋白质
地理分布	南美洲的热带地区
宿主	菜豆及野生豆科植物
相关疾病	金色花叶病
传播	白粉虱

菜豆金色花叶病毒
Bean golden mosaic virus
一种新发的植物病害

178

给菜豆带来严重影响

　　某些双生病毒是重要的新生病毒，它们多由白粉虱传播，正是由于这些白粉虱的扩张，导致世界范围的新发病害的产生。菜豆金色花叶病毒，最早于 1976 年在哥伦比亚的菜豆中发现。现在，它已经是拉丁美洲菜豆种植业面临的最严重的病害，据估计，它造成了成千上万吨菜豆的损失，而在该地区，菜豆是重要的大宗粮食作物。在北美洲及中美洲，与菜豆金色花叶病毒相近的病毒，也在造成类似的损失。造成这种病害上升的一个原因，被认为是大豆种植的大规模增加，其为媒介白粉虱提供了极佳的宿主，并且可能增加了媒介的种群密度。虽然菜豆有多种培育品种，但是还没有发现抗菜豆金色花叶病毒的品种。一种可能用来防御该病的策略，是用杀虫剂控制媒介昆虫白粉虱，但这费用较高，对环境也有影响，而且一般会导致抗性白粉虱的产生。近年来，人们致力于用基因工程的手段，获得抗病毒的菜豆品系，将病毒的部分核酸整合到菜豆的基因组中，从而诱发植物的天然免疫系统。目前，这种方法在温室和田间试验中取得了成功，抗病毒的菜豆品系已经获得巴西政府的栽种许可。

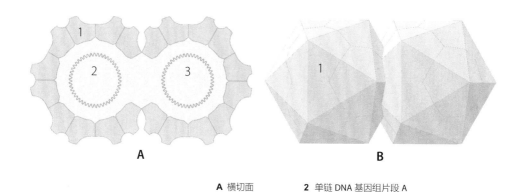

A 横切面　　**2** 单链 DNA 基因组片段 A
B 外观　　**3** 单链 DNA 基因组片段 B
1 外壳蛋白

分组	IV
目	未分类
科	马铃薯 Y 病毒科 Potyviridae
属	马铃薯 Y 病毒属 Potyvirus
基因组	线性、单组分、长约 9600 核苷酸的单链 RNA 基因组，编码至少 10 种蛋白质
地理分布	起源于土耳其，分布于世界各地的郁金香中
宿主	郁金香和百合
相关疾病	无，在郁金香中产生漂亮的颜色变异
传播	蚜虫

郁金香碎色病毒
Tulip breaking virus
一种导致经济泡沫的病毒

给郁金香带来漂亮条纹的病毒

18 世纪的荷兰，掀起了一股郁金香狂热。荷兰人本来就十分喜欢起源于土耳其的郁金香，但当时他们完全着迷于一种新发现的、有条状花纹的郁金香。据说，有时一个郁金香球茎的价格，可以买一艘载满货物的帆船。但是，这种漂亮的条状花纹的郁金香生长不是很稳定，有时，一个有条状花纹郁金香的球茎新长出来的花没有条纹，与普通的郁金香一样。因此，在进行郁金香球茎的买卖时，人们会对它是否产生条状花纹进行猜测，大量的钱被押在这一随机事件上，郁金香狂热被称为世界上第一次经济泡沫。18 世纪，一些著名的绘画描绘了条状花纹郁金香的美丽，这种狂热在欧洲大部分地区蔓延开来。

直到 20 世纪，人们才发现，导致郁金香产生条状花纹的原因是病毒。事实上，病毒可以通过干扰色素的产生，导致花以及植物其他部分的多种颜色变化。山茶花就可能因为病毒的感染而呈现美丽的图案，观赏性枫树的斑驳叶片，也是因病毒感染所产生的。但是，颜色的不稳定，以及多次传代后条状花纹郁金香会衰落的事实，都提示病毒的感染可能会对郁金香本身造成一定的影响。因此，用病毒诱导郁金香产生条状花纹的提议，不再那么吸引人。

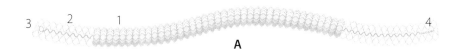

A

A 外观及尾部的截面
1 外壳蛋白
2 单链基因组 RNA
3 末端结合蛋白 VPg
4 多聚腺苷酸尾

无脊椎动物病毒

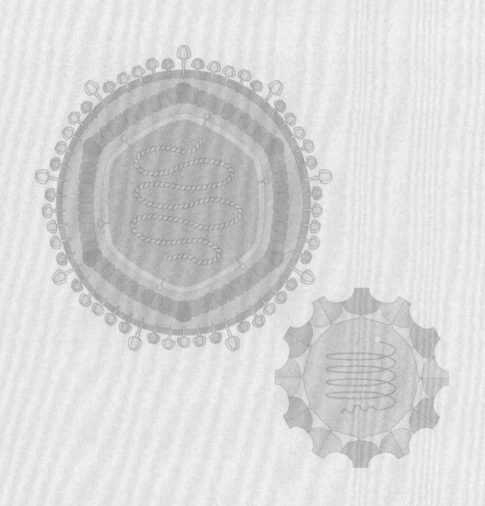

概　述

我们现在要讲的大多数病毒都是昆虫病毒，由于昆虫的种类繁多，因此昆虫病毒是一类很大的真核病毒，具有非常广的多样性。这里所描述的昆虫病毒，有些对它们的宿主是必需的，有些在某些条件下对宿主是有利的，另外一些则可能是严重的致病病原。多分 DNA 病毒科（Polydnaviridae）由寄生蜂的一大类病毒所组成，这些病毒已经进化成寄生蜂的一部分，并且成为寄生蜂在其鳞翅目（lepidopteron）宿主中存活所必需的病毒。另外在蚜虫和遗传学研究的模式动物——果蝇身上，也发现了一些有益病毒。

近期的昆虫病毒热点研究发现，昆虫具有与植物、少部分动物以及真菌一样的抗病毒免疫系统，被称为 RNA 沉默：宿主识别病毒基因组，产生小的 RNA 分子，再附着到病毒的 RNA 上，导致后者的降解。RNA 沉默在许多系统中被用于正常基因的调控，也用于生物技术，通过使某些基因沉默、观察其效应来研究基因的功能。近年来，全世界范围内蜜蜂种群的下降，也激起了科学家对昆虫病毒研究的兴趣，因为蜜蜂在许多重要农作物的授粉中发挥着重要作用。

在无脊椎动物病毒中还包括一个有趣的病毒科——虹彩病毒科，它们是迄今为止发现的唯一有自然颜色的病毒。这一科中的许多病毒，可以有从蓝色、绿色到红色的彩虹色，被病毒感染的宿主也出现这种彩色。这类病毒粒子具有非常复杂的晶体结构，它们通过对光线的折射产生了这种彩虹色。

除了昆虫病毒以外，我们还要介绍 1 种线虫病毒，以及 2 种虾病毒，这类病毒对世界各地的养殖虾造成了严重影响。这类病毒，以前从未在野生虾中发现过，是随着养虾业逐渐变得密集而出现的。与某些鱼病毒仅感染养殖鱼一样，单一品种的大规模养殖（在一个小的空间内养殖大量具有相同遗传背景的生物），似乎为新病毒的爆发提供了平台。这一现象，在植物培育和动物养殖中也存在。

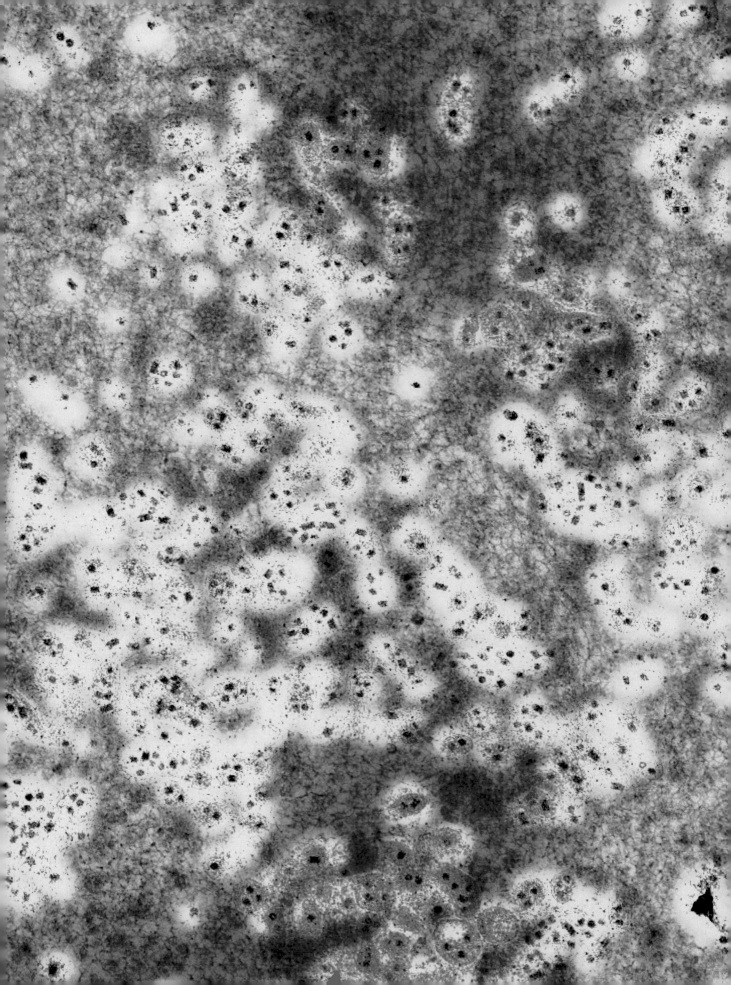

分组	I
目	未分类
科	多分 DNA 病毒科 Polydnaviridae
属	茧蜂病毒属 *Bracovirus*
基因组	环状、35 节段、长约 728000 核苷酸的双链 DNA，编码超过 220 种蛋白质
地理分布	北美洲和中美洲
宿主	群聚盘绒茧蜂，一种寄生蜂
相关疾病	无，对寄生蜂而言是有益的；导致昆虫幼虫的免疫抑制
传播	在寄生蜂中严格地垂直传播，通过寄生蜂产卵进入昆虫幼虫

群聚盘绒茧蜂病毒
Cotesia congregata bracovirus
寄生蜂生存所必需的病毒

目前已发现的种群最大的病毒科之一

茧蜂病毒，是感染茧蜂科寄生蜂的病毒，它们与茧蜂共存已经有成千上万年的历史。茧蜂大约有 18000 种，每种都有自己的病毒，因此，这类病毒的数量非常巨大。茧蜂是寄生蜂（parasitoids），它们把卵产在活的昆虫幼虫体内，于是昆虫幼虫成为它们卵的孵化器，这个过程需要病毒的帮助。这些病毒的内部包装的是寄生蜂的基因，病毒随着寄生蜂产卵，被接种到昆虫幼虫体内。进入昆虫幼虫体内后，这些基因开始表达出抑制其免疫系统的蛋白。如果没有这些蛋白对昆虫幼虫免疫系统的抑制作用，寄生蜂的卵，就会被其免疫系统消灭掉。

由古老的互作关系发展成的有利系统

由于在这一科的寄生蜂中都有类似的病毒，科学家们认为，病毒大约在 1 亿年前就感染了寄生蜂。经过漫长的进化，这种寄生蜂 — 病毒的互作关系发展为对寄生蜂有益。病毒的基因被整合到寄生蜂体内，并腾出空间，将寄生蜂的基因包装进病毒粒子中。现在还不清楚，病毒究竟应该被视为一个独立的生物体，还是寄生蜂的一部分。

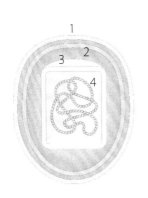
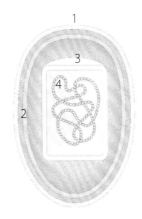

左图 在寄生蜂卵萼组织中的**群聚盘绒茧蜂病毒**颗粒。在深色背景上可以看到病毒核衣壳被包裹在囊膜结构中。

3 种不同特征变异株的横切面
1 外层脂膜
2 内层脂膜
3 核衣壳
4 寄生蜂 DNA

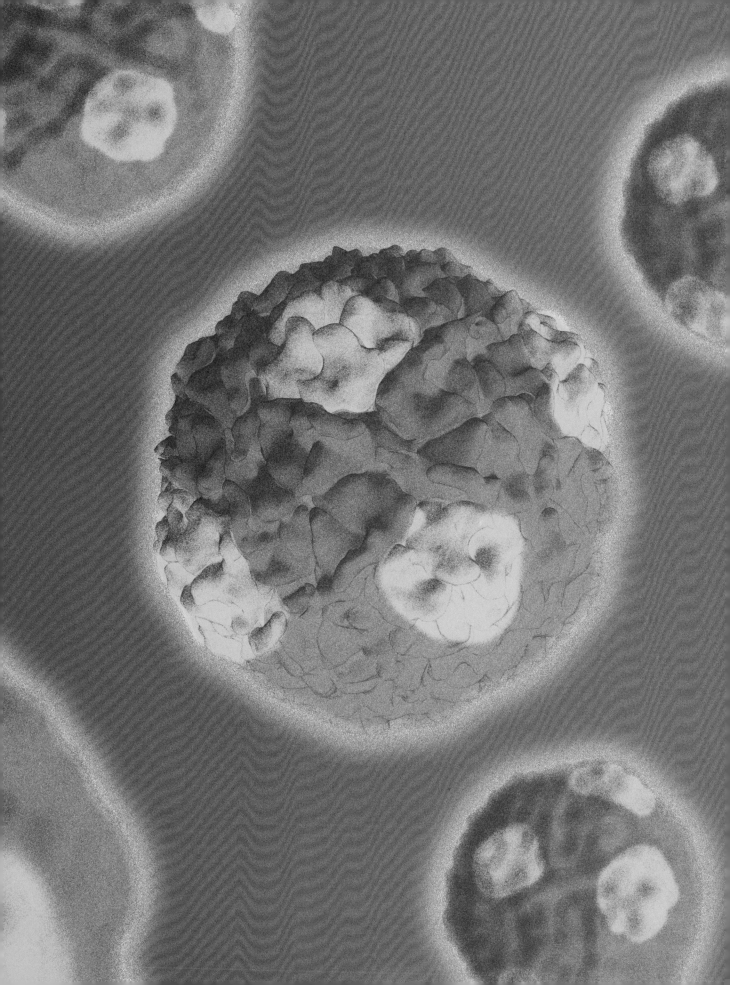

分组	Ⅳ
目	小 RNA 病毒目 Picornavirales
科	双顺反子病毒科 Dicistroviridae
属	蟋蟀麻痹病毒属 Cripavirus
基因组	线性、单组分、长约 9000 核苷酸的单链 RNA，通过 2 条多聚蛋白编码 8 种蛋白质
地理分布	全世界分布
宿主	苍蝇，臭虫，蜜蜂，飞蛾，蟋蟀
相关疾病	通常无症状，昆虫麻痹
传播	吸食了病毒污染的材料

蟋蟀麻痹病毒
Cricket paralysis virus
仅对蟋蟀致命的病毒

发现一种生成病毒蛋白的新方法

蟋蟀麻痹病毒，最初于 20 世纪 70 年代，在澳大利亚一个实验室人工饲养的蟋蟀种群中被发现，当时蟋蟀若虫出现麻痹症状，而且该种群 95% 的蟋蟀最终都死亡了。电子显微镜观察发现了类似病毒的颗粒，将这些颗粒接种到蟋蟀幼虫后，引发了相同的症状，于是证明了这种病毒是该病的病原。自首次发现后，后来又在新西兰、英国、印度尼西亚和美国等地的好几种数量锐减的蟋蟀种群中发现了该病毒。除了蟋蟀，该病毒也在其他昆虫，如蜜蜂中被发现，但在大多数情况下，没有疾病的症状。

病毒用各种不同的方法来生成病毒蛋白，许多小的 RNA 病毒先表达一个大的多聚蛋白，然后再切割成不同的小蛋白。蟋蟀麻痹病毒，是首次发现的能表达 2 种不同多聚蛋白的病毒。用这种方式，可以克服通常情况下只有一个多聚蛋白的弱点：病毒对所有蛋白的需求量是不一样的，如果只有一个多聚蛋白的话，所有蛋白质都会表达成相同的量。由于具有 2 个多聚蛋白，蟋蟀麻痹病毒就可以将其需要得较多的蛋白，放在一条多肽上，然后将其需要得较少的蛋白，放在另一条多肽上。这是一种更有效的生成病毒蛋白的方法，而且，也避免了蛋白的过量表达，有些病毒复制所必需的蛋白，对宿主可能是有毒性作用的。植物的马铃薯 Y 病毒，虽然编码一条多聚蛋白，但它设计了一种机制，使得其毒性最强的蛋白能够自动减少，从而避免伤害宿主细胞。

A 横切面
B 外观
外壳蛋白
1 病毒蛋白 VP1
2 病毒蛋白 VP2
3 病毒蛋白 VP3
4 单链基因组 RNA
5 末端结合蛋白 VPg
6 多聚腺苷酸尾

左图 蟋蟀麻痹病毒的模型，为蓝绿色。该病毒模型是依据 X-射线晶体衍射及电镜图像绘制的。

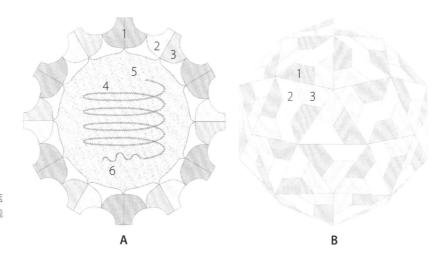

A B

分组	IV
目	未分类
科	传染性软腐病病毒科 Iflaviridae
属	传染性软腐病病毒属 *Iflavirus*
基因组	线性、单组分、长约 10100 核苷酸的单链 RNA，通过一个多聚蛋白编码 8 种蛋白质
地理分布	全世界分布
宿主	蜜蜂，甲虫，蚂蚁，其他蜂，寄生蜂，食蚜蝇
相关疾病	残翅；在有些蜂种中无症状
传播	在蜂间通过粪口途径，卵及螨传播

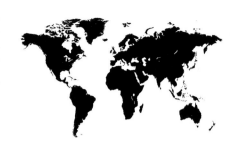

残翅病毒
Deformed wing virus
蜜蜂种群崩溃之谜中的一块拼图

186

寄生虫的相互作用改变了病毒的生态

蜂群崩溃失调症（Honeybee colony collapse disorder），是世界范围内的蜜蜂种群都存在的问题，由于蜜蜂传粉对许多农作物，尤其是起源于欧洲的作物很重要，因此引起了农业部门的高度重视。这种蜂群崩溃失调症，表现为种群中大量工蜂的消失，只留下蜂王、一些保育工蜂和大量的食物。这种失调症的起因很复杂，包括一种狄斯瓦螨（Varroa destructor，以最早描述该螨的意大利蜂农命名）的作用。这种螨，最早起源于亚洲蜂，在 20 世纪 70 年代开始扩散到世界各地，感染了西方的蜂的种群。如果没有狄斯瓦螨，任何年龄的蜜蜂都可以被残翅病毒所感染，而不表现出症状，也不对蜂群造成影响；但是，因为有狄斯瓦螨存在，在蛹期感染高浓度病毒的蜂，一般会死亡，如果它们发育到成虫，则会出现残翅，不能飞行。目前，对这一复杂过程中的许多细节还不清楚，但比较清晰的是，蜜蜂、螨、病毒三者之间的紧密关系导致了上百万只蜜蜂的消失。

残翅病毒在其他昆虫中也有发现，它们似乎也感染螨。其他蜂，如大黄蜂，也可以被感染，但没有发现任何症状。起源于美洲的农作物，大约占当今人类食物资源的 60%，主要靠大黄蜂、其他昆虫、鸟类或风传粉。

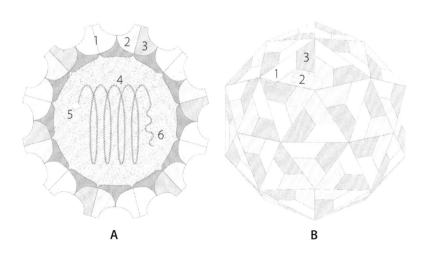

A 横切面
B 外观
外壳蛋白
1 病毒蛋白 VP1
2 病毒蛋白 VP2
3 病毒蛋白 VP3
4 单链基因组 RNA
5 末端结合蛋白 VPg
6 多聚腺苷酸尾

右图 在被感染的细胞内**残翅病毒**颗粒形成的晶格状排列。

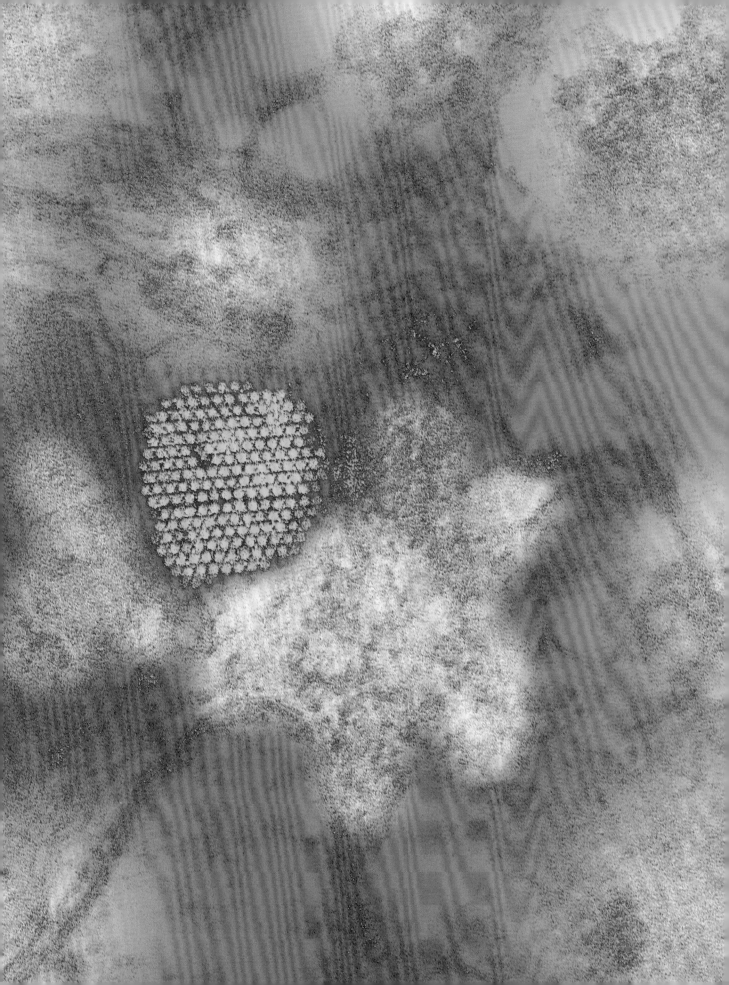

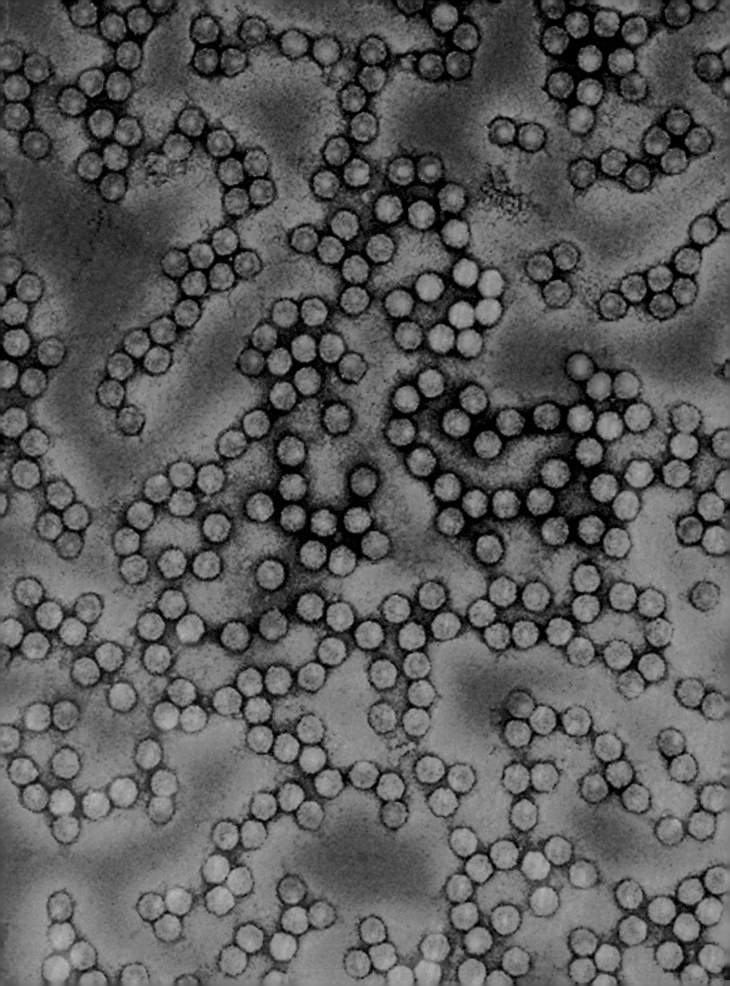

分组	Ⅳ
目	小RNA病毒目 Picornavirales
科	双顺反子病毒科 Dicistrovirus
属	蟋蟀麻痹病毒属 Cripavirus
基因组	线性、单组分、长约9300核苷酸的单链RNA，通过两个多聚蛋白编码6种蛋白质
地理分布	全世界分布
宿主	果蝇
相关疾病	在有些时候是有益的，在其他情况下导致果蝇死亡
传播	在自然界经消化系统感染，在实验室通过注射感染

果蝇 C 病毒
Drosophila virus C
一种在致病与有益之间转换身份的病毒

一种感染果蝇遗传模型系统的病毒

果蝇，长期以来一直是遗传学研究的模型系统，它们的基因组相对较小，生活周期短，且易于杂交。果蝇C病毒，最早于20世纪70年代在法国一家研究果蝇遗传学的实验室中被发现，它是发现的第一个有益（亦称为互利共生）病毒。被病毒感染的果蝇，发育得更快，产下的子代也更多。但是，如果果蝇是在幼虫期被感染的话，病毒则是一个病原，会影响幼虫的生存。在有病毒存在的果蝇种群中，如果快速增殖胜过了幼虫患病造成的影响，对整个种群而言，病毒的存在还是有益的。

在实验条件下，如果给果蝇成虫注射病毒，则会导致成虫死亡，这使得该病毒是否能被视为有益病毒产生了争议。但在自然界中，果蝇一般是通过取食被其他带病毒果蝇所污染的食物而感染的。有一项研究发现，病毒的增效作用与温度有关：在低温条件下，病毒对果蝇的增效作用不明显。还有研究显示，果蝇种类的不同也会使病毒作用的效果产生差异。这些研究表明，病毒与其宿主之间，存在非常微妙的生态平衡。

A 横切面
B 外观
外壳蛋白

1 病毒蛋白 VP1
2 病毒蛋白 VP2
3 病毒蛋白 VP3
4 单链基因组 RNA
5 末端结合蛋白 VPg
6 多聚腺苷酸尾

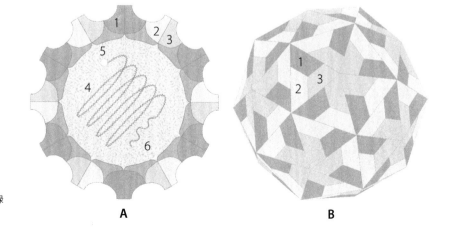

左图 纯化的**果蝇C病毒**颗粒为绿色背景上的粉红色。

A   B

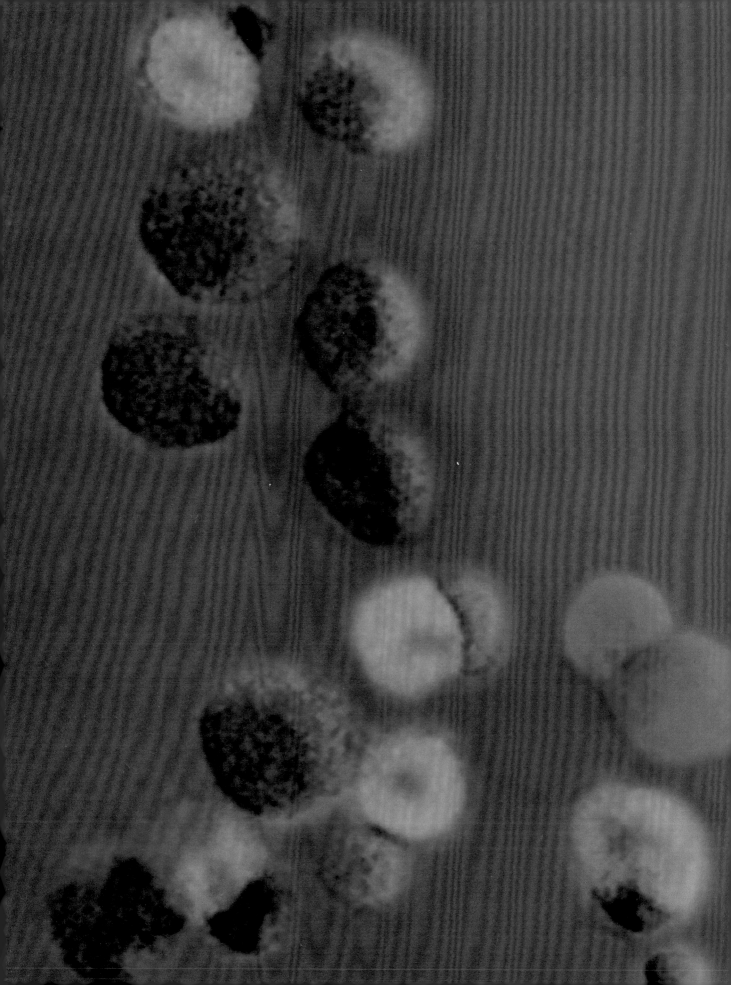

分组	II
目	未分类
科	细小病毒科 Parvoviridae
属	未分类
基因组	线性、单组分、长约 5000 核苷酸的单链 DNA，编码 4 种蛋白质
地理分布	英国，也许欧洲其他地区
宿主	玫红苹果蚜虫
相关疾病	无
传播	取食植物汁液，有些有垂直传播

玫红苹果蚜虫浓核病毒
Dysaphis plantaginea densovirus
让蚜虫产生翅膀的病毒

一种以植物为载体，对昆虫有益的病毒

有些蚜虫种群存在无性繁殖——一种在一些昆虫中存在的孤雌生殖方式，即让未受精的卵，发育产生子代。在玫红苹果蚜虫 *Dysaphis plantaginea* 的种群中，多数蚜虫是无翅的，呈浅褐色，而且产生很多后代。有时，种群中会出现一些深色、有翅的蚜虫，这类蚜虫产生的后代较少，而它们后代中的一部分又会成为正常蚜虫。这种深色有翅蚜虫，是因为受到玫红苹果蚜虫浓核病毒感染而出现的。当有翅的、被病毒感染的蚜虫降落到植物上取食时，会将病毒带到植物汁液中，这些病毒在植物中不繁殖，但在汁液中低浓度存在。有翅蚜虫并不将病毒直接传给自己的所有后代，因为无翅蚜虫能繁殖出更多若虫，其占据了种群中的多数。蚜虫如果没有翅膀，就不能飞向新的植物，这样，种群密度就会越来越高。最终，有翅蚜虫会重新出现，这些蚜虫可能取食了隐藏在食物汁液中的病毒，因此长成了个体较小、有翅的深色蚜虫，它们可以飞到新的植物上，从而开始新一轮的繁殖。因此，病毒对蚜虫种群是有利的，它们能让无翅蚜虫作为种群的主要成员，有效地复制，仅偶尔产生有翅的蚜虫。当寄居的植物变得过于拥挤时，蚜虫若虫获取病毒并发展为有翅蚜虫的概率会增加。

A 横切面
B 外观
1 衣壳蛋白
2 单链 DNA 基因组

左图 玫红苹果蚜虫浓核病毒为蓝色。有些病毒在电镜下不容易看清楚，不过这里还是可以看出一些结构。

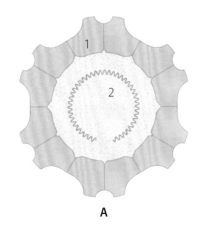

A

B

分组	IV
目	未分类
科	野田村病毒科 Nodaviridae
属	α 野田村病毒属 *Alphanodavirus*
基因组	线性、双组分、总长约 4500 核苷酸的单链 RNA，编码 4 种蛋白质
地理分布	新西兰
宿主	蛴螬，实验室可感染多种宿主
相关疾病	生长迟缓
传播	取食

羊舍病毒
Flock house virus
在实验室能够感染多种宿主的昆虫病毒

一种告诉科学家病毒是如何与宿主细胞相互作用的病毒

羊舍病毒，是 20 世纪 80 年代在新西兰的一种牧场害虫蛴螬中发现的。最开始的研究兴趣，是希望将其发展为控制害虫的生物防治因子，后来，该病毒发展成为研究病毒与宿主相互作用的重要模型。羊舍病毒的基因组很小，便于用作遗传学研究；除昆虫细胞外，羊舍病毒还可以感染多种细胞，包括植物和酵母细胞。它将自己的 RNA 直接注射到细胞中，这就可以用来研究某些病毒是如何进入细胞的。当羊舍病毒接触到宿主细胞外膜的时候，它的外壳蛋白将自身的一部分切割下来，这一小段蛋白可以在宿主细胞膜上打一个洞，以让病毒进入细胞。羊舍病毒的另一个重要研究价值，在于研究植物和昆虫的抗病毒免疫机制 ——RNA 干扰（RNAi），或 RNA 沉默。在这一机制中，宿主产生与病毒 RNA 相匹配的一段小分子 RNA，进而介导病毒 RNA 的降解，这一机制在植物和昆虫抗病毒天然免疫中发挥着重要作用。但是，病毒常具有一些蛋白来抑制这个免疫系统，羊舍病毒编码的蛋白，就让我们认识了病毒抑制 RNAi 的分子机制。

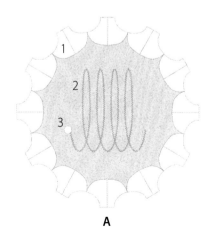

A 横切面
1 外壳蛋白
2 单链 RNA 基因组
3 帽子结构

A

右图 在这张电镜图中，**羊舍病毒**颗粒排列成整齐的晶格状结构。

分组	I
目	未分类
科	虹彩病毒科 Iridoviridae
属	虹彩病毒属 *Iridovirus*
基因组	线性、单组分、长约 212000 核苷酸的双链 DNA，编码约 468 种蛋白质
地理分布	日本、美国，相关病毒在全世界分布
宿主	二化螟、稻叶蝉、软体动物，在实验室中可感染多数昆虫
相关疾病	一般没有病症，但也可以致死
传播	取食

无脊椎动物虹彩病毒 6 型
Invertebrate iridescent virus 6
一种让其宿主变蓝的病毒

彩色病毒之谜

　　第一个虹彩病毒，是 1954 年在具有缤纷蓝色的水生昆虫中发现的。大多数病毒是无色的，虽然有时候为了引起人们的兴趣，给它们人为地添加了色彩，就像本书中一样。在生物学上，颜色的产生一般需要色素，而且这个比较复杂的过程一般有特殊用途：有些颜色是为了吸引配偶；有些鸟或蜂的颜色是为了传粉；植物中的绿色素是为了捕获光能等。对病毒来讲，它们的生物学功能不需要颜色，因此，通常病毒是无色的。但是，无脊椎动物虹彩病毒 6 型及其相关病毒则能产生颜色，不过，它们的颜色不是来自色素，而是由于它们病毒粒子复杂的晶体状结构，对某些波长的光进行折射而产生的。在生物学中，这种颜色被称为结构色，在蝴蝶、甲虫、贝壳等生物中都能发现这类结构色。

　　无脊椎动物虹彩病毒 6 型，是在日本从水稻上的昆虫中发现的。在自然界，还在一些其他的昆虫中发现了这种病毒，但在实验室中，这种病毒几乎能感染所有的昆虫种类。在实验室，该病毒经常是致死性的，但在自然界中，它很少引起严重疾病，而且通常不引起任何症状。

A 横切面
B 衣壳的外观
1 囊膜蛋白
2 外层脂膜
3 外壳蛋白
4 内层脂膜
5 双链基因组 DNA

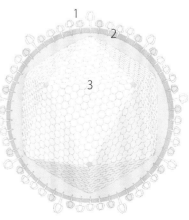

左图 排列整齐的**无脊椎动物虹彩病毒 6 型**颗粒，可见外膜结构和内部核心颗粒的细微结构。

A

B

分组	I
目	未分类
科	杆状病毒科 Baculoviridae
属	α杆状病毒属 Alphabaculovirus
基因组	环状、单组分、长约161000核苷酸的双链DNA，编码163种蛋白质
地理分布	亚洲、欧洲、北美洲
宿主	舞毒蛾
相关疾病	倒挂死亡，也称树顶症
传播	取食病毒

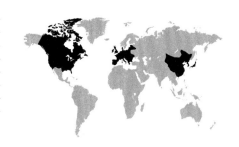

舞毒蛾多粒包埋核多角体病毒
Lymantria dispar multiple nucleopolyhedrosis virus
害虫的生物防治因子

改变宿主的行为以利于病毒的传播

舞毒蛾多粒包埋核多角体病毒，是感染昆虫的多种杆状病毒之一。杆状病毒是研究得较为深入的、有多种用途的大病毒。它们中有一些，被发展为非常有效的生物技术，用来控制从舞毒蛾到棉铃虫等害虫。在自然界，它们也是昆虫种群的自然控制因子，当昆虫种群过大时，它们可以横扫并杀死上百万的昆虫。

一百多年前就知道，这类病毒可以在昆虫中引起一种叫作树顶症的疾病。被感染的昆虫幼虫，比如说舞毒蛾，会爬到树顶上，而不像健康的幼虫，会躲在叶面下逃避捕食者。当幼虫死亡后，虫尸会液化，数十亿的病毒会释放出来，流过叶面，从而为再次感染昆虫提供足够的病毒。最近，科学家们发现，这种病毒编码的一个特殊基因，发挥了这种改变宿主行为的作用。

A 出芽病毒
B 包埋型病毒
1 糖蛋白
2 脂膜
3 衣壳顶部
4 双链DNA基因组
5 外壳蛋白
6 衣壳基部
7 ODV囊膜

左图 黄色显示的是**舞毒蛾多粒包埋核多角体病毒**的包涵体。包涵体内部包埋有病毒粒子，这种包涵体从死亡的幼虫中释放出来，它们可以保护内部的病毒粒子，使其可以感染其他幼虫。

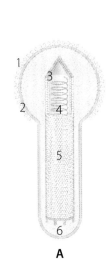

A

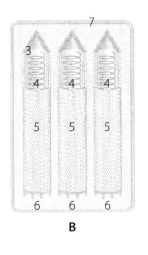

B

分组	IV
目	未分类
科	未分类
属	未分类
基因组	线性、双组分、总长约 6300 核苷酸的单链 RNA，编码 3 种蛋白质
地理分布	法国
宿主	秀丽隐杆线虫，某些线虫
相关疾病	肠道疾病
传播	也许通过取食

奥赛病毒
Orsay virus
第一个发现的线虫病毒

长期寻找病毒，终于获得突破

　　线虫是一种小蠕虫，被认为是世界上数量最多的动物。秀丽隐杆线虫 *Caenorhabditis elegans*，是用于遗传学、免疫学、发育学研究的最重要的动物模型之一。这种非常小的动物很容易操作，而且世界上有许多不同的克隆。与许多模型系统一样，线虫的自然历史研究得并不多，在实验室饲养的线虫，从来都没有发现过病毒，因此人们曾怀疑线虫不会感染病毒。最近发现的野生秀丽隐杆线虫种群，又重新开启了寻找病毒的研究。2011 年，在法国奥赛镇附近，从一个烂苹果的野生线虫中，发现了第一个线虫病毒。在显微镜下，感染了病毒的线虫肠细胞，发生了许多变化。这种病毒，可以感染秀丽隐杆线虫的多种克隆，但不能感染其他相关线虫。有些免疫系统有部分缺陷的线虫，对奥赛病毒更敏感些。

　　线虫病毒的发现，为研究动物与病毒的相互作用，提供了一个非常好的新模型。由于有些线虫会感染植物的根部，并传播植物病毒，是农作物的重要害虫，因此，人们希望感染线虫的病毒，将来可以发展成控制线虫的非毒性生物农药，或生物控制因子。

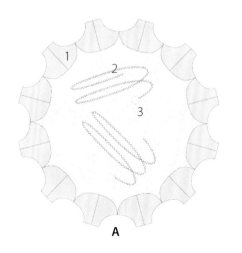

A 横切面
1 衣壳蛋白
2 单链 RNA 基因组（2 个节段）
3 帽子结构

A

右图 这张纯化的病毒颗粒电镜照片中浅绿色的是**奥赛病毒**。

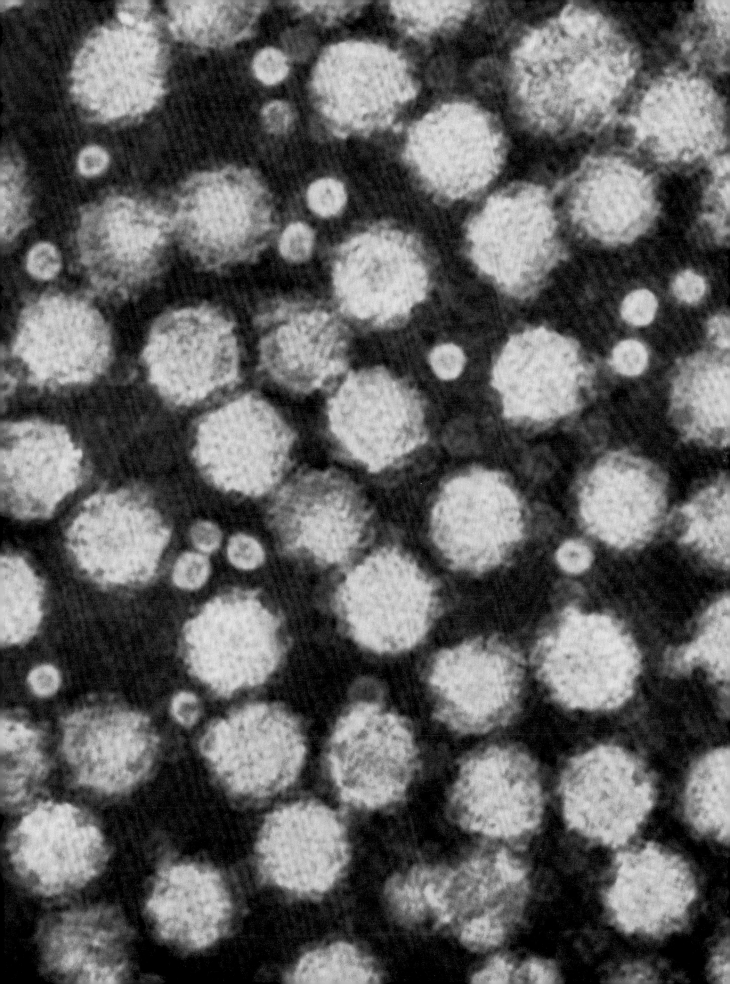

分组	I
目	未分类
科	线头病毒科 Nimaviridae
属	白斑病毒属 *Whispovirus*
基因组	环状、单组分、长约305000核苷酸的双链DNA，编码超过500种蛋白质
地理分布	中国、日本、韩国、东南亚、中东、欧洲及美洲
宿主	在淡水、微咸水及海水中的水生虾、蟹及龙虾
相关疾病	白斑
传播	取食，也可能垂直传播

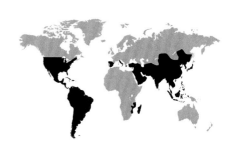

白斑综合征病毒
White spot syndrome virus
养殖虾的新发病毒

一种难以控制的病毒病

养殖虾的白斑综合征，最早于20世纪90年代初在中国台湾发现，随后发现了白斑综合征病毒。病毒很快扩散到日本，随后扩散到亚洲其他地方，于1995年出现在美国得克萨斯州南部。自那时起，该病毒就在厄瓜多尔、巴西被发现。人们认为，病毒是随冰冻的诱饵虾，从亚洲传播到了世界各地。大规模的单一养殖（在一个临近空间内，养殖大量的同一物种）似乎给疾病的发生提供了平台。随着水产养殖的增加，越来越多的养殖海产品有可能出现疾病。

白斑综合征病毒，给对虾养殖业造成了严重危害。虾的免疫系统，与人和动物的免疫系统有很大的差别，它们没有抗体，而是用特殊的细胞和生化反应来抗击病毒。抗体，是疫苗免疫起作用的主要成分，由于对虾没有抗体系统，很长一段时间，人们都认为疫苗可能行不通。但是，利用一些新方法，如用病毒的蛋白，或者病毒的DNA或RNA，测试实验取得了一定的成功。其他一些防控措施包括：严格的卫生消毒、调节水温以及用植物抗病毒抽提物。

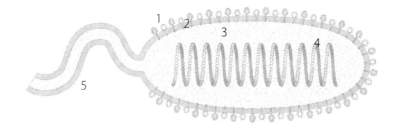

A 横切面
1 囊膜蛋白
2 脂膜
3 基质
4 核蛋白包裹着双链DNA基因组
5 尾巴样结构

A

右图 整齐排列的是**白斑综合征病毒**颗粒，多数病毒看到的是横切面，不过，至少下方有一个病毒是纵向的。

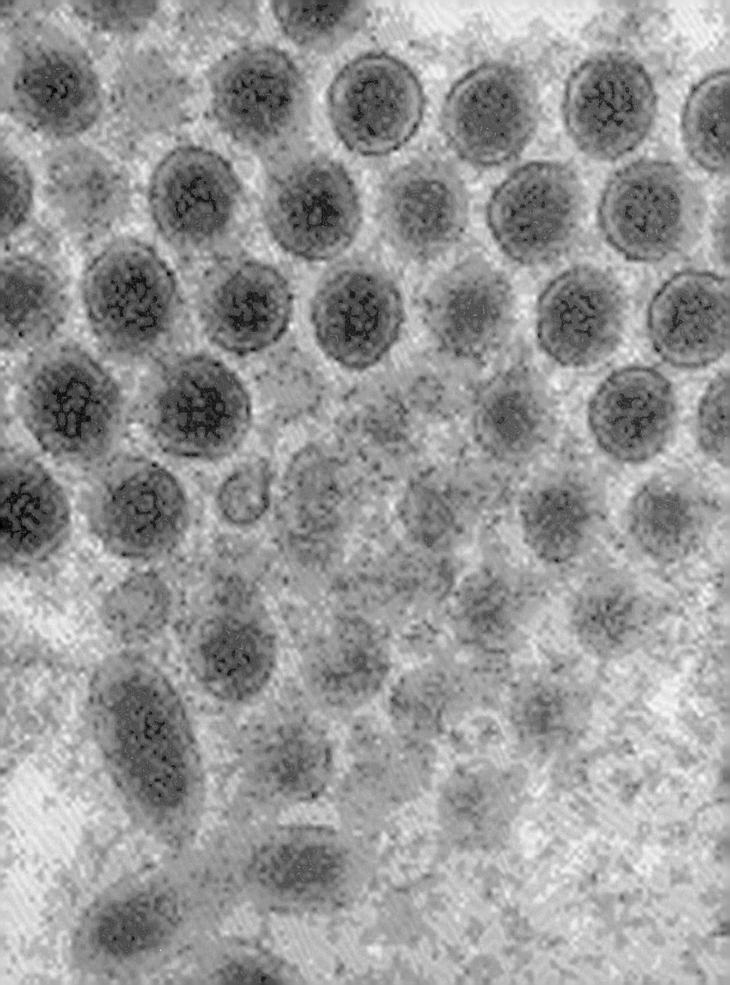

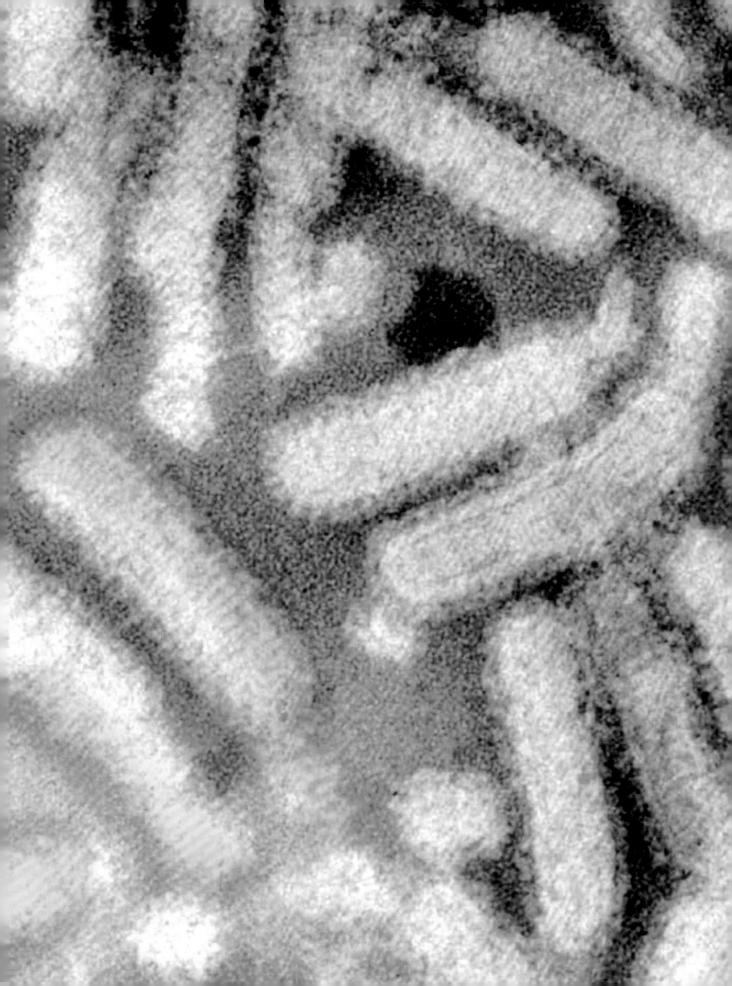

分组	IV
目	套式病毒目 Nidovirales
科	杆套病毒科 Roniviridae
属	头甲病毒属 *Okavirus*
基因组	线性、单组分、长约 27000 核苷酸的单链 DNA，编码 8 种蛋白质，有些蛋白质来源于多聚蛋白
地理分布	中国台湾、印度、印度尼西亚、马来西亚、菲律宾、斯里兰卡、越南
宿主	亚洲斑节对虾、太平洋白对虾、其他的虾及对虾
相关疾病	黄头病
传播	取食，经水传播

黄头病毒
Yellow head virus
在多种虾中都存在，但仅在养殖虾中造成疾病

养殖虾中出现的众多病毒病之一

早在 20 世纪 70 年代，人工养殖的虾和其他海产品，就开始遭到了新发病毒病的威胁。黄头病，由黄头病毒所引起，最早于 1990 年在中国台湾一个养鱼场的黑虎虾上发现。这种病毒非常烈性，能在 3～5 天内，将一个养殖场的所有对虾杀死。20 世纪 90 年代以后，在亚洲其他地方也发现了这种病毒，并且，在其他品种的虾及野生甲壳类动物中也发现了这种病毒，但是，它只在两种有高水产养殖价值的对虾中引起疾病。

虾感染病毒后，一开始的症状是贪吃，然后是食欲下降，死气沉沉，并聚集到池塘的边缘。典型的特征是对虾的头部区域变黄，但这一症状并不总是出现。在养殖场，病毒的扩散非常迅速，这可能与对虾的高密度养殖有关。被感染的野生虾一般不出现症状，因此，可能是病毒的储存宿主。虽然这种病毒能够导致整个养殖场全军覆没，但是，因为它感染的宿主范围相对较窄，所以相比起来，它的威胁比白斑综合征病毒还是小一些。

A 横切面
1 囊膜糖蛋白
2 脂膜
3 核蛋白包裹着单链 RNA 基因组

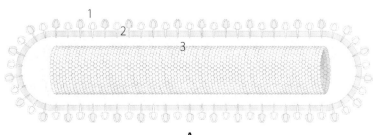

A

左图 纯化的**黄头病毒**颗粒，看到的多数病毒，是带有外部糖蛋白的长杆状粒子；图中间有一个病毒，看到的是横切面。

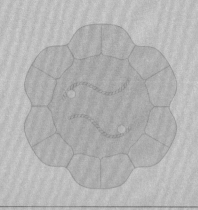

真菌及原生生物病毒

概　述

　　真菌病毒研究得很少，人们一般知道的真菌病毒，主要来自栽培蘑菇，它们有时会引起蘑菇真菌病；或者是来自植物的致病真菌。板栗疫病，是一种在世界范围内导致上百万棵板栗树死亡的致死性疫病，当发现病毒可以抑制板栗疫病后，人们开始大力寻找真菌病毒，希望能用于抑制其他的真菌病原。后来，虽然发现了更多的病毒，但是在田间或森林中应用这些病毒的有效方法还没有建立起来，这部分是由于大多数真菌病毒引起的是持续性感染，也就是说，它们可以感染宿主很多代，并且从亲代传给子代（也称为垂直传播），但很难从一个真菌传给另一个真菌（也称为水平传播）。持续性感染的真菌病毒的一个有趣的特征是，有好几种真菌病毒，都能在植物病毒中找到相近的病毒。通过对这些病毒基因组的比较分析发现，它们可能在植物和真菌中穿梭传播，不过这可能是一种很少见的现象，而且目前尚未在实验室被证实。我们现在所介绍的真菌病毒，有些对宿主是有益的，而且有些对其宿主在自然环境中的生存是必需的。

　　真菌病毒研究的另一个复杂因素，是很多真菌需要在实验室条件下大量培养，才能提供足够的材料用于研究。但据估计，仅有 10% 的真菌是可培养的，即使是这些可培养的，很多也在培养过程中，丧失了它们所携带的病毒。因此，真菌病毒的多样性，目前还很不清楚。

　　这里我们也介绍了一种来自单细胞绿藻—小球藻的病毒，以及一种来自阿米巴原虫的病毒。虽然这些病毒的宿主，都是个体很小的单细胞生物，但是，这些病毒是目前知道的最大的病毒，常被称为巨大病毒。它们的基因组与细菌的基因组相当、甚至更大，它们的个体，也大到不需要电子显微镜、在普通显微镜下就可以看到。其中，一种阿米巴病毒是从冰芯中分离出来的，估计具有 3 万年的历史，是目前已知的最古老的病毒。

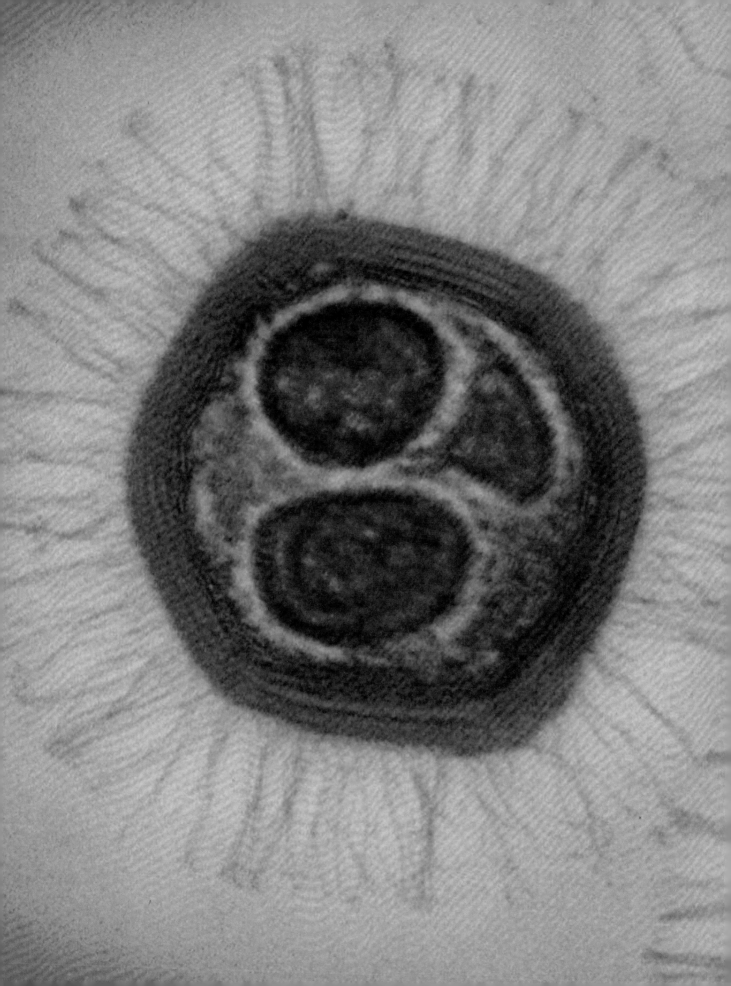

分组	I
目	未分类
科	拟菌病毒科 Mimiviridae
属	拟菌病毒属 *Mimivirus*
基因组	线性、单组分、长约 1800000 核苷酸的双链 DNA，编码超过 900 种蛋白质
地理分布	类似的病毒在全世界都有分布
宿主	阿米巴原虫
相关疾病	未知
传播	吞噬作用

多食棘阿米巴拟菌病毒
Acanthamoeba polyphaga mimivirus
一种像细菌那么大的病毒

第一种发现的阿米巴原虫巨大病毒

发现最大病毒的过程非常有趣。1992 年，法国科学家因为一场肺炎的爆发，而展开了对病因的搜寻。在蓄水池中，研究人员发现了位于阿米巴原虫体内、细菌大小的微生物，这个微生物的染色反应也与细菌一致。没人对此感到惊讶，因为以前也发现过，一些阿米巴原虫体内的细菌，可以导致肺炎。但是，这个微生物后来被证实是一种病毒，而非细菌，并且也不是肺炎的病因。科学家们用了将近十年，才真正了解该病毒的本质，并将其命名为拟菌病毒（意为模拟细菌）。是什么决定了它是一种病毒呢？一个重要的特点是，病毒和细胞生物不同，无法自己产生能量。多食棘阿米巴拟菌病毒，与其他在海藻里发现的所谓的"巨型"病毒相似——它们基因组的排布都非常密集，这意味着，它基本上是由基因编码所组成的；而大多数细胞生物的 DNA 上，有很多所谓的"垃圾"序列，因为这些序列的功能尚不清楚。

一种感染病毒的病毒

几年前发现的另一株拟菌病毒，还被自己的病毒所感染。这是一种小的 DNA 病毒，依赖拟菌病毒来复制，与在植物中发现的卫星病毒类似。这一株拟菌病毒，被称为"妈妈病毒"，而感染它的病毒，被称为"人造卫星"，以反映它类似于卫星的特性。

A 横切面
B 外观
1 纤丝
2 外壳蛋白
3 内部纤维
4 内部脂囊
5 双链 DNA 基因组
6 星门

左图 最大的病毒之一，**多食棘阿米巴拟菌病毒**。蓝色显示的是其外部突起；紫色显示的是其衣壳结构；红色显示的是含有 DNA 的中间部分。

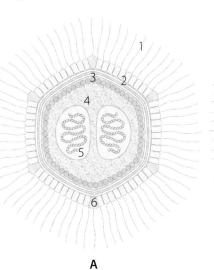

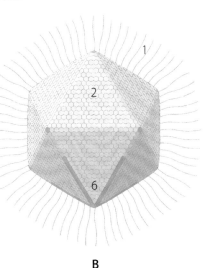

A

B

分组	Ⅲ
目	未分类
科	未分类
属	未分类
基因组	线性、双组分、总长约 4100 核苷酸的双链 RNA，编码 5 种蛋白质
地理分布	美国黄石国家公园
宿主	管突弯孢，一种植物内生真菌
相关疾病	无，有益病毒
传播	垂直传播（从亲本到子代）和结合（真菌细胞间的融合）

弯孢霉耐热病毒
Curvularia thermal tolerance virus
一种通过帮助真菌来帮助植物的病毒

208

第一种参与三方专性共生的病毒

　　共生，是指生物体之间一种对所有生物体都有益的互惠亲密关系。在美国西部的黄石国家公园，土壤由于地热活动，可以达到非常高的温度。通常植物无法在高温土壤中生长，但是在这里，植物却可以生长在高于 50℃ 的土壤温度中。这里几乎所有的野生植物，都被一种植物内生真菌感染了。植物内生菌，可以为植物提供许多重要帮助，包括更好地吸收养分、耐受干旱、高盐以及（像这个例子中的）高温土壤。如果植物没有被植物内生菌侵染，它就无法在这种高温下生长。但是，这些植物内生菌并非单独行动，它们又被病毒感染了。如果消除了病毒的感染，真菌就无法赋予植物耐热性，但是，如果再给真菌接种病毒，植物便重新获得了耐热性。该真菌可以生长在培养基中，但如果没有植物，也无法在高温下生长。因此，病毒、真菌和植物三者一起才能提供耐热性。这种多种生物的共生组合，有时被称为共生功能体。这样的共生关系，在自然界中可能是常见的，但目前还没有得到深入研究。

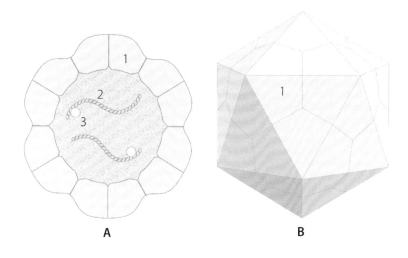

A 横切面
B 外观
1 外壳蛋白
2 双链 RNA 基因组（双节段）
3 多聚酶

右图 蓝色显示的是纯化的**弯孢霉耐热病毒**颗粒。

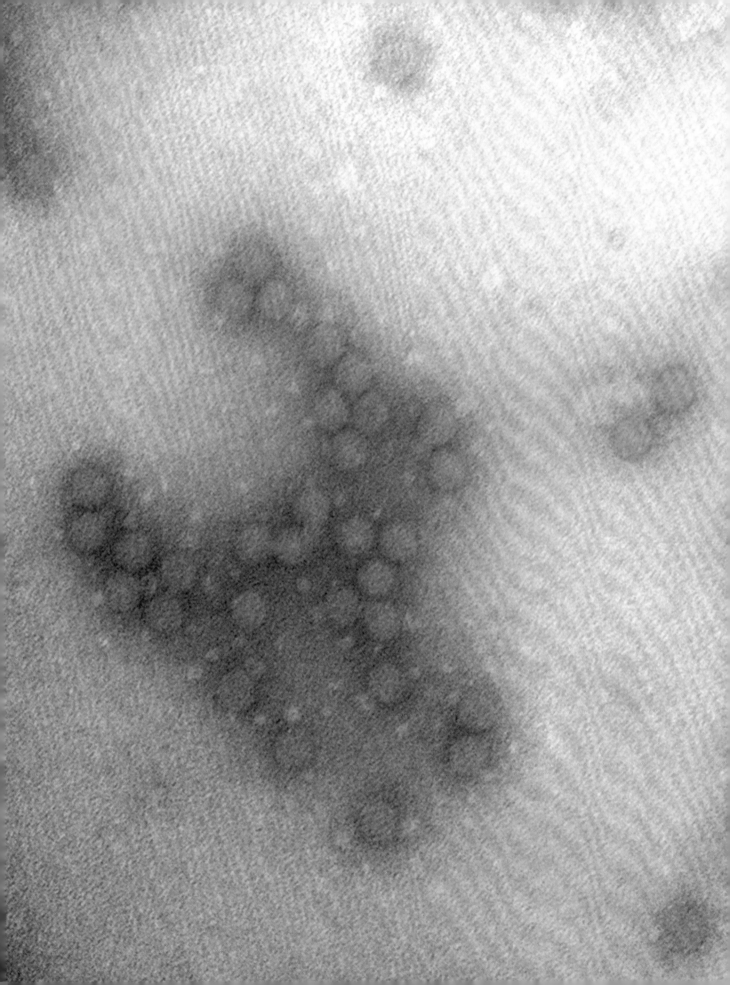

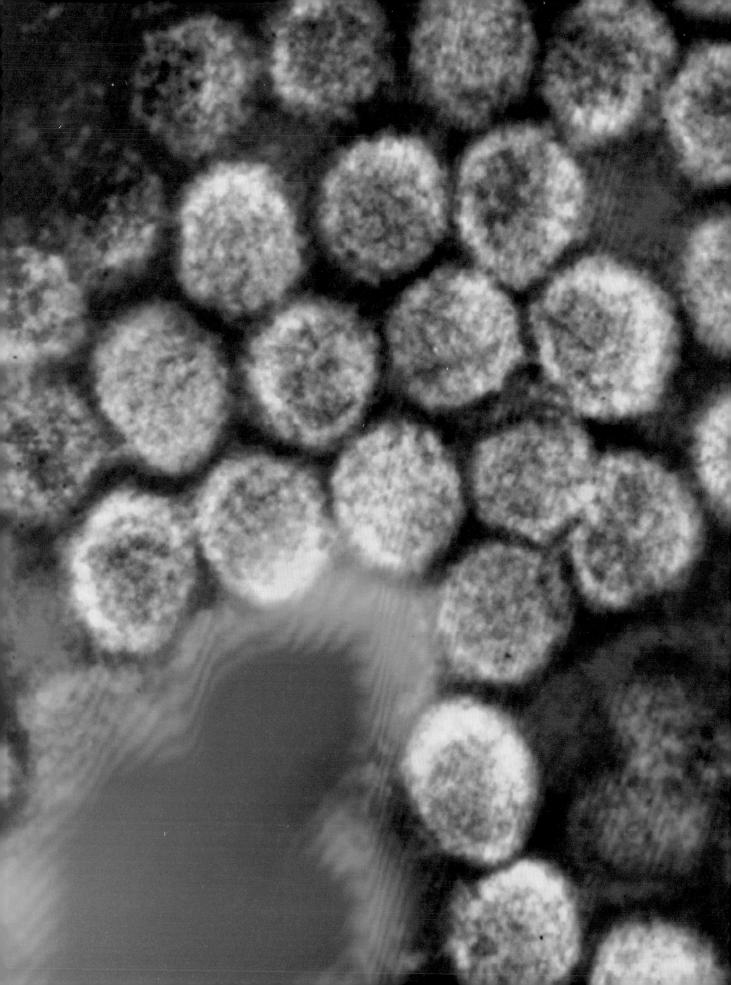

分组	III
目	未分类
科	全病毒科 Totiviridae
属	维克多病毒属 *Victorivirus*
基因组	线性、单组分、长约 5200 核苷酸的双链 RNA，编码 2 种蛋白质
地理分布	北美
宿主	维多利亚长蠕孢，一种植物的病原真菌
相关疾病	维多利亚长蠕孢的克降生长缓慢、变形
传播	垂直传播（从亲本到子代）和结合（真菌细胞间的融合）

维多利亚长蠕孢病毒 190S
Helminthosporium victoriae virus 190S
维多利亚枯萎病真菌的病毒

211

植物病原真菌的一种疾病

20 世纪初期，美国植物育种家基于起源于乌拉圭的维多利亚品种和来自新西兰的 Bond 品种，开发了新的燕麦品系，该品种能够抵抗被称为冠锈病的真菌病。在新品种广泛引入美国之后不久，一种叫作维多利亚枯萎病的新疾病出现了。这种严重的疾病，导致燕麦产量在 20 世纪 40 年代降低了 50%，因此，农民们放弃了抗锈品种的栽种。原来，造成燕麦植物抗冠锈病，和造成它们对维多利亚枯萎病敏感的，是同一个基因。虽然维多利亚枯萎病真菌一直存在于土壤中，但是，直到新栽培品种引进之后，才引起了严重的问题。

在 20 世纪 50 年代，美国南部路易斯安那州的一些农民，仍然在种植维多利亚品系的燕麦，当时枯萎病并不严重。当从这些感染的植物中培养真菌时，真菌生长不正常，看起来似乎染病了。这导致了最终分离了维多利亚长蠕孢病毒 190S（190S 指沉降系数，是描述病毒物理性质，即病毒密度的一种参数），即导致真菌感染的病原。在分离培养中，感染了病毒的真菌，比未感染的真菌生长得更缓慢，但是，病毒会诱导真菌产生一种分泌型的抗真菌蛋白，从而抑制植物中未感染真菌的生长。尽管直接使用该病毒作为生物防治剂，实践起来不太可能，但是，真菌的抗真菌基因，可能可以用来保护农作物免受真菌的侵害。

A 横切面
B 外观
1 外壳蛋白
2 双链 RNA 基因组
3 多聚酶

左图 蓝绿色显示的是纯化的**维多利亚长蠕孢病毒** 190S 的病毒颗粒。外壳蛋白的亚单位清晰可见。

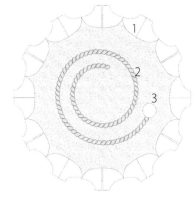

A

B

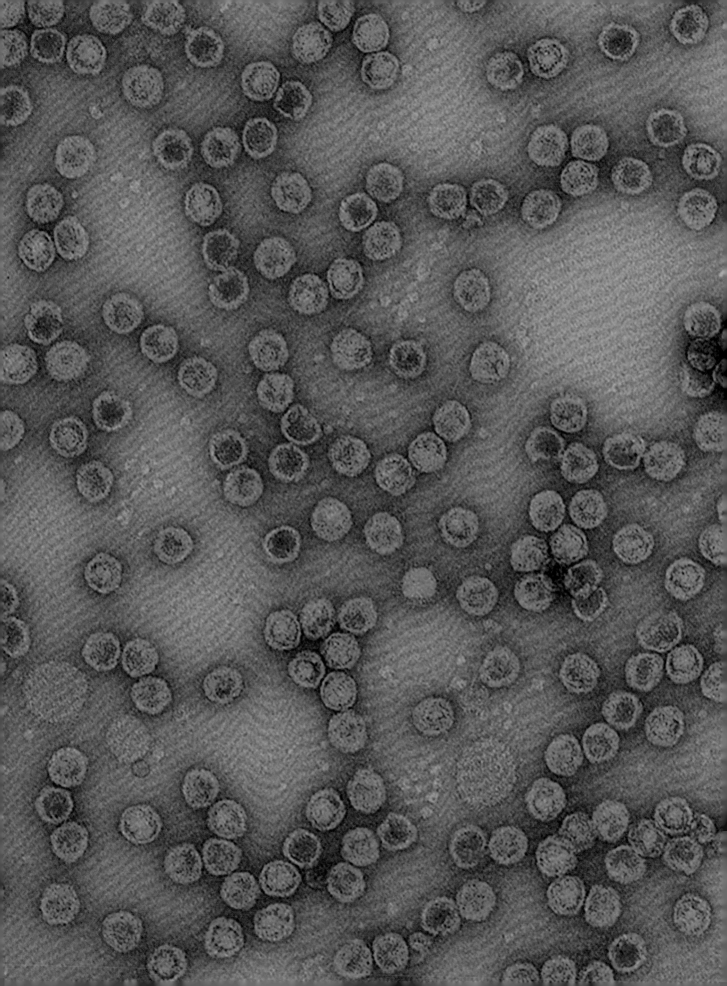

分组	Ⅲ
目	未分类
科	产黄青霉病毒科 Chrysoviridae
属	产黄青霉病毒属 *Chrysovirus*
基因组	线性、4 组分、总长约 12600 核苷酸的双链 RNA，编码 4 种蛋白质
地理分布	全世界分布
宿主	产黄青霉
相关疾病	未知
传播	垂直传播（从亲本到子代）和结合（真菌细胞间的融合）

产黄青霉病毒
Penicillium chrysogenum virus
抗生素生产菌株的病毒

功能未知的病毒

产黄青霉病毒的真菌宿主，与青霉素发现者亚历山大·弗莱明（Alexander Fleming）最初发现的弗莱明氏菌，并不是同一种。产黄青霉，是从美国伊利诺伊州的皮奥里亚一家杂货店的甜瓜中分离出来的。当时的目的，是寻找一种能产生更高产量青霉素的真菌。产黄青霉产青霉素的能力，比弗莱明氏菌要高几百倍。在 20 世纪 60 年代晚期，很少有真菌病毒被鉴定出来，因此，在产黄青霉中发现病毒，当时是一个重大消息。然而，从来没有任何证据表明，该病毒对真菌有任何负面影响，它是一种可以持续感染真菌的病毒，也就是说，这些病毒总存在，可以从亲代真菌传给所有的后代，并不造成任何可见的影响。在一些情况下，要想去除持续性感染的病毒却很难，不论付出了多大的努力。虽然抗病毒药物可以降低病毒的浓度，但是如果一旦撤除药物，病毒的浓度又会迅速恢复。在植物中，发现了与产黄青霉病毒相关的病毒，它们也是持续性感染，即长期存留在植物上，并不会引起任何可见的症状。这些病毒持续性存在，暗示着它们可能为真菌或植物提供了某种需要，但这种需要究竟是什么，目前还不清楚。

A 横切面
B 外观
1 外壳蛋白
2 双链 RNA 基因组（4 节段）
3 多聚酶

左图 这张电镜照片中蓝色显示的是纯化的**产黄青霉病毒**颗粒。显示了病毒颗粒不同层面，有些是外观，有些是横切面。

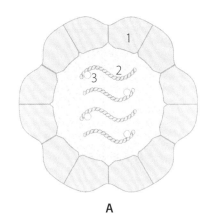

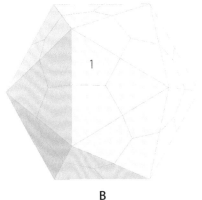

A

B

分组	I
目	未分类
科	未分类
属	阔口罐病毒属 *Pithovirus*
基因组	线性、单组分、长约 610000 核苷酸的单链 DNA，编码 470 种蛋白质
地理分布	西伯利亚
宿主	阿米巴原虫
相关疾病	未知
传播	吞噬作用

西伯利亚阔口罐病毒
Pithovirus sibericum
目前已知的最老的和最大的病毒

最大的病毒，但不是最大的基因组

按病毒学标准，西伯利亚阔口罐病毒非常巨大。在光学显微镜下很容易看到，它长约 1.5μm，直径 0.5μm（1μm=$\frac{1}{1000}$ mm），大于许多细菌，是之前发现的最大病毒——潘多拉病毒的两倍。然而，西伯利亚阔口罐病毒的基因组，仅是潘多拉病毒基因组的 1/4，它所编码的蛋白质也少得多。尽管如此，西伯利亚阔口罐病毒，对阿米巴原虫宿主的依赖性，似乎比潘多拉病毒低。这两种病毒虽然有着类似的形状，但是，它们在基因组上的相似水平很低。有趣的是，已知最大的病毒，都感染阿米巴原虫，它是水中常见的极小单细胞生物。

西伯利亚阔口罐病毒，是在西伯利亚地表以下 30 米的、3 万年前的冰芯中被发现的。该冰芯的无菌样品，被接种到实验室培养的阿米巴原虫中。最令人吃惊的是，这种病毒似乎仍然"活着"：它能够感染实验室中的阿米巴原虫并复制。所有培养的阿米巴原虫，在 20 小时内都被病毒杀死了。这种病毒，比任何以前预测保存完整的基因组，都要古老得多，因为完整的基因组，是病毒感染和复制所必需的。环境中的许多因素，都可以导致 DNA 的降解，但是该病毒的 DNA，可能在深冰芯中得到了保护。西伯利亚阔口罐病毒的传染性，引起了人们的一些担忧，即由气候变化引起的极地冰融化，可能会释放出一些新的古代病毒进入环境，虽然许多科学家并不相信这能够构成真正的威胁。

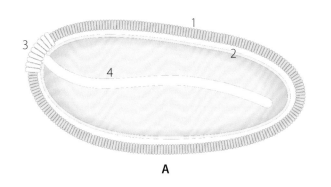

A 横切面
1 衣壳结构
2 内部囊膜
3 顶点开口
4 含双链 DNA 基因组的结构

右图 这张电镜照片中显示的是最大的，但基因组不是最大的**西伯利亚阔口罐病毒**。深灰色的是衣壳结构，右下端的顶点开口清晰可见。

A

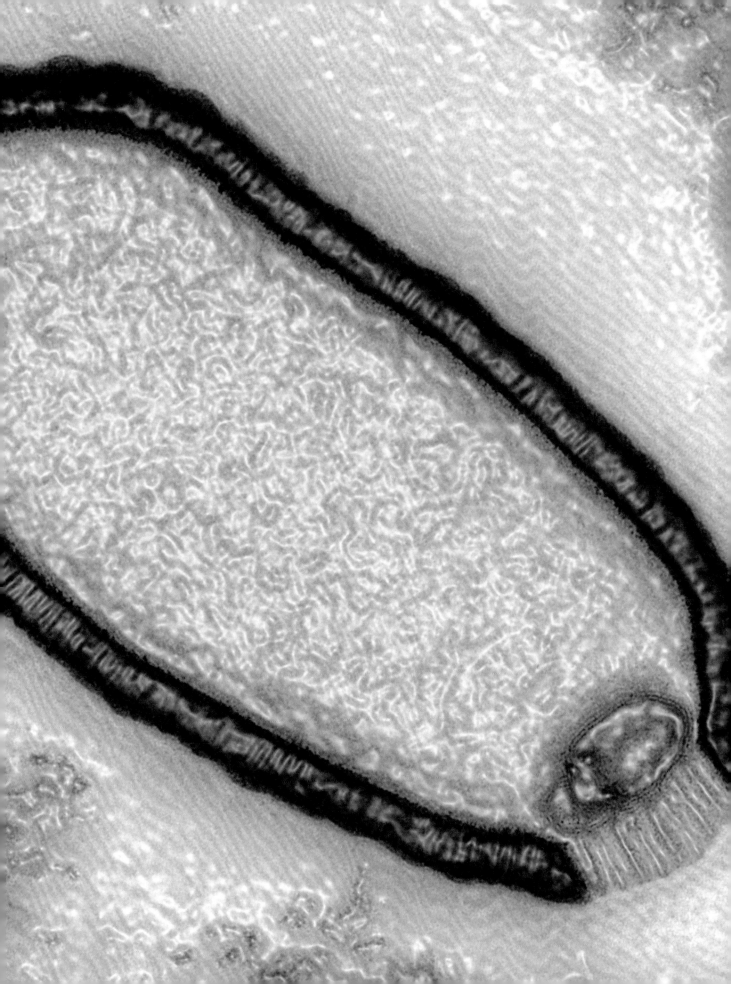

分组	Ⅲ
目	未分类
科	全病毒科 Totiviridae
属	全病毒属 *Totivirus*
基因组	线性、单组分、长约 4600 核苷酸的双链 RNA，编码 2 种蛋白质
地理分布	全世界分布
宿主	酵母
相关疾病	对其宿主本身不引起疾病，但会帮助杀死竞争者
传播	垂直传播（从亲本到子代），酵母交配

酿酒酵母 L-A 病毒
Saccharomyces cerevisia L-A virus
酵母病毒杀手系统的一部分

破坏竞争的一种方式

　　酵母和其他真菌一样，经常被病毒感染。大多数酵母没有已知的表型，但是病毒杀手系统，对酵母非常有益。在这个系统中，总是有不止一种病毒：酿酒酵母 L-A 病毒和某种 M 病毒。L-A 病毒被称为辅助病毒，因为它携带的复制 RNA 的酶常被 M 病毒利用。M 病毒，会产生一种毒素，并将其分泌到周围区域，该毒素会杀死不携带 L-A / M 病毒的酵母，但对携带有 L-A / M 病毒的酵母无害。因为携带这些病毒的酵母，在产生毒素的同时，还拥有一套解毒机制，这样可以帮助酵母杀死竞争对手。

　　像其他的相关病毒一样，酿酒酵母 L-A 病毒具有十分独特的生命周期。一旦病毒进入细胞内，它的基因组会留在衣壳内部，并拷贝成单链的基因组，从衣壳中挤出来，生产蛋白质及进行基因组复制。这对拥有双链 RNA 基因组的病毒来讲，是一个常见的策略。有可能是因为，大的双链 RNA 是病毒感染的特征，容易在细胞内引发许多免疫反应，从而破坏病毒的 RNA。将其自身隔离在衣壳内，可能是病毒躲避细胞内抗病毒活性的措施。然而有趣的是，L-A / M 病毒系统，仅出现在缺少双链 RNA 诱导的免疫性 RNA 降解（又称 RNA 沉默）的酵母中，难道这个杀手系统会是一个古老免疫系统的残余吗？

A 横切面
B 外观
1 外壳蛋白
2 双链 RNA 基因组
3 多聚酶

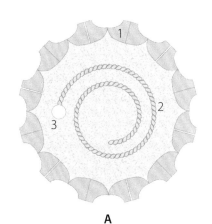

左图 根据电子显微镜图像及 X- 射线衍射结果做出的**酿酒酵母 L-A 病毒**模型。

A　　　　　　　　　B

分组	Ⅳ
目	未分类
科	低毒病毒科 Hypoviridae
属	低毒病毒属 *Hypovirus*
基因组	线性、单组分、长约 13000 核苷酸的单链 RNA，通过两条多聚蛋白链编码 4 种蛋白质
地理分布	亚洲、欧洲、美洲
宿主	栗疫病菌，板栗疫病的病原
相关疾病	抑制板栗疫病
传播	垂直传播（从亲本到子代）和结合（真菌细胞间的融合）

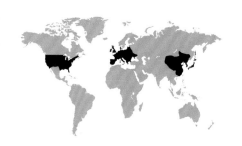

栗疫病菌低毒病毒 1
Cryphonectria hypovirus 1
一种板栗疫病真菌的病毒

能治愈板栗疫病吗？

板栗树在世界各地都存在，以前曾是美国东部森林的主要大型树木，直到 1903 年，由于在纽约植物园引入东方板栗块茎时，引入了一种真菌病。板栗树开始死亡，到 20 世纪中叶，美国几乎不再有大片的成熟板栗森林了。这种真菌感染树后，在树干上会形成黑腐，并逐渐环剥树干。在死去的树木的根部，通常会长出一些新树苗，但是，这些树苗还没长到结质籽的时候，就会因疾病死亡。这种病，在 20 世纪 30 年代末期，也传到了欧洲的板栗树。20 世纪 60 年代，一个意大利的植物病理学家，发现有些欧洲的板栗树，被真菌感染后的症状比较轻，没有死亡。后来发现，是真菌发生了变异，而不是树产生了抗性。这种真菌的"低毒性"可以传染，但是，直到 20 世纪 90 年代，才知道这是由病毒所引起的。这给利用生物防治控制板栗疫病，以及恢复板栗森林，带来了很大的希望。在欧洲，这种生物防治有成功的例子，但在美国，一直没有成功。这可能是因为，欧洲的板栗疫病真菌是由比较类似的真菌所造成，而美国真菌的遗传变异性较大。这种病毒只能传给非常相近的真菌，因此虽然它一次可以治愈一株树，但是它很难治愈整个森林。不过科学家们仍在努力，如果知道了病毒是如何控制它的宿主域的，就有可能找到更好的方法，以挽救美国的板栗果林。

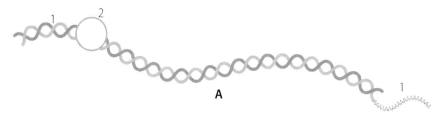

A 横切面

1 正在复制的双链 RNA

2 多聚酶

分组	Ⅳ
目	未分类
科	裸露 RNA 病毒科 Narnaviridae
属	线粒体病毒属 *Mitovirus*
基因组	线性、单组分、长约 2600 核苷酸的单链 RNA，编码 1 种蛋白质
地理分布	亚洲、欧洲、美洲、新西兰
宿主	榆枯萎病菌，造成荷兰榆树病的病原
相关疾病	抑制真菌的生长
传播	垂直传播（从亲本到子代）和结合（真菌细胞间的融合）

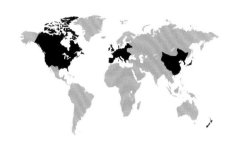

榆枯萎病菌线粒体病毒 4 型
Ophiostoma mitovirus 4
已知的最小和最简单的病毒之一

在一种真菌中有多种病毒

榆枯萎病菌，是造成致死性的荷兰榆树病的真菌病原。这种真菌，在世界各地造成了榆树病的流行，在有些地方，导致了绝大多数榆树的死亡。由于已发现病毒可以抑制板栗疫病，因此，人们开始寻找能够抑制榆树真菌病的病毒。令人惊讶的是，在这种真菌中发现了 12 种不同但相关的病毒，它们中有一些，如榆枯萎病菌线粒体病毒 4 型，能够抑制榆树的真菌病。虽然看上去很有希望，但不幸的是，很难在森林中应用这种病毒，因为真菌病毒的传播非常困难。真菌病毒的传播，依赖于真菌细胞之间的融合（也称为结合），而且这种结合只发生在非常相近的真菌之间。

一种线粒体的病毒

在真核细胞中，有一种细胞器起源于细菌，即线粒体，它在细胞中有许多拷贝。线粒体是能量的产生地，也是代谢的重要组成。榆枯萎病菌线粒体病毒 4 型，能够感染线粒体，线粒体病毒属的其他相关病毒，也能感染线粒体，这也是该属的名称来源。由于线粒体起源于细菌，因此这一属的病毒，更像细菌病毒，而不像真菌病毒，也就不奇怪了。

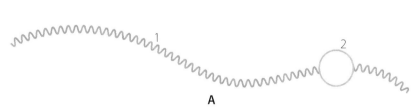

A

A 横切面
1 单链 RNA 基因组
2 多聚酶

分组	I
目	未分类
科	藻类 DNA 病毒科 Phycodnaviridae
属	绿藻病毒属 Chlorovirus
基因组	线性、单组分、长约 331000 核苷酸的双链 DNA，编码约 400 种蛋白质
地理分布	美国，但相关的病毒在全世界都有分布
宿主	小球藻（藻类）
相关疾病	致死性
传播	经水传播

绿草履虫小球藻病毒 1 型
Paramecium busaria chlorellavirus 1
躲过敌人

220

一个躲在草履虫中的藻类，避免病毒的感染

小球藻，是一种通常生活在原生动物如草履虫中的单细胞绿藻。草履虫，是一种水生的单细胞生物。小球藻通过光合作用，为草履虫提供重要的营养。在 20 世纪 70 年代末期，科学家们发现，如果给某些种类的小球藻提供所需的营养，它们可以离开草履虫在体外培养。但是，有时候小球藻会死亡，而且很快所有培养的小球藻都会死去，这是因为感染了一种大 DNA 病毒，这种病毒以绿草履虫和小球藻这两种共生生物来命名。这种病毒研究得较为深入，是绿藻病毒属的代表。当小球藻存在于草履虫中时，这种病毒似乎以隐形状态存在；但当小球藻离开草履虫自生时，就成了该病毒的宿主，并被病毒最终杀死。绿藻病毒在淡水中非常多，平均每毫升水中会有 10 万个病毒粒子。每种藻类都有自身特有的病毒种，而几乎所有的小球藻都生活在草履虫中，可以免受病毒的感染，那么为什么水源中会有这么高浓度的病毒？这是一个未解的病毒学之谜。

一种大的、非同寻常的病毒

绿藻病毒是已知的最大病毒之一。它们的基因组，与一些小的细菌一样大，它们编码一些在其他病毒中没发现过的蛋白，如参与糖代谢和氨基酸代谢的酶。这些蛋白中，有些可能对病毒的生命周期很重要，但还是不清楚为什么病毒要编码另外一些蛋白。一般来讲，巨大病毒会有很多编码蛋白的基因，这使得它们区别于其他绝大多数节俭型的病毒。

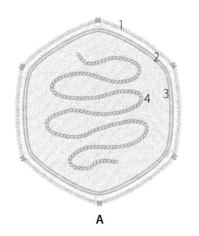

A 横切面
B 外观
1 外壳蛋白
2 黏合蛋白
3 内层脂膜
4 双链 DNA 基因组

A

B

分组	Ⅲ
目	未分类
科	内源 RNA 病毒科 Endornaviridae
属	内源 RNA 病毒属 *Endornavirus*
基因组	线性、单组分、长约 14000 核苷酸的双链 RNA，编码一条大的多聚蛋白
地理分布	欧洲、美国，可能全世界分布
宿主	疫霉属
相关疾病	无
传播	垂直传播（从亲本到子代）

疫霉内源 RNA 病毒 1 型
Phytophthora endornavirus 1
一种与植物病毒及真菌病毒相近的卵菌病毒

一种没有蛋白外壳，在细胞内以双链 RNA 存在的内源性病毒

这种病毒的宿主，疫霉菌，是卵菌中的一个属，以前因为长得很像真菌，被误以为是真菌，后来，基因组测序之后，发现它与棕色藻类更近，而不是真菌。许多卵菌是植物的病原菌。致病疫霉，是晚疫病的病原，晚疫病在 19 世纪造成了爱尔兰马铃薯饥荒。疫霉内源 RNA 病毒 1 型最早分离自英国，长在道格拉斯冷杉树上的卵菌；后来在英国、荷兰以及美国的卵菌中，发现了更多的分离株，估计该病毒可能有更广的分布。

内源 RNA 病毒最早发现于农作物，它们在农作物中普遍存在。在真菌中也发现了内源 RNA 病毒，通常情况下，它们不给宿主带来任何影响。有一种在栽培大豆中发现的内源 RNA 病毒，与雄性不育有关，这是在这科病毒中发现的唯一一个对宿主有影响的病毒。

如果比较内源 RNA 病毒的基因组，就会发现它们有非常有趣的进化历史。它们的 RNA 复制酶，与一种单链 RNA 植物病毒最相似，而基因组上的其他基因似乎有不同的来源，有的来自细菌。这些病毒之间的关系，显示在进化历史上，它们可能曾经在植物、真菌和卵菌中变换过宿主。

A 横切面
1 双链复制中间型 RNA
2 RNA 编码链上的缺刻
3 多聚酶

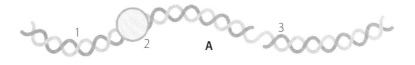

细菌及古菌病毒

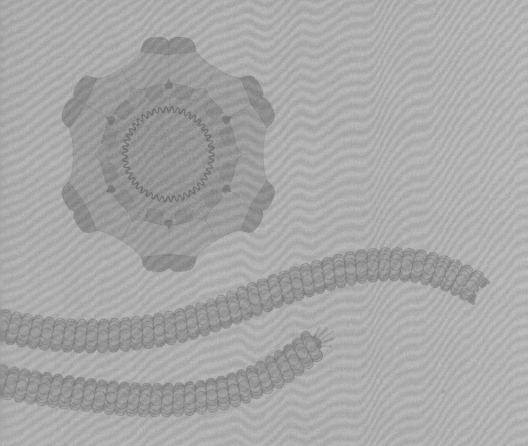

概　述

　　细菌和古菌是生命三域系统中的两大原核生命域，也就是说它们没有细胞核。人们对细菌都比较熟悉，古菌可能就没有那么熟悉了。在各种环境中都可以发现古菌，包括人类的肠道，但是有些古菌生活在极端环境中，比如说热泉、高酸、高盐的环境，以及海底的热水口等。细菌病毒，通常也被称为噬菌体，意为"吃细菌的"，因为它们可以将细菌宿主很快杀死，虽然它们中有许多并不杀死宿主，甚至还对宿主有益。我们将介绍一些在分子生物学研究中发挥了重要作用的细菌病毒和古菌病毒，以及一些参与了人类细菌病的病毒，还有一个在维持海洋能量循环中发挥了重要作用的病毒，它对于地球上的生命十分重要。

　　许多细菌和古菌生成蛋白质的方式与真核生物不一样。在真核生物中，一条 RNA 通常只产生一种蛋白质，而在细菌和古菌中，一条 RNA 可以产生多种蛋白质。细菌和古菌的病毒，也沿用了与它们宿主类似的策略。

　　我们将要介绍的病毒有不少是大肠杆菌的病毒。大肠杆菌是研究得最清楚的细菌，同样，大肠杆菌的噬菌体，也研究得比较深入。虽然这些噬菌体都以肠杆菌噬菌体来命名，但它们实际上非常不同，我们将它们选出来，以显示噬菌体的多样性，同时也展现它们对科学研究的重要性。

　　在古菌病毒中，有两个病毒来源于喜酸菌属 *Acidianus*。这两个病毒非常不同，选择它们，是因为这两个病毒研究得较为深入，而且它们展现了一些古菌所特有的特殊结构。

分组	I
目	有尾病毒目 Caudovirales
科	短尾病毒科 Podoviridae，小短尾病毒亚科 Picovirinae
属	φ29-样病毒属 Phi 29-like viruses
基因组	线性、单组分、长约 19000 核苷酸的双链 DNA，编码 17 种蛋白质
地理分布	全世界分布
宿主	枯草芽孢杆菌，一种常见的土壤细菌
相关疾病	细胞死亡
传播	扩散，或将 DNA 注射入细胞

芽孢杆菌噬菌体 φ29
Bacillus phage phi29
一种感染常见土壤细菌的短尾病毒

224　**分子生物学研究的资源与工具**

　　芽孢杆菌噬菌体 φ29，是在 20 世纪 60 年代由一个研究花园土壤的研究生发现的，它后来成为研究 DNA 如何复制等多种分子生物学问题的重要工具。许多 DNA 的复制起始于一个 RNA 分子，然后 DNA 才加上去。芽孢杆菌噬菌体 φ29 及相关病毒，则是从蛋白质开始复制其 DNA，有些古菌病毒和真核病毒也用这一策略，而任何细胞形式的生物都不采用这种方法。芽孢杆菌噬菌体 φ29，还帮助人们理解 RNA 的结构是如何形成的，该病毒形成一种叫 pRNA 的大 RNA 结构，这种结构组成了一个分子马达，从而将病毒的核酸包装到病毒颗粒中。通常人们将 RNA 画成一条直线，实际上，在细胞内 RNA 会形成非常复杂的结构，这种结构对 RNA 的功能十分重要，就像蛋白质的结构与功能的关系一样。

　　与许多噬菌体一样，芽孢杆菌噬菌体 φ29 最为人们所熟知的，是其作为工具在生物技术领域的应用。多聚酶，即用于 DNA 复制的酶，是 DNA 增殖的必要工具，被生物技术公司作为纯化的酶出售。该酶的用途之一，是用于 DNA 及基因组的序列测定。

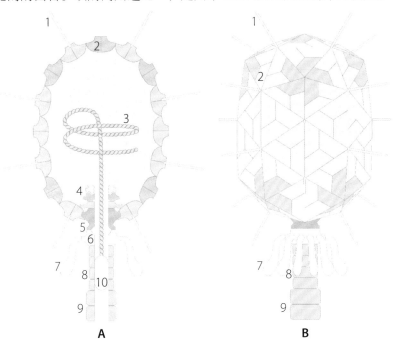

A 横切面
B 外观
1 衣壳纤维
2 外壳蛋白
3 双链 DNA 基因组
4 内部核心
5 连接体
6 底部领
7 尾丝
8 颈
9 远端尾
10 终端蛋白

右图 彩色电镜图显示了**芽孢杆菌噬菌体 φ29** 的精细结构，包括衣壳纤维、尾及尾丝。

A　　　　B

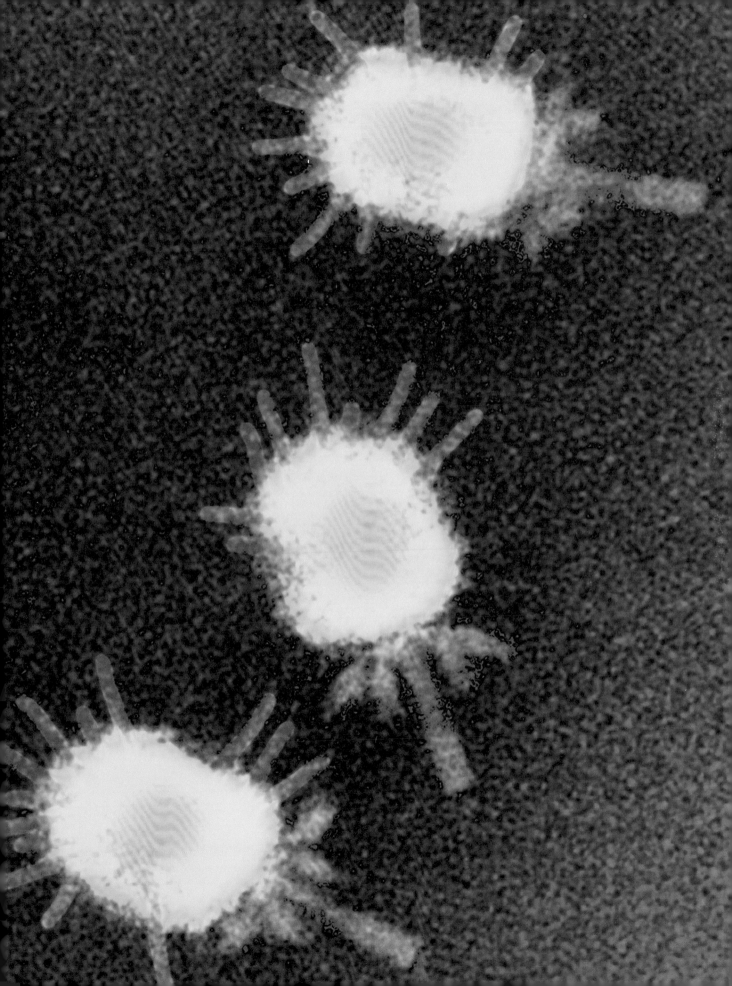

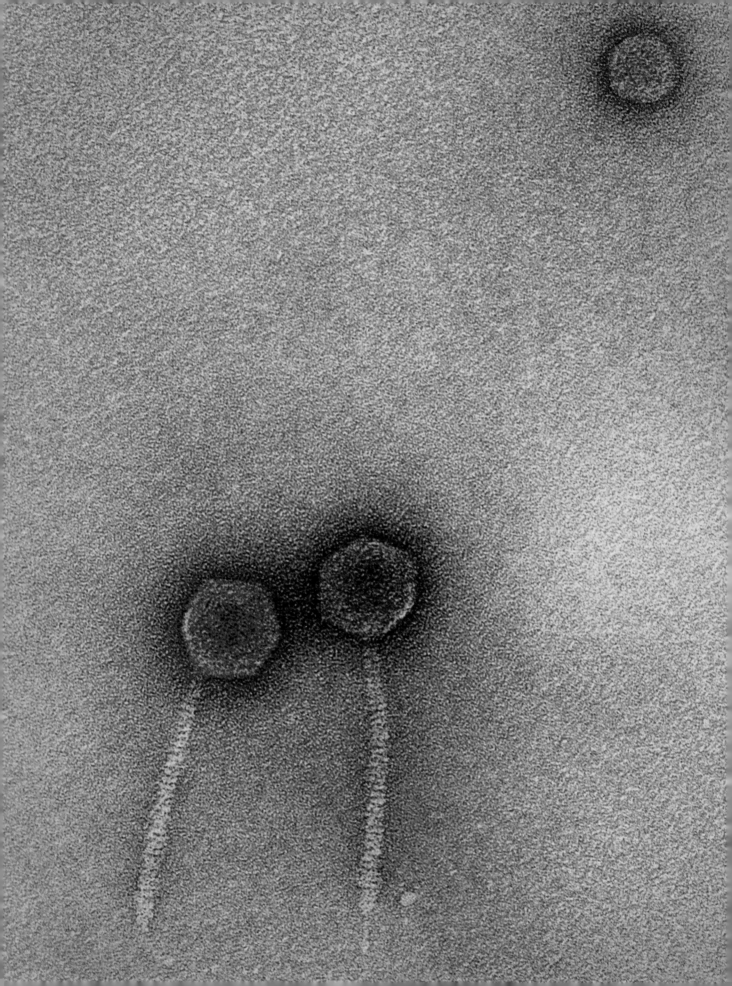

分组	I
目	有尾病毒目 Caudovirales
科	长尾病毒科 Siphoviridae
属	λ 样病毒属 *Lambdalikevirus*
基因组	线性、单组分、长约 49000 核苷酸的双链 DNA，编码 70 种蛋白质
地理分布	全世界分布
宿主	大肠杆菌
宿主效应	通常整合到宿主 DNA 上，也可引起细胞死亡

肠杆菌噬菌体 λ
Enterobacteria phage lambda
有多种用途的工具

在大多数分子生物学实验室中用到的病毒

肠杆菌噬菌体 λ，最初发现于 20 世纪 50 年代。当时，生长在培养皿上的细菌经紫外线照射后，有些开始死亡，这给培养皿中的细菌留下一些空洞，被称为空斑。原来，有些大肠杆菌的基因组中整合有 λ 噬菌体，这在噬菌体中是一种常见现象。它们整合到宿主的 DNA 上，并在那儿安静地待着，直到有某种因素将其激活，例如这次的紫外线照射，病毒就离开宿主的 DNA，开始迅速复制。当细菌细胞被病毒所充满时，就会裂解，将病毒粒子释放出来，感染临近的细胞。在培养皿上所形成的空斑，是因为在感染的局部，所有的细菌细胞都被病毒杀死了。这一现象，导致细菌病毒获得了噬菌体的名称，但事实上，病毒并不会吃细菌细胞。

肠杆菌噬菌体 λ，后来发展为分子生物学和遗传学研究的重要工具。它被用来深入研究细菌是如何制造蛋白质的，以及如何调控这一过程。许多遗传学研究，将一个外源基因放到 λ 噬菌体中，然后再用这种重组病毒感染细菌，这时，病毒就会大量生产人们感兴趣的外源基因。至今，肠杆菌噬菌体 λ 上的部分序列仍被人们用于大多数克隆实验，而且由于该病毒 DNA 容易大量制备，因此人们在实验中常用到 λ DNA。

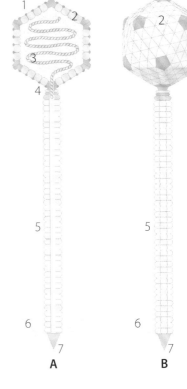

左图 这张电镜图显示了**肠杆菌噬菌体 λ** 的精细结构，包括洋红色的头部及黄色的尾部。

A 横切面
B 外观
1 衣壳装饰
2 外壳蛋白
3 双链 DNA 基因组
4 头到尾部的连接
5 尾管
6 尾丝
7 尾尖

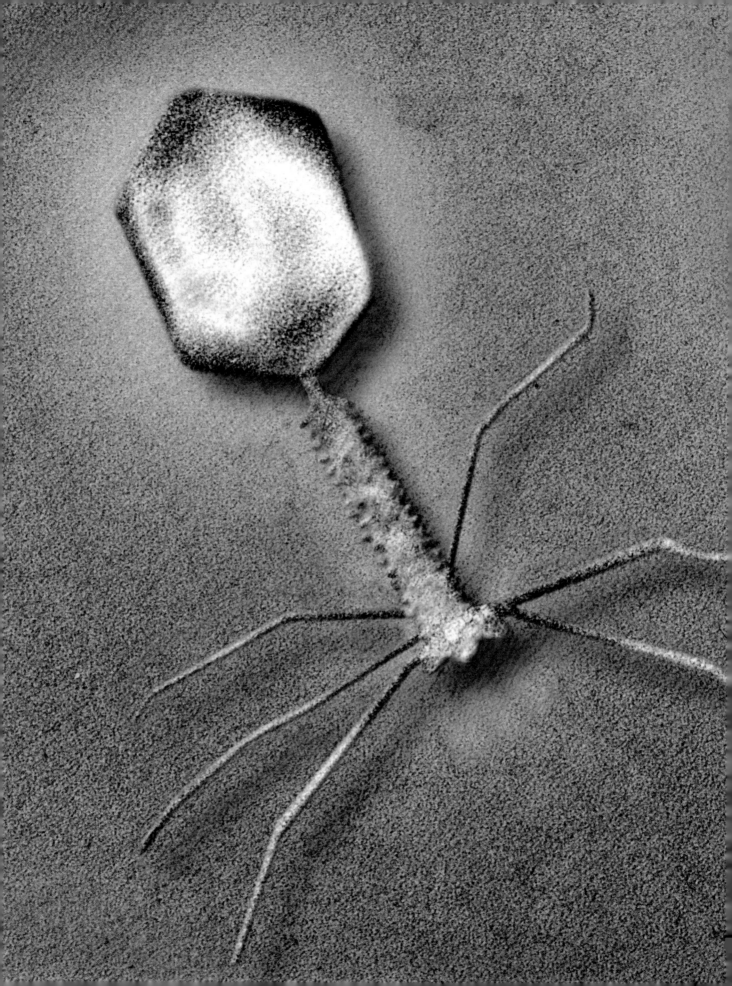

分组	I
目	有尾病毒目 Caudovirales
科	肌尾病毒科 Myoviridae
属	T4 杆病毒属 *T4like virus*
基因组	线性、单组分、长约 169000 核苷酸的双链 DNA，编码 300 种蛋白质
地理分布	全世界分布
宿主	大肠杆菌及相关细菌
宿主效应	细胞死亡

肠杆菌噬菌体 T4
Enterobacteria phage T4
一种生物注射器

改变基础科学的病毒

在 20 世纪 40 年代研究噬菌体时，分离了 7 种噬菌体，分别被命名为 T1—T7。T4 在大肠杆菌中能够很容易很安全地扩增，因此很多分子生物学、进化、病毒生态学的基本原理，都是通过 T4 研究所揭示的。其中，T4 所揭示的一种重要的分子生物学发现，是原核拼接，即 mRNA 如何去除非编码区的过程。长期以来，人们曾认为，拼接仅发生在真核生物中。20 世纪 80 年代，人们在 T4 中发现了拼接，进而发现，许多细菌基因都有拼接现象。此外，由于 T4 的复制周期短、进化快，因此它被作为研究分子进化的模式生物。

有些细菌病毒能将其基因组整合到细菌的染色体上，成为溶源状态，除非被激活。但是 T4 则只有裂解状态。T4 噬菌体靠它的尾丝着陆到细菌的表面，尾部进行收缩，并将其 DNA 注射到细菌细胞内。病毒 DNA 制造出病毒蛋白，DNA 进行复制后，被包装到病毒颗粒中。在病毒感染的晚期，细菌细胞内充满了新形成的病毒粒子，细胞裂解将病毒释放出来，进行新一轮的感染。最近，在人体内进行了一个小规模的实验，该实验的最终目的，是希望用 T4 噬菌体来裂解人类病原菌。在这个实验中，喝了含 T4 噬菌体的饮用水的实验者，没有发生副反应，但这个实验后来并没有继续开展。T4 噬菌体的另一个可能在医学上的应用，是作为纳米颗粒，将人们感兴趣的基因或蛋白替代 T4 中的基因，然后利用病毒衣壳的保护作用，将外源基因通过注射，输送到所需的组织或器官中。

A 横切面
B 外观
1,2 外壳蛋白
3 颈部
4 触须
5 鞘

6 尾丝
7 基板
8 尾部突起
9 双链 DNA 基因组

左图 这张**肠杆菌噬菌体 T4** 的图来源于电镜照片，显示其具有二十面体的头部、尾丝，以及着陆装置。

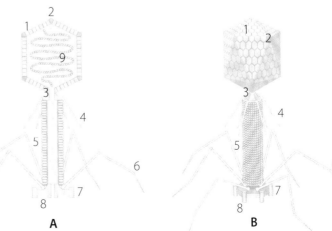

A   B

分组	II
目	未分类
科	微小病毒科 Microviridae
属	微小病毒属 *Microvirus*
基因组	环状、单组分、长约5400核苷酸的单链DNA，编码11种蛋白质
地理分布	全世界分布
宿主	肠杆菌
宿主效应	细胞死亡
传播	扩散

肠杆菌噬菌体 φX174
Enterobacteria phage phiX174
为分子生物学奠定了基础

从分子生物学到结构生物学

我们生活在基因组学时代，现在人类的基因组序列，可以很快、很便宜地获得。但是在1977年，φX174全基因组的获得，在当时是一个里程碑事件。φX174是第一个获得基因组全序列的DNA病毒，在此前一年，第一个RNA病毒的全序列被解出。早期，分子生物学家关注病毒的一个重要原因，是因为病毒的基因组相对较小，而且比大基因组要稳定得多，大的基因组很难在纯化过程中不受损害。一直到1995年，人们才解析出了第一个细菌的全基因组。

在1967年，科学家在试管中，第一次用纯化的酶，合成了φX174的全病毒基因组，开创了合成生物学的世纪。2003年，人们用化学方法合成了该病毒的全基因组。除了它在分子生物学方面的突出贡献外，φX174也是结构生物学研究的焦点。结构生物学是联合利用生物化学、生物物理、分子生物学的手段，解析生物大分子如核酸和蛋白质，如何形成、如何变化，以及这些变化如何影响其功能的学科。利用φX174的结构生物学研究，揭示了病毒是如何将其DNA注射到细菌细胞的过程。同许多噬菌体一样，φX174在感染时并不进入宿主细胞，而是将其DNA注射到宿主细胞。DNA一旦进入细胞后，就会启动病毒的感染，最终杀死细胞。

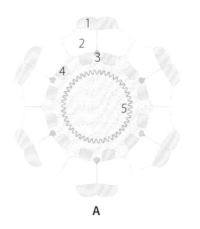

A

A 横切面
1 刺突蛋白 D
2 外壳蛋白 F
3 顶部蛋白 H
4 DNA 结合蛋白 J
5 单链基因组 DNA

右图 肠杆菌噬菌体 φX174 的纯化病毒颗粒。蓝色显示的病毒粒子，具有明显的二十面体的结构。图中可以看到不同的层面，包括横切面和外观。

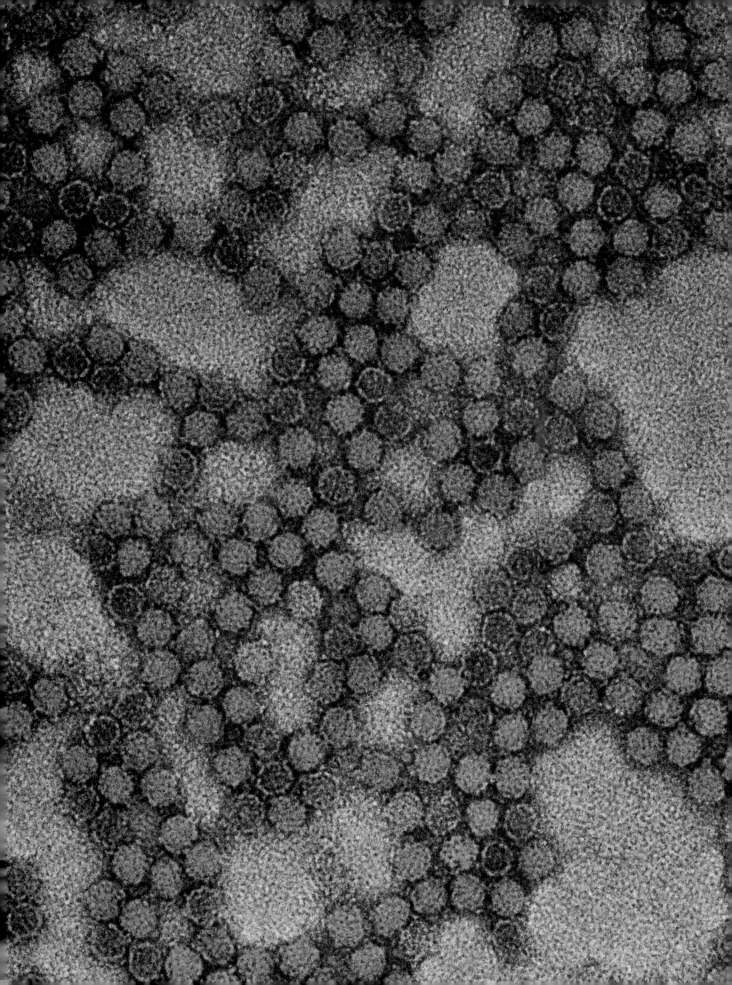

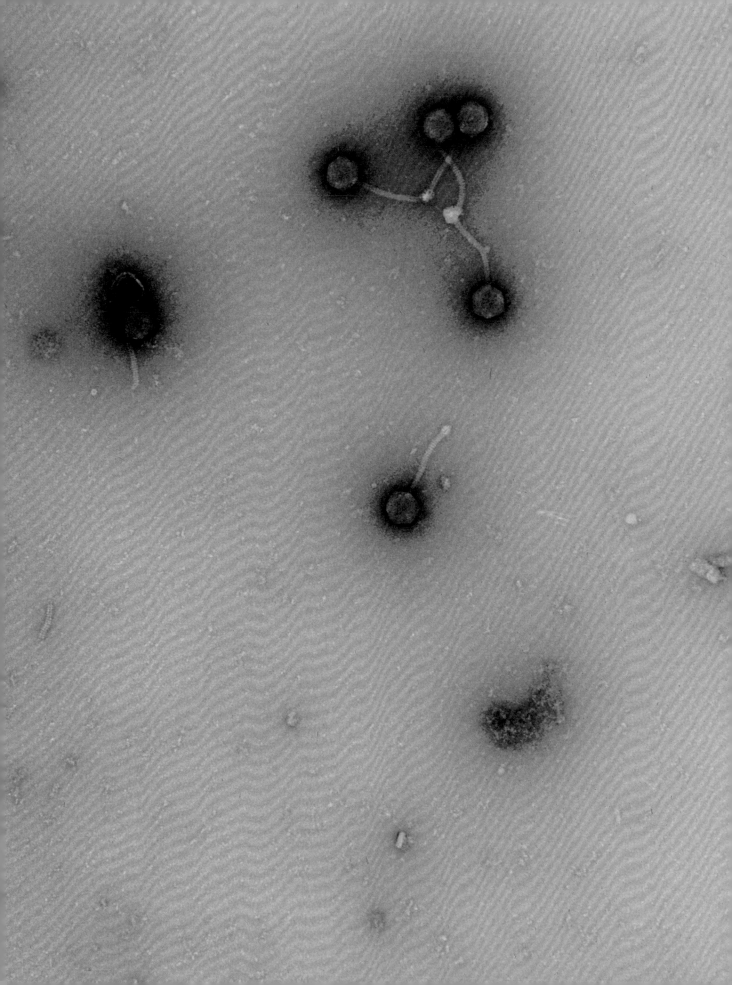

分组	I
目	有尾病毒目 Caudovirales
科	长尾病毒科 Siphoviridae
属	L5 样病毒属 *L5like virus*
基因组	线性、单组分、长约 49000 核苷酸的双链 DNA，编码 90 种蛋白质
地理分布	在美国加州分离，分布不清楚，但相关病毒在全世界都有分布
宿主	分支杆菌相关种
宿主效应	致死性，与宿主相关
传播	扩散以及将 DNA 注射到细胞中

分支杆菌噬菌体 D29
Mycobacterium phage D29
杀死结核杆菌的病毒

用病毒来治疗细菌性疾病

　　分支杆菌是土壤中的常见细菌，这类细菌常带有病毒。每种分支杆菌，都有自己特有的噬菌体，因此经常利用噬菌体来对细菌进行型别鉴定，俗称噬菌体分型。绝大多数分支杆菌在环境中是无害的，但有少数是病原菌，特别是结核分支杆菌，能够引起肺结核。以前曾认为抗生素能够消灭结核，但现在，全世界结核又卷土重来，而且出现了很多耐药株。噬菌体治疗的设想，即用噬菌体来杀死病原菌，在抗生素出现前曾很流行，现在人们又开始感兴趣。在实验室中，已经有用噬菌体治疗结核病的实验研究。例如，分支杆菌噬菌体 D29，能够裂解培养皿上的结核分支杆菌，能完全破坏细菌的细胞膜和细胞壁。但是在动物实验中，噬菌体治疗的效果不稳定。在小鼠模型中，分支杆菌噬菌体 D29，能够成功地抑制另一种细菌——溃疡分支杆菌 *Mycobacterium ulcerans*。溃疡分支杆菌能引起人体严重的皮肤病，该病很难治愈，尤其在晚期。这个病在非洲非常普遍，分支杆菌噬菌体 D29，有希望用于治疗人类的这一疾病，这也会推动用噬菌体治疗其他难治疾病的相关研究，如耐药结核的治疗。

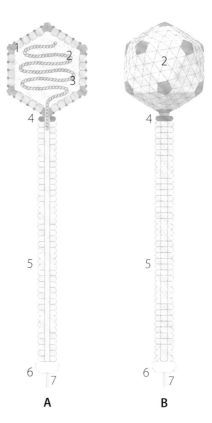

A 横切面
B 外观
1 衣壳装饰
2 外壳蛋白
3 双链基因组 DNA
4 头尾之间的连接
5 尾管
6 尾部的球状结构
7 纤维状突起

左图 这张电镜图显示了**分支杆菌噬菌体 D29** 的结构细节。在这 6 个病毒粒子上都能清楚看见尾部结构及尾末端的球状结构。

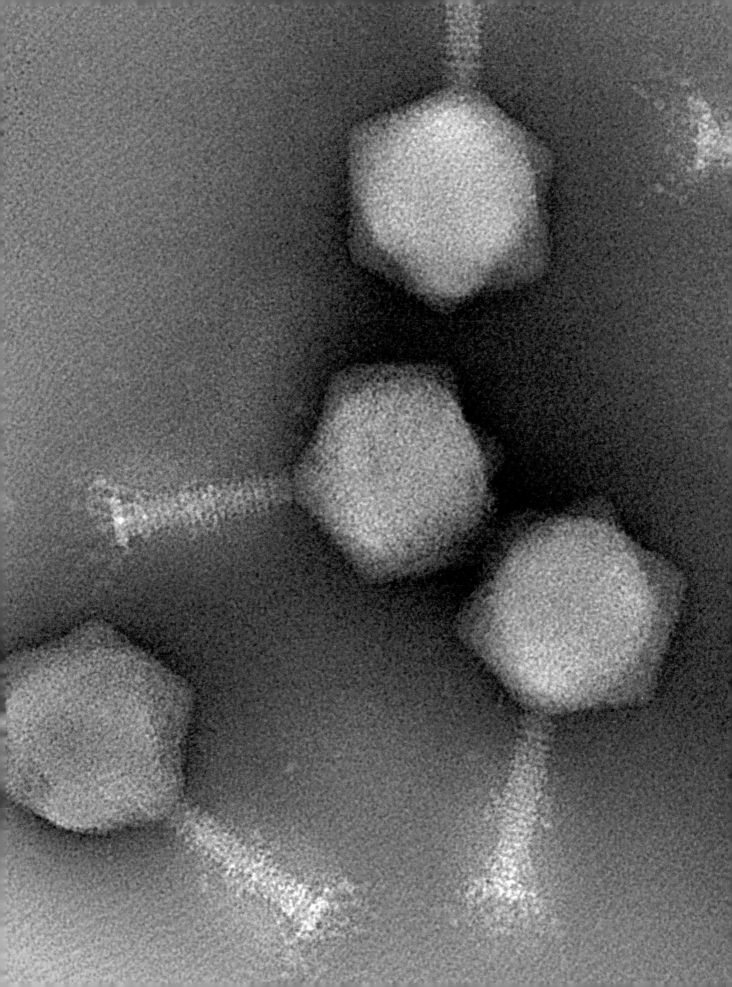

分组	I
目	有尾病毒目 Caudovirales
科	肌尾病毒科 Myoviridae
属	未分类
基因组	线性、单组分、长约 231000 核苷酸的双链 DNA，编码约 340 种蛋白质
地理分布	不清楚
宿主	青枯雷尔氏菌，造成植物青枯病的病菌
宿主效应	致死
传播	扩散以及将 DNA 注射到细胞中

青枯菌噬菌体 φRSL1
Ralstonia phage phiRSL1
植物中的噬菌体治疗

未来我们可能在花园里施用病毒

青枯菌噬菌体 φRSL1，是一种特别的病毒，它与目前已知的细菌病毒有很大的区别，它的基因组相对其他噬菌体而言比较大，而且其上的许多基因，都是功能未知的特有基因。该病毒感染青枯雷尔氏菌，后者是植物青枯病的病原。植物青枯病，在农民和家庭园艺人眼里是毁灭性的疾病，它危害 200 多种不同的植物，包括番茄、马铃薯、茄子等。染病的植物首先是叶子枯萎，然后整株植物发生枯萎，并很快死亡。这种疾病没有什么好的控制方法，虽然有些番茄的品种对该病有部分抗性。唯一的解决办法，是将已经死亡及濒临死亡的植物尽快移走，以减轻土壤中的细菌量，避免进一步的植物感染。但是，2011 年有科学家显示，如果将番茄的种子，用青枯菌噬菌体 φRSL1 处理，则可以保护番茄抵抗青枯病，这可能是由于病毒杀死了细菌病原。虽然在实验中也尝试了一些别的病毒，但青枯菌噬菌体 φRSL1 似乎效果最好，因为青枯雷尔氏菌对其完全没有抗性。当然，这个试验还需要进行更大范围的田间实验，而且也需要寻找给番茄种子进行病毒处理的最佳方式，但是该实验显示，噬菌体治疗在植物病害的控制中，有潜在的应用前景。

A 横切面
B 外观
1,2 外壳蛋白
3 颈
4 鞘
5 基板
6 尾部突起
7 双链基因组 DNA

左图 这张电镜图显示了**青枯菌噬菌体 φRSL1** 的结构细节。黄色显示的是头部结构，灰色显示的是尾部结构。

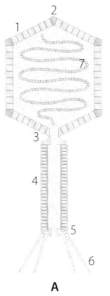

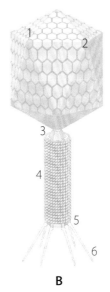

A

B

分组	I
目	有尾病毒目 Caudovirales
科	短尾病毒科 Podiviridae，自转录病毒亚科 Autographivirinae
属	未分类
基因组	线性、单组分、长约 46000 核苷酸的双链 DNA，编码 61 种蛋白质
地理分布	全世界的海洋里
宿主	聚球藻蓝细菌
宿主效应	细胞死亡
传播	扩散以及将 DNA 注射到细胞中

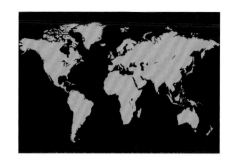

聚球藻噬菌体 Syn5
Synechococcus phage Syn5
一种海洋里的病毒

一种对地球生态平衡发挥重要作用的病毒

蓝细菌，或光合细菌，是世界上数目最大的生命体（虽然病毒是世界上数目最大的生物，但通常人们不认为病毒是生命体）。蓝细菌对控制氧气的产生以及大气与陆地之间其他化合物的循环都非常重要。海洋中的蓝细菌生产了地球上大量的氧气，其中一种主要的蓝细菌是聚球藻。人们一度认为，聚球藻的循环代谢，主要是被浮游植物吃掉，但现在已经清楚，聚球藻的代谢主要是靠病毒，例如聚球藻噬菌体 Syn5。这些病毒，每天能将 20%～50% 的聚球藻杀死。如果没有这些病毒，海洋，甚至整个地球，就会成为其他生物无法生存的细菌汤。所以，聚球藻噬菌体 Syn5 在杀死其宿主的同时，也在为地球的生态平衡发挥着重要作用。病毒在海洋中的浓度高得惊人，每毫升海水中就有 1000 万个病毒颗粒。除了杀死蓝细菌，病毒也杀死浮游植物，这对维持海洋的碳平衡，发挥着重要作用。当病毒杀死这些宿主细胞的时候，细胞会裂解，如果这些细胞不被裂解，它们死亡后就会沉入海底，那样的话，它们的营养就不能被其他生物所利用，而海洋就很快会变成死水。病毒对宿主的裂解，导致这些细菌的裂解物，遗留在海洋的上层，从而为更多的生物提供营养。人们至今仍在不断地了解病毒。我们已经知道，离开病毒，人类将无法生存。

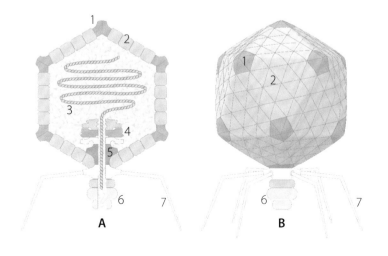

A 横切面
B 外观
1,2 外壳蛋白
3 双链基因组 DNA
4 核心蛋白
5 连接蛋白
6 尾部
7 尾丝

右图 纯化的**聚球藻噬菌体 Syn5**
病毒颗粒。可见这些病毒的结构，
有些病毒具有短尾，这是短尾病
毒科的特征。

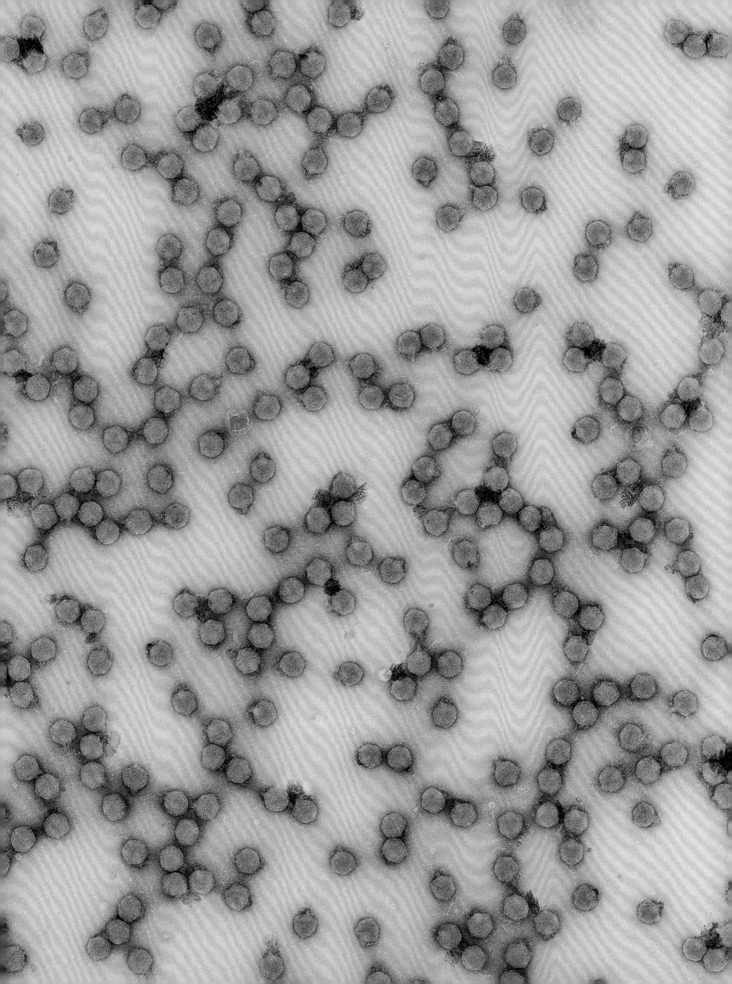

分组	I
目	未分类
科	瓶状病毒科 Ampullaviridae
属	瓶状病毒属 *Ampullavirus*
基因组	线性、单组分、长约 24000 核苷酸的双链 DNA，编码 57 种蛋白质
地理分布	意大利
宿主	喜酸菌属
宿主效应	减缓宿主生长
传播	随水扩散

酸菌瓶形病毒 1
Acidianus bottle-shaped virus 1
一种有感染性的"小瓶"

238

一种特殊宿主中的特殊病毒

古菌、细菌和真核生物，共同组成了三域生命，每个域的病毒都不一样。酸菌瓶形病毒 1，是在极端环境下生存的病毒，它是在意大利的一个酸性热泉中发现的。目前，仅发现这一种病毒具有这种独特的形状和基因组，在其编码的 57 种蛋白中，只有 3 种能找到已知的同源蛋白。在这个病毒以及其他一些古菌病毒中，还有一个特征，即它们具有膜结构来源的囊膜。囊膜结构，在动物病毒中比较常见，因为它能帮助动物病毒入侵动物细胞，但在有细胞壁结构的生物中就不常见了。目前还不是很清楚，古菌病毒的膜结构有何功能。研究古菌病毒，也有助于研究古菌本身，人们对古菌的很多认识，来自对古菌病毒的研究。类似酸菌瓶形病毒 1 的古菌病毒，让我们认识到环境中有着多么惊人的生命世界：海洋、土壤、人类的肠道以及极端环境，就如同你在本章中所看到的一样。古菌虽然与细菌一样没有细胞核，大小也类似，但它们在产生能源、合成蛋白、用组蛋白来浓缩 DNA 等方面，更像真核生物。古菌还有一个有趣的特点，即至今还没有在古菌域中发现病原微生物。

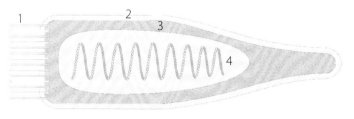

A　横切面
1　微丝
2　外部脂膜
3　外壳蛋白
4　双链 DNA 基因组

A

分组	Ⅰ
目	未分类
科	双尾病毒科 Bicaudaviridae
属	双尾病毒属 *Bicaudavirus*
基因组	环状、单组分、长约63000核苷酸的双链DNA，编码72种蛋白质
地理分布	不清楚，在意大利分布
宿主	喜酸菌（一种嗜热古菌）
宿主效应	细胞死亡
传播	随水扩散

酸菌双尾病毒
Acidianus two-tailed virus
一种来源于酸性热泉、具有独特形态的病毒

唯一能在细胞外生长的病毒

酸菌双尾病毒，是从意大利的一个水温高达87～93℃的酸性热泉中分离出来的。这种病毒一旦感染细胞后，能马上复制，也可以整合到宿主的染色体上，潜伏起来，直到外界因素将其激活。这种激活，可以是环境变化，如低温，或暴露在紫外线下。无论是初始感染，还是激活后的感染，病毒都会产生非常多的子代病毒，最终将细胞充满并裂解，将病毒释放到环境中。刚开始，释放出来的病毒粒子的形态是柠檬状的，然后它就会从两端生出尾巴。这对尾巴从两端不断生长，最终将病毒的大小缩短约1/3。这是目前唯一知道的，在离开细胞后还在生长的病毒。在实验室中，只要温度在75℃以上，就可以在水或培养基中，观察到这种生长。目前尚不知道，病毒感染新的宿主细胞，是否需要这对尾巴。但是，由于在自然环境中该病毒的宿主浓度非常低，因此，尾巴可能有助于病毒找到合适的宿主。

A 横切面
1 尾
2 微丝
3 可能的脂膜
4 外壳蛋白
5 双链DNA基因组
6 末端的锚定结构

A

分组	I
目	有尾病毒目 Caudovirales
科	长尾病毒科 Siphoviridae
属	λ 样病毒属 *Lambdalikevirus*
基因组	线性、单组分、长约 18000 核苷酸的双链 DNA，编码大约 17 种蛋白质
地理分布	全世界分布
宿主	大肠杆菌 HO157
宿主效应	可致死
传播	扩散以及将 DNA 注射到细胞中

肠杆菌噬菌体 H-19B
Enterobacteria phage H-19B
一种将无害菌变为致病菌的病毒

将基因从一种细菌转到另一种细菌

大肠杆菌，是人类肠道中的常见细菌，也是人体微生物组中的非常重要的一部分。但是，有些大肠杆菌是致病菌，例如被污染的食物中的大肠杆菌 HO157，就引起过好几起严重腹泻的爆发。这类有毒的大肠杆菌，有各种各样的来源，如没有煮熟的肉类、菠菜或者豆芽。食物中的有毒大肠杆菌，实际上来源于食物被非常少量的粪便所污染。这可能来源于高度集中饲养的动物、污染的灌溉水源或者收割农作物的人类。HO157 大肠杆菌中的毒蛋白，来源于另外一种细菌 —— 志贺氏杆菌 *Shigella*。在肠杆菌噬菌体 H-19B 的基因组上，发现了志贺氏杆菌的毒蛋白基因，当大肠杆菌被这种噬菌体感染时，噬菌体的基因组会整合到大肠杆菌的基因组上，从而使原来无毒的大肠杆菌，变成了致病菌。这仅是病毒是导致细菌致病的众多例子中的一个，因为病毒可以对编码毒素的基因进行转移，或者激活细菌中导致疾病的基因。肠杆菌噬菌体 H-19B，只是许多相关的噬菌体之一，这些噬菌体，都能将志贺毒素转移到大肠杆菌中。

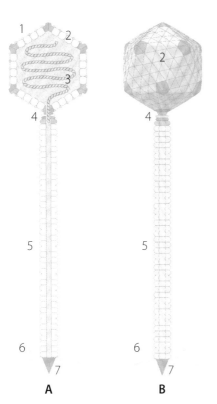

A 横切面
B 外观
1 衣壳装饰
2 外壳蛋白
3 双链 DNA 基因组
4 头尾之间的连接
5 尾管
6 尾纤维
7 尾尖

分组	II
目	未分类
科	丝杆状病毒科 Inoviridae
属	丝杆状病毒属 Inovirus
基因组	环状、单组分、长约 6400 核苷酸的单链 DNA，编码 9 种蛋白质
地理分布	全世界分布
宿主	大肠杆菌
宿主效应	生长缓慢，不致死
传播	扩散

肠杆菌噬菌体 M13
Enterobacteria phage M13
一种开辟了克隆技术的病毒

一种允许增加 DNA 的丝杆状病毒

细菌病毒，或噬菌体，在分子生物学的发展中发挥了重要作用，不过发挥作用最大的，当数肠杆菌噬菌体 M13。该病毒的形态是长杆状的，这一形状，允许它在其基因组中添加 DNA。另外一些噬菌体，例如杆菌噬菌体 φX174，虽然发现得更早，但是其病毒粒子为二十面体，这是一种高度结构化的形态，很难改变，如果添加了外源基因，就不可能再装配进病毒衣壳中。M13 就不一样了，它的病毒粒子是杆状的，只需要将病毒粒子延长，就能装进更多的 DNA。因此，人们在 M13 系统中添加了一些元件，以用于添加新的 DNA。M13 还有一个优点，就是当它从宿主中释放出来时，并不裂解宿主细胞，因此，只需要收集培养细胞的液体培养基就可以了。这开辟了克隆技术，即人们将感兴趣的基因，放置到某种载体上，使之能在大肠杆菌中复制出成千上万个拷贝。早期的测序技术，需要利用克隆技术产生非常多的 DNA。由于当时最受欢迎的测序技术，利用的是类似 M13 基因组的单链 DNA，因此，将外源基因克隆到 M13 上是一个很好的选择。此外，克隆技术，还可以用来研究基因的功能，因为克隆后的基因，可以转化到其他生物，如哺乳动物细胞。目前，M13 的部分基因组仍被用于克隆技术，不过，现在的技术已经发展，只需要用病毒的复制信号或其他功能，而不再需要整个病毒。

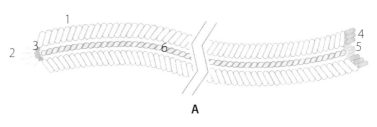

A 横切面
B 外观
衣壳蛋白
1 外壳蛋白 g8p
2 丝状蛋白 g3p
3 丝状蛋白 g6p
4 Pilis 结合蛋白 g7p
5 Pilis 结合蛋白 g9p
6 单链基因组 DNA

分组	IV
目	未分类
科	光滑病毒科 Leviviridae
属	异光滑病毒属 *Allolevivirus*
基因组	线性、单组分、长约 4200 核苷酸的单链 RNA，编码 4 种蛋白质
地理分布	全世界分布
宿主	大肠杆菌及相关细菌
宿主效应	细胞死亡
传播	扩散

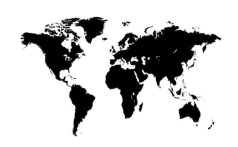

肠杆菌噬菌体 Qβ
Enterobacteria phage Qβ
研究进化的模型

242

RNA 复制是一种容易出错的过程

以 RNA 为遗传物质的噬菌体的发现，为分子生物学的许多突破奠定了基础。虽然最早发现的病毒，烟草花叶病毒就是 RNA 病毒，但细菌病毒，或者说噬菌体，研究起来要方便得多，因为其宿主在实验室条件下能快速生长。复制 RNA 的酶，叫依赖于 RNA 的 RNA 多聚酶 (RdRP)，最初是从肠杆菌噬菌体 Qβ 中纯化出来的。这项工作的一个重要发现是，这个酶由 4 种蛋白质组成，其中只有 1 种蛋白质由病毒编码，其他 3 种蛋白都来源于细菌宿主。病毒能够有效地利用现成的资源，也就是说，它们能够很好地操纵宿主的细胞系统。这项工作，以及早期的其他工作，揭示了 RNA 不仅能编码蛋白质，同时还具有复杂的、有生物学功能的结构。

拷贝 DNA 的多聚酶具有许多纠错的机制。拷贝中出现的错误，意味着突变，少量的偶然出现的错误，对进化是重要的，但太多的错误，就会带来很大的麻烦。人类的 DNA 复制酶，大约每复制 10000000 个核苷酸会出现一个错误，而这些错误出现后，大多数也会被修复。RNA 复制酶则缺少纠错功能，因此，它们会产生很多突变。当物理学家们从理论上推测出，一种 RNA 生物可能拥有多大的变异种群的时候，病毒学家则利用肠杆菌噬菌体 Qβ，揭示出 RNA 病毒可以有许多变异株，而且因为有大量的突变，它们能快速进化。这也是为什么，人类有时一生中会不止一次被某种病毒感染，因为病毒能变异，从而逃逸我们的免疫系统。

A 横切面
B 外观
1 A 蛋白
2 外壳蛋白
3 单链基因组 RNA
4 帽子结构

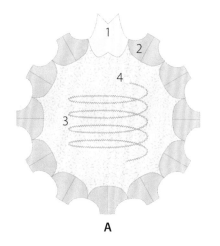

A

B

分组	I
目	有尾病毒目 Caudovirales
科	长尾病毒科 Siphoviridae
属	未分类
基因组	线性、单组分、长约 42000 核苷酸的双链 DNA，编码 61 种蛋白质
地理分布	全世界分布
宿主	金黄色葡萄球菌
宿主效应	帮助可移动遗传元件的移动
传播	扩散以及将 DNA 注射到细胞中

金黄色葡萄球菌噬菌体 80
Staphylococcus phage 80
一种帮助毒力基因转移的病毒

一种用于菌株分型，同时也参与毒休克综合征的病毒

金黄色葡萄球菌（简称金葡）可以引起多种人类疾病，如伤口感染、生疮、脓疱病、食物中毒以及毒休克。金葡通常还对抗生素有抗性。现在，有办法能快速鉴定导致感染的细菌类型，但在早期曾经有一段时间，需要靠鉴定某种细菌的噬菌体来对细菌进行鉴定。有一种细菌被称为金葡80，因为它能被金黄色葡萄球菌噬菌体80所感染，在20世纪50年代，造成了医院内感染的流行。金葡80对青霉素有抗性，但是，当用了一种新的抗生素甲氧西林后，金葡80就消失了。

金葡能造成许多疾病，是因为细菌产生的毒素。不同的金葡菌，其基因组中都有一组毒力因子，用于产生毒素。这组基因称为毒力岛，可以在病毒的帮助下，从一株细菌转移到另一株细菌。金黄色葡萄球菌噬菌体80，就参与了一些毒力岛的转移，其中，最著名的是导致毒休克综合征的毒力岛。这是病毒为其宿主细菌提供帮助的又一个例子，只是这次，对于被该细菌感染的人类来说，是有害的。

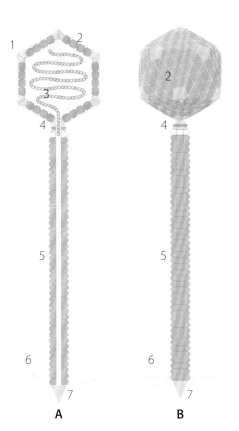

A 横切面
B 外观
1 衣壳装饰
2 外壳蛋白
3 双链 DNA 基因组
4 头尾之间的连接
5 尾管
6 尾纤维
7 尾尖

分组	I
目	未分类
科	小纺锤形病毒科 Fuselloviridae
属	小纺锤形病毒属 *Fusellovirus*
基因组	环状、单组分、长约 15000 核苷酸的双链 DNA，编码大于 30 种蛋白质
地理分布	日本
宿主	芝田硫化叶菌，一种极端嗜热古菌
宿主效应	生长缓慢
传播	扩散

硫化叶菌纺锤形病毒 1
Sulfolobus spindle-shaped virus 1
一种柠檬形的病毒

244

一种被紫外线激活的病毒

硫化叶菌纺锤形病毒，分离自生长在日本的一种硫黄热泉的古菌。一开始，科学家们不知道它是一种病毒，因为只发现了 DNA。大约在 10 年后，在实验室培养的古菌宿主中，发现了一种病毒样颗粒。这种病毒在宿主菌中保留有两种 DNA 的形式，一种为环状的 DNA，另一种则整合在宿主的基因组上，而且总是整合在同一位点。在一般情况下，病毒并不活跃，但是，当宿主菌受到紫外线的照射后，病毒就被激活，开始大量复制。与大多数细菌病毒最终裂解宿主菌不同，该病毒并不杀死宿主菌，而是在不裂解宿主菌的情况下，将其病毒粒子释放出来。

虽然在世界各地的酸性热泉中，都存在硫化叶菌和硫化叶菌病毒，但由于这些热泉彼此之间，可能有上亿年的区别，因此，不能期望在不同的热泉中分离出的病毒相互之间是有联系的，因为病毒也经历了上亿年的进化。但是，小纺锤形病毒科（该科的命名是根据病毒的形态）的成员，即使在相距非常远的不同的热泉中发现，它们的基因组还是非常相似的，意味着这些病毒在不同的热泉间移动是近期发生的（指地质时间），目前谁也不知道这是如何发生的。

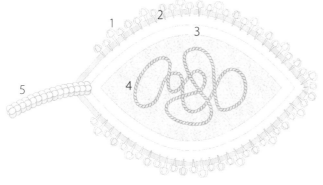

A

A 横切面
1 表面蛋白
2 可能的囊膜
3 病毒衣壳
4 双链 DNA 基因组
5 尾

分组	II
目	未分类
科	丝杆状病毒科 Inoviridae
属	丝杆状病毒属 Inovirus
基因组	环状、单组分、长约 6900 核苷酸的单链 DNA，编码 11 种蛋白质
地理分布	全世界分布
宿主	霍乱弧菌
宿主效应	为细菌提供可以侵染肠道的毒素

弧菌噬菌体 CTX
Vibrio phage CTX
产生霍乱毒素的细菌病毒

一种对细菌有利的病毒，而该细菌会导致严重的人类疾病

霍乱，是一种全球性疾病，通常在热带国家、卫生环境差、人口拥挤的地方容易发生。有时，当自然灾害摧毁了当地的卫生设施时，该病也容易出现。霍乱由霍乱弧菌引起，这是一种通过水和食物传播的疾病，在儿童和营养不良的人身上会更严重些。霍乱毒素 CTX 是造成霍乱的主要原因，这种毒素是由细菌产生的。当细菌到达下肠部，它们会附着在肠道细胞上，诱导体液的释放，导致严重腹泻。这种毒素实际上是由一种病毒基因所编码。弧菌噬菌体 CTX，能将其基因组整合到霍乱弧菌的基因组上，成为细菌的永久成分。在一些霍乱弧菌毒株中，病毒能从基因组上解离下来，产生有感染性的病毒粒子，从而将一个本来不产生毒素的无害菌转换为致病菌。这种毒素会让人产生严重疾病，但对细菌而言，则是有利因子，因为它使得细菌能感染人的肠道，而且由于腹泻，能使大量的细菌排泄到下水道中，从而有更多的机会感染其他宿主。因此，弧菌噬菌体 CTX 对其宿主而言是一个有利病毒，虽然它在霍乱的传播中，发挥着致死性的作用。

A 横切面
B 外观
衣壳蛋白
1 外壳蛋白 g8p
2 Pilis 结合蛋白 g7p
3 Pilis 结合蛋白 g9p
4 丝状蛋白 g3p
5 丝状蛋白 g6p
6 单链 DNA 基因组

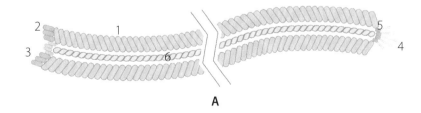

A

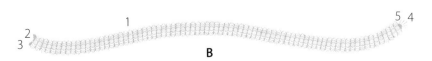

B

专业术语

这里所列出的专业术语仅适用于病毒学，在其他领域中它们可能有不同的解释。

Acute Virus Infection 病毒的急性感染 病毒通过水平传播，快速复制，通常与疾病相关。

Anastomosis 结合 来自两个相近克隆的真菌细胞之间的融合。

Attenuated 减毒 减弱了的，在病毒学中通常指症状减弱。

Cap Structure 帽子结构 通常出现在 RNA 病毒 5′ 端的一个特殊甲基化的核苷酸。

Capsid 衣壳 病毒的蛋白质壳，衣壳通常在环境中保护基因组。

Cell Wall 细胞壁 指植物、真菌、细菌细胞的坚硬外层结构。

Commensal 共生 一种共生或寄生关系，其中一方获益，但并不给另一方造成危害。一种共生病毒，指该病毒可以造成感染，但并不产生有利影响或致病。

Cross-immunity 交叉免疫 由于另一种相关病毒前期或目前的感染，而导致对病毒的免疫上调反应。

Culling 淘汰 在病毒学中，通常指淘汰被感染的个体。

Cyanobacteria 蓝细菌 能进行光合作用的细菌。

Cytoplasm 细胞质 细胞内部除了核以外的生物质的部分。

Diffusion 扩散 指病毒颗粒通过在环境中的运动而传播。

DNA 脱氧核糖核酸 编码基因的遗传物质。

Emerging Virus 新发病毒 在新的宿主或新的地域出现的病毒。

Encapsidate 填壳 指装入病毒的蛋白外壳内，通常指核酸的装配。

Endogenization 内源化 指病毒将其基因组，整合到宿主生殖细胞的 DNA 上，从而可以随宿主传给下一代。

Endophyte 植物内生菌 指寄生在植物内部的微生物（真菌、细

菌或病毒）。通常指有益微生物。

Envelope 囊膜 指囊膜病毒的外部脂质结构，来源于宿主的细胞膜。

Enzyme 酶 一种具有催化活性的蛋白质，能导致一种特定的变化或反应。

Eradicate 根除 彻底地清除，在病毒学通常指灭绝。

Eukaryote 真核生物 指有细胞核的生命形式。

Genome 基因组 指病毒或一种生物的全套遗传物质。

Glycoprotein 糖蛋白 具有糖基化修饰的蛋白质。

Hemorrhagic 出血性 指导致大量出血。

Holobiont 共生功能体 指作为一个单一功能整体的所有共生生物；

对人体而言这包括细菌、真菌和病毒。

Horizontal Gene Transfer 基因水平转移 指基因在个体间的转移，通常是由病毒所介导。

Horizontal Transmission 水平传播 指个体间的传播。

Hypovirulence 低毒性 指毒力降低，或致病能力降低。

Icosahedron 正二十面体 具有20个面的严格对称几何结构，在病毒学中，包括三角剖分数 (T) 不同的多面体。

Immunity 免疫力 指宿主抵抗感染的能力。

Inoculation 接种 指接种某种病原体的行为，在疫苗没有出现以前，这用来指给人有意接种弱病毒。

Integration 整合 指病毒的基因组插入宿主的基因组上。

Isolate 分离株 指从一次单一感染中分离出的病毒株。

Lipid Membrane 脂膜 指包裹在细胞、细胞器或病毒表面的双层脂结构。

Lysis 裂解 一种裂解型的病毒，在其完成复制循环后，会裂解宿主细胞以释放子代的病毒粒子。

Malaise 萎靡 指一种抑郁或不舒服的感觉，流感等病毒感染可造成这类症状。

Mitochondria 线粒体 真核细胞的一类细胞器，起源于细菌。线粒体通常被称为细胞的发电站，因为这里是能源的产生地。

Monoculture 单一种植 通常指

大面积的农田仅种植一种植物。

mRNA 信使 RNA 这类 RNA 携带基因的信息，到细胞质中将其转换成蛋白质。

Mutualists 互利共生 指两个或者两个以上的生物，互为有利，关于这类病毒的研究目前还很少。

Nucleotides 核苷酸 组成 DNA 或 RNA 的基本单元。

Nucleus 核 真核生物细胞内基因组所在的地方，也是多数 RNA 合成的场所。

Pandemic 大流行 指一种疾病流行于很大的区域，或世界上的大多数地区。

Parthenogenesis 孤雌生殖 指通过未经授精的卵的繁殖方式，在某些昆虫中较为常见。

Pathogen 病原微生物 指导致某种疾病的微生物。

Persistent Virus 持续性感染病毒 指某种病毒感染宿主很长一段时间，而且通常不引起可见的症状。

Phage 噬菌体 细菌病毒，这个词来源于拉丁语的"吃"，大多数噬菌体会杀死其宿主，但不会吃掉它们。

Phenotype 表型 指某种个体的可见特征，这种特征可能是由基因型及环境因素相互作用所造成的。

Phloem 韧皮部 植物中用于运输光合作用产物的维管状结构。

Plasma Membrane 细胞膜 细胞的外层结构，是一种包埋有蛋白质的脂质双分子层。

Polymerase 多聚酶 指用于合成 DNA 或 RNA 的酶。

Progenitor 祖先 指病毒起源的前体或祖先。

Prokaryote 原核生物 指大多数没有核的单细胞生物，包括细菌和古菌。

Promoter 启动子 指 DNA 或 RNA 中的一段区域，上面有指导多聚酶结合，并开始拷贝的信号。

Reservoir 自然宿主 指一种病毒的野生宿主，它可以作为感染人工培养的植物、动物以及人类的病毒来源。

Resistance 抗性 指不被病毒感染的能力，抗性可以指免疫力或耐受性。

Retrovirus 逆转录病毒 这种病毒

具有 RNA 基因组，但能将其转换成 DNA，并整合到宿主基因组中。

Reverse Transcriptase 逆转录酶 一种病毒编码的酶，能将 RNA 拷贝成 DNA。

RNA 核糖核酸 是某些病毒的遗传分子，在细胞中 RNA 行使其他的功能。

RNA Silencing RNA 沉默 一种针对病毒的免疫反应，能将靶标 RNA 降解，也称为 RNAi。

Satellite 卫星 指病毒的附属病毒或核酸，卫星病毒或核酸依赖于辅助病毒生存。

Symbiosis 共生关系 两种或两种以上的不同生物体在一起亲密共生的关系。

Tolerance 耐受性 指可以被病毒感染，但不出现症状。

Transmission 传播 指病毒从一个宿主转移到另一个宿主。

Vaccination 免疫接种 指为增强免疫力而有意接种某种病毒；可以是注射接种，也可以是通过口服或鼻腔接种；疫苗可以是减毒疫苗、灭活疫苗，也可以是病毒的蛋白或核酸。

Vector 媒介 指帮助病毒传播的物体，通常是昆虫，也可以是没有生命的物体，如农耕器械。

Vegetative Propagation 营养繁殖 指植物的无性繁殖，通常靠插枝而不是靠种子繁殖。

Vertical Transmission 垂直传播 从父母向子代的直接传播。

Virion 病毒粒子 指一个完整的病毒，有些病毒具有多个分段基因组，这类病毒粒子可能含有多个病毒颗粒。

Virome 病毒组 指在指定环境中的所有病毒。

Virulence 毒力 指病毒的致病能力。

Virulence Factor 毒力因子 病原产生并释放出的分子，它能影响宿主免疫系统，或使病原体接触到宿主的营养。

249

Virus Shedding 病毒排放 指从被感染的宿主体内释放出病毒。

VPg 是一种结合在一些单链 RNA 病毒 5′ 端的病毒蛋白。

X-Ray Diffraction X- 射线衍射 指 X- 射线通过晶体结构后产生的衍射图，有助于解析分子的结构。

深入阅读资料

书籍类

Acheson, Nicholas, *Fundamentals of Molecular Virology*（分子病毒学基础），2nd edition（Wiley & Sons, 2011）

Booss, John, and Marilyn J. August, *To Catch a Virus*（捕猎病毒）（AMS Press, 2013）

Cairns, J., Gunther S. Stent and James D. Watson, *Phage and the Origins of Molecular Biology*（噬菌体与分子生物的诞生），Centennial edition (Cold Spring Harbor Laboratory Press, 2007)

Calisher, Charles H., *Lifting the Impenetrable Veil: From Yellow Fever to Ebola Hemorrhagic Fever & SARS*（揭开令人费解的面纱：从黄热病、埃博拉出血热，到 SARS）(Gail Blinde, 2013)

Crawford, Dorothy H., Alan Rickinson and Ingolfur Johannessen, *Cancer Virus: The Story of Epstein-Barr Virus*（癌症病毒：EB 病毒的故事）(Oxford University Press, 2011)

Crawford, Dorothy H., *Virus, a Very Short Introduction*（病毒简介）(Oxford University Press, 2011)

De Kruif, Paul, *Microbe Hunters*（微生物狩猎者），3rd edition (Mariner Books, 2002)

Dimmock, N.J., A.J. Easton and K.N. Leppard, *An Introduction to Modern Virology*（现代病毒学简介）(Blackwell Science, 2007)

Flint, S. Jane, Vincent R. Racaniello, Glenn F. Rall, Anna-Marie Skalka and Lynn W. Enquist, *Principles of Virology*（病毒学原理），3rd edition (ASM Press, 2008)

Hull, Roger, *Plant Virology*（植物病毒学），5th edition (Academic Press Inc., 2013)

Mnookin, Seth, *The Panic Virus: A True Story of Medicine, Science, and Fear*（病毒恐慌：医学、科学及恐惧的真实故事）(Simon & Schuster, 2011)

Oldstone, Michael, *Viruses, Plagues and History*（病毒、瘟疫及历史）(Oxford University Press, 1998)

Pepin, Jacques, *The Origins of AIDS*（艾滋病的起源）(Cambridge University Press, 2011)

Peters, C.J., and Mark Olshaker, *Virus Hunter: Thirty Years of Battling Hot Viruses Around the World*（病毒狩猎者：30 年与世界上最热病毒的斗争）(Anchor Books, 1997)

Quammen, David, *Ebola: The Natural and Human History of a Deadly Virus*（埃博拉：一种致死病毒的自然历史及人类历史）(Oxford University Press, 2015)

Quammen, David, *Spillover: Animal Infections and the Next Human Pandemic*（跨种传播：动物感染与下一个人类大流行）(Bodley Head, 2012)

Quammen, David, *The Chimp and the River: How AIDS Emerged from an African Forest*（大猩猩与河流：艾滋病如何从非洲森林中诞生）(W.W. Norton & Co., 2015）

Rohwer, Forest, Merry Youle, Heather Maughan and Nao Hisakawa, *'Life in Our Phage World'*（在我们噬菌体世界中的生命）in *Science, Issue* 6237, 2015.

Ryan, Frank, *Virolution*（病毒进化）(Collins, 2009)

Shors, Teri, *Understanding Viruses*（认识病毒），2nd edition (Jones and Bartlett, 2011)

Wasik, Bill, and Monica Murphy, *Rabid: A Cultural History of the World's Most Diabolical Virus*（狂犬病：世界上最毒病毒的文化史）(Viking Books, 2012)

Williams, Gareth, *Angel of Death: The Story of Smallpox*（死亡天使：天花的故事）(Palgrave Macmillan, 2010)

Witzany, Günther (ed.), *Viruses: Essential Agents of Life*（病毒：生命的必需）(Springer, 2012)

Wolfe, Nathan, *The Viral Storm: The Dawn of a New Pandemic Age*（病毒风暴：在大爆发年代的黎明之际）(Allen Lane, 2011)

Zimmer, Carl, *A Planet of Viruses*（一个病毒的星球）(University of Chicago Press, 2011)

250

网络在线类 *

TWiV（本周病毒学）.每周对病毒学进行介绍，有历史文献：
http://www.microbe.tv/twiv/

哥伦比亚大学的病毒学博客：
http://www.virology.ws/

互联网上的病毒学：
http://www.virology.net/

Viroblogy，一个经常更新的病毒学博客：
https://rybicki.wordpress.com

植物病毒介绍：
http://dpvweb.net/

eLife 关于各类生物学领域的播客：
http://elifesciences.org/podcast

噬菌体的岁月，纪念噬菌体发现 100 周年：
http://www.2015phage.org/

ViralZone，综合介绍病毒的结构及遗传学：
http://viralzone.expasy.org/

病毒结构网站：
http://viperdb.scripps.edu/

病毒世界，图片与结构：
http://www.virology.wisc.edu/virusworld/viruslist.php

国际病毒分类委员会：
http://ictvonline.org/

美国疾病预防与控制中心（CDC）：
http://www.cdc.gov/

世界卫生组织：
http://www.who.int/en/

泛美卫生组织：
http://www.paho.org/hq/

病毒学网上课程：
https://www.coursera.org/course/virology

流行病学网上课程 —— 传染病的动力学：
https://www.coursera.org/learn/epidemics

251

---

* 此为作者在写作本书时检索的网络在线类资源。检索地，美国宾夕法尼亚州立大学；检索时间，2016 年。—— 本书责任编辑注

索　引

255

致　谢

作者的致谢

作者感谢她的多位同事、实验室成员以及家人的建议和鼓励，尤其是下面这些病毒学家，他们给本书提出了建议或自愿审校了部分内容：

Annie Bézier, Stéphane Blanc, Barbara Brito, Judy Brown, Janet Butel, Craig Cameron, Thierry Candresse, Gerardo Chowell-Puente, Jean-Michel Claverie, Michael Coffey, José-Antonio Daròs, Xin Shun Ding, Paul Duprex, Mark Denison, Terence Dermody, Joachim de Miranda, Joakim Dillner, Brittany Dodson, Amanda Duffus, Bentley Fane, Michael Feiss, Sveta Folimonova, Eric Freed, Richard Frisque, Juan Antonio García, Said Ghabrial, Robert Gilbertson, Don Gilden, Stewart Grey, Diane Griffin, Susan Hafenstein, Graham Hatfull, Roger Hendrix, Jussi Hepojoki, Kelli Hoover, John Hu, Jean-Luc Imler, Alex Karasev, David Kennedy, Peter Kerr, Gael Kurath, Erin Lehmer, James MacLachlan, Joseph Marcotrigiano, Joachim Messing, Eric Miller, Grant McFadden, Christine L. Moe, Hiro Morimoto, Peter Nagy, Glen Nemerow, Don Nuss, Hiroaki Okamoto, Toshihiro Omura, Ann Palmenberg, Maria-Louise Penrith, Julie Pfeiffer, Welkin Pope, David Prangishvili, Eugene V. Ryabov, Maria-Carla Saleh, Arturo Sanchez, Jim Schoelz, Joaquim Segalés, Matthais Schnell, Guy Shoen, Tony Schmidtt, Bruce Shapiro, Curtis Suttle, Moriah Szpara, Christopher Sullivan, Massimo Turina, Rodrigo Valverde, Jim Van Etten, Marco Vignuzzi, Herbert Virgin, Peter Vogt, Matthew Waldor, David Wang, Richard Webby, Scott Weaver, Anna Whitfield, Reed Wickner, Brian Willett, Takashi Yamada.

图片授权

出版商感谢下列人员及机构授权使用相关的素材：

Courtesy Dwight Anderson. From Structure of Bacillus subtilis Bacteriophage phi29 and the Length of phi29 Deoxyribonucleic Acid. D. L. Anderson, D. D. Hickman, B. E. Reilly et al. Journal of Bacteriology, American Society for Microbiology, May 1, 1966. Copyright © 1966, American Society for Microbiology: 225. • Australian Animal Health Laboratory, Electron Microscopy Unit: 103. • Julia Bartoli & Chantal Abergel, IGS, CNRS/AMU: 215. • José R. Castón: 212. • Centers for Disease Control and Prevention (CDC)/Nahid Bhadelia, M.D.: 8R; Dr. G. William Gary, Jr.: 60; James Gathany: 38L; Cynthia Goldsmith: 95; Brian Judd: 38R; Dr. Fred Murphy, Sylvia Whitfield: 80; National Institute of Allergy and Infectious Diseases (NIAID): 56; Dr. Erskine Palmer: 83; P.E. Rollin: 90; Dr. Terrence Tumpey: 71. • Corbis: 15. • Delft School of Microbiology Archives: 13. • Tim Flegel, Mahidol University, Thailand: 202. • Kindly provided by Dr. Kati Franzke, Friedrich-Loeffler-Institut, Greifswald-Insel Riems, Germany: 132. • Courtesy Toshiyuki Fukuhara. From Enigmatic double-stranded RNA in Japonica rice. • Toshiyuki Fukuhara, Plant Molecular Biology, Springer, Jan 1, 1993. Copyright © 1993, Kluwer Academic Publishers.: 150. • © Laurent Gauthier. From de Miranda, J R, Chen, Y-P, Ribière, M, Gauthier, L (2011) Varroa and viruses. In Varroa - still a problem in the 21st Century? (N.L. Carreck Ed). International Bee Research Association, Cardiff, UK. ISBN: 978-0-86098-268-5 pp 11-31: 187. • Getty Images/BSIP: 78; OGphoto: 9. • Said Ghabrial: 210. • Dr. Frederick E. Gildow, The Pennsylvania State University: 143. • Courtesy Dr. Graham F. Hatfull and Mr. Charles A. Bowman, phagesdb.org: 232. • Pippa Hawes/Ashley Banyard, The Pirbright Institute: 126. • Juline Herbinière and Annie Bézier, IRBI, CNRS: 182. • Courtesy Dr. Katharina Hipp, University of Stuttgart: 138. • ICTV/courtesy of Don Lightner: 201. • Jean-Luc Imler: 188. • Dr. Ikbal Agah Ince, Acibadem University, School of Medicine, Dept of Medical Microbiology, Istanbul, Turkey: 194. • Courtesy Istituto per la Protezione Sostenibile delle Piante (IPSP) – Consiglio Nazionale delle Ricerche (CNR) – Italy: 2, 144, 147, 148, 153, 154, 157, 168, 171, 172, 175, 177. • Hongbing Jiang, Wandy Beatty and David Wang. Washington University, St. Louis: 199. • Electron micrograph courtesy of Pasi Laurinmäki and Sarah Butcher, the Biocenter Finland National Cryo Electron Microscopy Unit, Institute of Biotechnology, University of Helsinki, Finland: 104. • Library of Congress, Washington, D.C.: 8L. • Luis Márquez: 209. • Francisco Morales: 162. • Redrawn from Han G-Z, Worobey M (2012) An Endogenous Foamy-like Viral Element in the Coelacanth Genome. PLoS Pathogens 8(6): e1002790: 49. • Welkin Hazel Pope: 237. • Purcifull, D. E., and Hiebert, E. 1982. Tobacco etch virus. CMI/AAB Descriptions of Plant Viruses, No. 258 (No. 55 revised), published by the Commonwealth Mycological Institute and Association of Applied Biologists, England: 166. • Jacques Robert, Department of Microbiology and Immunology, University of Rochester Medical Center, Rochester NY: 115. • Carolina Rodríguez-Cariño and Joaquim Segalés, CReSA: 121. • Dr. Eugene Ryabov: 190. • Guy Schoehn: 234. • Science Photo Library/Alice J. Belling: 18L; AMI Images: 53, 62, 92; James Cavallini: 59, 87; Centre for Bioimaging, Rothampstead Research Centre: 159; Centre for Infections/Public Health England: 77, 84; Thomas Deerinck, NCMIR: 193; Eye of Science: 65, 68, 72, 89, 122; Dr. Harold Fisher/Visuals Unlimited, Inc: 228; Steve Gschmeissner: 18R; Kwangshin Kim: 66; Mehau Kulyk: 216; London School of Hygiene & Tropical Medicine: 54; Moredun Animal Health Ltd: 109; Dr. Gopal Murti: 129; David M. Phillips: 18C; Power and Syred: 44, 112; Dr. Raoult/Look at Sciences: 206; Dr. Jurgen Richt: 106; Science Source: 100; ScienceVU, Visuals Unlimited: 110, 131; Sciepro: 116, 160, 184; Dr. Linda Stannard, UCT: 74, 124; Norm Thomas: 12; Dr. M. Wurtz/Biozentrum, University of Basel: 226. • Shutterstock/Zbynek Burival: 39; JMx Images: 40; Alex Malikov: 37C; Masterovoy: 36; Christian Mueller: 37B; Galina Savina: 37T; Kris Wiktor: 42. • James Slavicek: 196. • Yingyuan Sun, Michael Rossmann (Purdue University) and Bentley Fane (University of Arizona): 231. • John E. Thomas, The University of Queensland: 140. • United States Department of Agriculture (USDA): 38C. • Dr. R. A. Valverde: 165. • Wellcome Images/David Gregory & Debbie Marshall: 118. • Zhang Y, Pei X, Zhang C, Lu Z, Wang Z, Jia S, et al. (2012) De Novo Foliar Transcriptome of Chenopodium amaranticolor and Analysis of Its Gene Expression During Virus-Induced Hypersensitive Response. PLoS ONE 7(9): e45953. doi:10.1371/journal.pone.0045953 © Zhang et al: 46. • For kind permission to use their material as references for the cross-sections and external views illustrations: Philippe Le Mercier, Chantal Hulo, and Patrick Masson, ViralZone (http://viralzone.expasy.org/), SIB Swiss Institute of Bioinformatics.

我们尽了最大努力去联系并获得版权许可。如果在上述资料中有错误和遗漏，我们深表歉意，我们非常感谢您指出错误，以便我们在今后的再版中予以更正。

译后记

病毒非常小，不仅肉眼不可见，就连在光学显微镜下也无法现形。因此人们会觉得病毒看不见摸不着。但是，借助电子显微镜，人们就可以看到病毒千变万化的形态。《病毒博物馆》精心挑选了多种病毒的精美彩图，给大家带来了一场视觉盛宴。同时，也让这些神奇的隐形者变得不再神秘。

玛丽莲·鲁辛克博士是美国著名的植物病毒学家，也是一个讲科学故事的高手。在《病毒博物馆》这本书里，她选择了 101 种有代表性的病毒，包括 24 种人类病毒、19 种脊椎动物病毒、22 种植物病毒、11 种无脊椎动物病毒、10 种真菌和原生动物病毒、15 种细菌和古菌病毒等，将它们一个个娓娓道来，给大家呈现了病毒不为人所熟知的故事，揭开了病毒的神秘面纱。

对于普通读者，本书的核心便在于病毒的故事。病毒无处不在，而且在自然界中数量惊人 —— 每毫升海水中就有 1000 万个病毒。其中有些病毒在我们赖以生存的地球上起着必不可少的作用，它们通过对细菌、藻类等海洋中单细胞生物的裂解，在海洋和地球的碳循环中发挥着重要的作用，为地球生命提供了营养。慢慢品读《病毒博物馆》，就会发现，病毒并不只是人们脑海中的致病微生物，每一种病毒都有一个引人入胜的故事，美妙而神奇。

《病毒博物馆》可以作为病毒学及相关专业的辅助教材。在本书的第一部分，作者对病毒的定义，病毒学的研究历史，病毒的分类、复制、包装、传播以及免疫等方面进行了简明而全面的介绍。本书中沿用巴尔的摩分类法将病毒分为 7 类，即双链 DNA 病毒（Ⅰ）、单链 DNA 病毒（Ⅱ）、双链 RNA 病毒（Ⅲ）、单股正链 RNA 病毒（Ⅳ）、单股负链 RNA 病毒（Ⅴ）、逆转录病毒（Ⅵ）以及拟逆转录病毒（Ⅶ），并分别进行了深入浅出的介绍。在介绍每种病毒的页面最上端，都可以找到这种病毒的分组信息，以及该病毒的分类、基因组特性、地理分布、宿主、媒介、相关的疾病、传播方式、疫苗及药物等基本信息。可以说，《病毒博物馆》是一本信息详尽的病毒工具书。

《病毒博物馆》同时还不失为专业人士开阔视野的好书。因为多数病毒学家，一生中都只能以少数几种病毒作为研究对象。而本书针对多种病毒，提出了一系列尚未解决的科学之谜。如果将此书放在案头常常翻阅，相信会不时产生新的科研灵感。

本书由胡志红和周荷莉合译，其中周荷莉翻译了本书中50种病毒的相关内容。最初接到这本书时，我们首先被它精美的图片所吸引，在随后的翻译过程中，更是被鲁辛克博士广博的病毒学知识和独特的见解所折服。我们力图从专业的角度和普通人的视野去捕捉原著的精髓，呈现病毒的多彩世界。我们尽力忠实于原著，但因学识和语言能力所限，生硬之处敬请读者谅解，疏漏错误之处，还请读者多批评指正。

最后，感谢北京大学李毅教授对全书的审校，以及北京大学出版社李淑方、于娜、刘清惜老师的精心编审。

译者

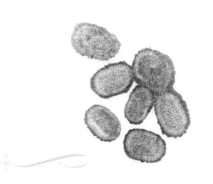

◎　甲虫博物馆
◎　蘑菇博物馆
◎　贝壳博物馆
◎　树叶博物馆
◎　兰花博物馆
◎　蛙类博物馆
◎　细胞博物馆
◎　病毒博物馆
◎　鸟卵博物馆
◎　种子博物馆
◎　毛虫博物馆

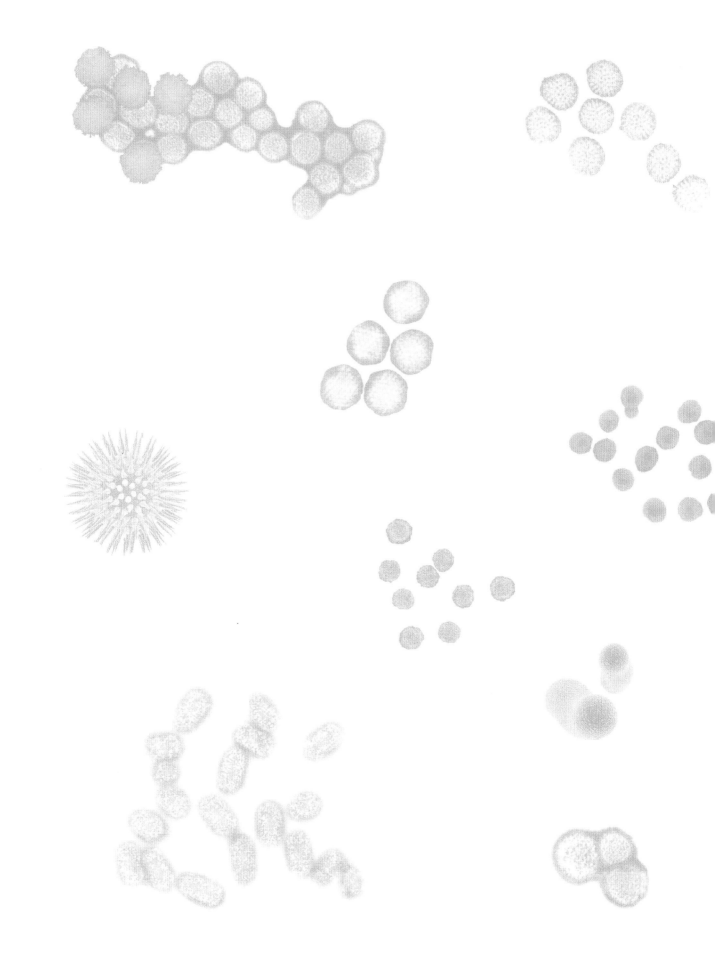